高职高专生物技术类专业系列规划教材

# 现代生物技术概论

主　编　郑爱泉

副主编　杨振华　刘全永

参　编　张伟彬　姚爱华

重庆大学出版社

## 内容提要

本书内容丰富、新颖、文字流畅,全面介绍了现代生物技术的概念、原理、研究方法、发展方向及其应用领域,内容涉及基因工程、细胞工程、发酵工程、酶工程、蛋白质工程以及生物技术在农业、食品、医药、能源、环境保护等领域中的应用,同时还概要介绍了对生物技术发明创新的保护以及生物技术的安全性等。全书共分10章,每章后附有摘要、复习思考题及参考文献。

本书可作为高职院校非生物类专业学生素质教育的教材,也可作为综合性院校、师范、农林、医药院校有关专业专科生和教师的参考用书。

**图书在版编目(CIP)数据**

现代生物技术概论/郑爱泉主编. —重庆:重庆大学出版社,2016.8

高职高专生物技术类专业系列规划教材

ISBN 978-7-5624-9817-9

Ⅰ.①现…　Ⅱ.①郑…　Ⅲ.①生物工程—高等职业教育—教材　Ⅳ.①Q81

中国版本图书馆 CIP 数据核字(2016)第 116328 号

**现代生物技术概论**

主　编　郑爱泉

副主编　杨振华　刘全永

策划编辑:袁文华

责任编辑:李定群　兰明娟　　　版式设计:袁文华

责任校对:张红梅　　　　　　　责任印制:张　策

＊

重庆大学出版社出版发行

出版人:易树平

社址:重庆市沙坪坝区大学城西路 21 号

邮编:401331

电话:(023)88617190　88617185(中小学)

传真:(023)88617186　88617166

网址:http://www.cqup.com.cn

邮箱:fxk@cqup.com.cn(营销中心)

全国新华书店经销

重庆市国丰印务有限责任公司印刷

＊

开本:787mm×1092mm　1/16　印张:15.25　字数:362 千

2016 年 8 月第 1 版　　2016 年 8 月第 1 次印刷

印数:1—2 000

ISBN 978-7-5624-9817-9　定价:32.00 元

# 高职高专生物技术类专业系列规划教材

## ※ 编委会 ※

（排名不分先后，以姓氏拼音为序）

总　主　编　王德芝

编委会委员　陈春叶　　池永红　　迟全勃　　党占平　　段鸿斌

范洪琼　　范文斌　　辜义洪　　郭立达　　郭振升

黄蓓蓓　　李春民　　梁宗余　　马长路　　秦静远

沈泽智　　王家东　　王伟青　　吴亚丽　　肖海峻

谢必武　　谢　昕　　袁　亮　　张俊霞　　张　明

张媛媛　　郑爱泉　　周济铭　　朱晓立　　左伟勇

## 高职高专生物技术类专业系列规划教材
## ※ 参加编写单位 ※

（排名不分先后，以单位首字母拼音为序）

北京农业职业学院

重庆三峡医药高等专科学校

重庆三峡职业学院

甘肃酒泉职业技术学院

甘肃林业职业技术学院

广东轻工职业技术学院

河北工业职业技术学院

河南漯河职业技术学院

河南三门峡职业技术学院

河南商丘职业技术学院

河南信阳农林学院

河南许昌职业技术学院

河南职业技术学院

黑龙江民族职业学院

湖北荆楚理工学院

湖北生态工程职业技术学院

湖北生物科技职业学院

江苏农牧科技职业学院

江西生物科技职业学院

辽宁经济职业技术学院

内蒙古包头轻工职业技术学院

内蒙古大学鄂尔多斯学院

内蒙古呼和浩特职业学院

内蒙古医科大学

山东潍坊职业学院

陕西杨凌职业技术学院

四川宜宾职业技术学院

四川中医药高等专科学校

云南农业职业技术学院

云南热带作物职业学院

# 总 序

大家都知道,人类社会已经进入了知识经济的时代。在这样一个时代中,知识和技术比以往任何时候都扮演着更加重要的角色,发挥着前所未有的作用。在产品(与服务)的研发、生产、流通、分配等任何一个环节,知识和技术都居于中心位置。

那么,在知识经济时代,生物技术前景如何呢?

有人断言,知识经济时代以如下六大类高新技术为代表和支撑,它们分别是电子信息、生物技术、新材料、新能源、海洋技术、航空航天技术。是的,生物技术正是当今六大高新技术之一,而且地位非常"显赫"。

目前,生物技术广泛地应用于医药和农业,同时在环保、食品、化工、能源等行业也有着广阔的应用前景,世界各国无不非常重视生物技术及生物产业。有人甚至认为,生物技术的发展将为人类带来"第四次产业革命";下一个或者下一批"比尔·盖茨"们,一定会出在生物产业中。

在我国,生物技术和生物产业发展异常迅速,"十一五"期间(2006—2010 年)全国生物产业年产值从 6 000 亿元增加到 16 000 亿元,年均增速达 21.6%,增长速度几乎是我国同期 GDP 增长速度的 2 倍。到 2015 年,生物产业产值将超过 4 万亿元。

毫不夸张地讲,生物技术和生物产业正如一台强劲的发动机,引领着经济发展和社会进步。生物技术与生物产业的发展,需要大量掌握生物技术的人才。因此,生物学科已经成为我国相关院校大学生学习的重要课程,也是从事生物技术研究、产业产品开发人员应该掌握的重要知识之一。

培养优秀人才离不开优秀教师,培养优秀人才离不开优秀教材,各个院校都无比重视师资队伍和教材建设。多年的生物学科经过发展,已经形成了自身比较完善的体系。现已出版的生物系列教材品种也较为丰富,基本满足了各层次各类型的教学需求。然而,客观上也存在一些不容忽视的不足,如现有教材可选范围窄,有些教材质量参差不齐、针对性不强、缺少行业岗位必需的知识技能等,尤其是目前生物技术及其产业发展迅速,应用广泛,知识更新快,新成果、新专利急剧涌现,教材作为新知识、新技术的载体应与时俱进,及时更新,才能满足行业发展和企业用人提出的现实需求。

正是在这种时代及产业背景下,为深入贯彻落实《国家中长期教育改革和发展规划纲要(2010—2020 年)》和《教育部　农业部　国家林业局关于推动高等农林教育综合改革的若干意见》(教高〔2013〕9 号)等有关指示精神,重庆大学出版社结合高职高专的发展及专业教学基本要求,组织全国各地的几十所高职院校,联合编写了这套"高职高专生物技术类专

业系列规划教材"。

从"立意"上讲,本套教材力求定位准确、涵盖广阔,编写取材精炼、深度适宜、分量适中、案例应用恰当丰富,以满足教师的科研创新、教育教学改革和专业发展的需求;注重图文并茂,深入浅出,以满足学生就业创业的能力需求;教材内容力争融入行业发展,对接工作岗位,以满足服务产业的需求。

编写一套系列教材,涉及教材种类的规划与布局、课程之间的衔接与协调、每门课程中的内容取舍、不同章节的分工与整合……其中的繁杂与辛苦,实在是"不足为外人道"。

正是这种繁杂与辛苦,凝聚着所有编者为本套教材付出的辛勤劳动、智慧、创新和创意。教材编写团队成员遍布全国各地,结构合理、实力较强,在本学科专业领域具有较深厚的学术造诣及丰富的教学和生产实践经验。

希望本套教材能体现出时代气息及产业现状,成为一套将新理念、新成果、新技术融入其中的精品教材,让教师使用时得心应手,学生使用时明理解惑,为培养生物技术的专业人才,促进生物技术产业发展作出自己的贡献。

是为序。

全国生物技术职业教育教学指导委员会委员
高职高专生物技术类专业系列规划教材总主编　王德芝
2014 年 5 月

# 前　言

现代生物技术是20世纪70年代末80年代初以现代生物学研究成果为基础,以基因工程为核心发展起来的一门新兴学科。现已成为解决人类面临的人口、资源、能源、食物和环境五大危机的主要途径之一。现代生物技术被世界各国视为一种高新技术,成为21世纪高新技术革命的核心内容。当前,生命科学发展迅速,应用广泛,知识更新快,新成果、新专利急剧涌现,教材作为新知识、新技术的载体,应与时俱进、及时更新,才能满足学生了解生物技术发展动向与前沿的需求。现已出版的生物技术概论类教材大多是本科层次的教学教材,在专业技能和专业知识方面针对性不强,很难满足高职层次学生的学习需要。因此,我们组织编写了本书,以满足高职高专层次的学生对了解和掌握当前生物技术领域的相关需求。

本书在内容上共划分为:现代生物技术的历史和发展背景;生物技术组成部分,包括基因工程、细胞工程、发酵工程、酶工程、蛋白质工程的各论;生物技术与农业;生物技术与工业;生物技术与环境保护;生物技术的安全性与社会伦理问题10章内容。第1章绪论,介绍了生物技术研究的主要内容、发展现状、取得的成绩及应用前景;第2章至第6章主要介绍基因工程、细胞工程、发酵工程、酶工程和蛋白质工程的发展、原理和应用实例;第7章至第9章介绍了生物技术与农业、工业和环境保护等的关系。第10章介绍了生物技术安全性与社会伦理问题。

本书力求突出实用性、简约性、先进性,在阐述基本概念和基本原理时,既用较少的篇幅阐明有关内容,又能涵盖教学大纲规定的所有知识,注重内容与实际相联系,覆盖生物技术各个应用领域,每个领域都有应用举例,突出高职教育的特点。书中每个章节都列出知识目标、技能目标和本章小结,并有一定数量的复习题,可供学生课外复习和自学使用。教师在教学中可根据实际教学方向、教学时数进行取舍。

本书由杨凌职业技术学院郑爱泉主编,由杨凌职业技术学院杨振华、商丘职业技术学院刘全永担任副主编,商丘职业技术学院张伟彬、杨凌职业技术学院姚爱华参与了编写。具体分工如下:第1章、第3章、第6章由张伟彬编写,第2章、第5章由郑爱泉编写,第4章、第10章由杨振华编写,第7章、第9章由刘全永编写,第8章由姚爱华编写,全书由郑爱泉和杨振华统稿,由杨振华校对。

本书在编写过程中得到了重庆大学出版社的大力帮助,在此表示感谢。并对应用内容来源的公开出版书籍作者和相关专业网站网页的制作者表示感谢!

由于编者水平有限,书中不足之处在所难免,欢迎读者批评指正,我们将万分感谢。

编　者
2016 年 4 月

# 目 录 CONTENTS

# 第4章 发酵工程

# 第5章 酶工程

# 第6章 蛋白质工程

# 第7章 生物技术与农业

## 第 8 章　生物技术与工业

## 第 9 章　生物技术与环境保护

## 第 10 章　生物技术安全性及社会伦理问题

# 第1章

# 绪 论

📖【知识目标】
- 了解生物技术涵盖的各项工程及相互关系；
- 了解生物技术的基本概念；
- 了解生物技术应用范畴及生物技术的基本发展史。

📖【技能目标】
- 理解生物技术的基本概念；
- 掌握生物技术的种类及其相互关系；
- 掌握传统生物技术与现代生物技术的区别。

# 1.1 生物技术研究的主要内容

### 1.1.1 生物技术的内涵

生物技术(Biotechnology),有时也被人们称为生物工程(Bioengineering),也有人将它称为生物工艺学,大都是为了强调这一领域源于生命科学与工程技术相结合。国际上,Biotechnology 远比 Bioengineering 应用更普遍,所以在我国,生物技术这个名称也就更为常用。生物技术作为当今世界潜力最大、影响最深、发展最快的一项高新技术,与电子信息技术、航天技术、新药源技术、新材料技术等被称作 21 世纪人类科学技术事业最伟大的成就。它是 21 世纪高新技术的核心,其产业是 21 世纪支柱产业。

关于生物技术的定义可谓是诸子百家,各有各的说法。有人认为应以发酵工程和酶工程作为生物技术的主体,也有人把生物技术定义为遗传工程。它作为一门应用学科还与很多基础学科,如微生物学、遗传学、分子生物学、细胞生物学、化学、生物化学、数学、物理学等有着密切的关系。它的形成与发展既依赖于化学工程学、电子学、材料科学、计算机科学和发酵工程学等学科的发展,又反映出基础学科研究的新成果,充分体现出工程学科所开拓出来的新技术、新工艺。

那么,到底什么是生物技术,究竟该如何定义。国内外的学者曾给过多种大同小异的解释,综合起来,可以这样理解:

广义上讲,生物技术就是人们运用现代生物科学、工程学和其他基础学科的知识,按照预先的设计,对生物进行控制和改造或模拟生物及其功能,用来发展商业性加工、产品生产和社会服务的新兴技术领域。

狭义上讲,生物技术是利用生物有机体(包括微生物和高等动、植物)或者其组成部分(包括器官、组织、细胞或细胞器等)发展新产品或新工艺的一种技术体系。

### 1.1.2 生物技术的内容

生物技术所包含的内容,于不同国家、不同时期、不同学者,始终有着不同的看法和认识。在我国,1986 年国家科委在制定《中国生物技术政策纲要》时,经专家们的共同讨论认定,生物技术共包括基因工程、细胞工程、酶工程和发酵工程四个方面;而几乎同时,在"七五"攻关计划中,又增加了生化工程和蛋白质工程两个部分。在相关学会(如微生物学会、生物工程学会)中,均设有酶工程、基因工程、细胞工程、发酵工程和生化工程专业委员会,而目前还没有设立蛋白质工程专业委员会。

所以一般认为,生物技术根据其操作对象及操作技术的不同,主要包括基因工程、细胞工程、酶工程、发酵工程和生化工程五项工程技术。

#### 1)基因工程

基因工程又称基因拼接技术或 DNA 重组技术,是在分子水平上对基因进行操作的复杂技术。它是用人为的方法将所需要的某一供体生物的遗传物质——DNA 大分子提取出来,在离体条件下用适当的工具酶进行切割后,把它与作为载体的 DNA 分子连接起来,然后与载体一起导入某一更易生长、繁殖的受体细胞中,以让外源物质在其中"安家落户",进行正常的复制和表达,从而获得新物种的一种崭新技术。它克服了远缘杂交的不亲和障碍。主要涉及一切生物所共有的遗传物质——核酸的分离、提取、体外剪切、拼接重组以及扩增与表达等技术。

2) 细胞工程

细胞工程是指以细胞为单位,在体外条件下进行培养、繁殖,或者人为地使细胞某些生物学特性按人类的意愿发生改变,从而达到改良生物品种、创造新品种、加速繁育动植物个体或获得某种有用物质的技术。包括细胞、组织或者器官的离体培养、繁殖、再生、融合,以及细胞核、细胞质乃至染色体与细胞器的移植与改建等操作技术。采用细胞工程技术,避免了分离、提纯、剪切、拼接等基因操作,提高了基因的转移效率。

3) 酶工程

酶工程是利用生物体内酶所具有的特异催化功能或对酶进行修饰改造,并借助固定化技术,生物反应器和生物传感器等新技术、新装置,高效、优质地生产人类所需要的产品的一种技术。由于酶反应条件很温和,所以酶工程曾被人形容为"让工厂高效、安静、美丽如画的工程"。

4) 发酵工程

发酵工程是指利用某些微生物(包括工程微生物)或动植物细胞及其特定功能,通过发酵罐或生物反应器的自动化、高效化、大型化、功能多样化等众多现代工程技术手段生产各种特定的有用物质,或者是把微生物直接用于某些工业化生产的一种技术。由于发酵多与微生物相关,多是给微生物提供最适宜的发酵条件从而生产特定产品的工艺,所以又有微生物工程或微生物发酵工程之称。

5) 生化工程

生化工程是生物化学工程的简称,是指利用化学工程的原理和方法对实验室所取得的生物技术成果加以开发,使之成为生物反应过程的技术。

生物技术的五大工程虽然均可以以独立的完整技术自成体系,但是在大多数情况下,仍然是相互渗透、密切联系的。如若想按照自己的愿望改造物种,就要考虑采用基因工程或细胞工程的方法去进行。基因工程和细胞工程研究出的成果,再通过发酵工程和酶工程实现产业化。而生化工程则是上述各项技术产业化的下游关键技术。所以,常把基因工程和细胞工程看作生物工程的上游处理技术,把发酵工程、酶工程和生化工程看作生物工程的下游处理技术。五大工程也是彼此依赖的,如基因工程、细胞工程和发酵工程中所需要的酶,往往要通过酶工程来获得,而酶工程中酶的生产,一般要通过微生物发酵的方法来进行。再者,基因工程和细胞工程可以创造出形形色色具有特异功能甚或多种功能的"工程菌株"或"工程细胞株",为酶工程或发酵工程生产出更多、更好的产品,为发挥出更大的经济效益提供基础。正是五大工程的相互协作,生物技术才形成了现在这样既深且广的影响与声势。

# 1.2 生物技术的发展现状

## 1.2.1 生物技术的发展史

生物技术的发展共经历了三个阶段。

**1) 以制酒、食品、农业、畜牧业为主的作坊式传统生物技术**

生物技术可以追溯到公元前的酿造技术。曾在石器时代后期,我国人民就开始利用谷物酿酒;公元前 221 年(周代后期),我国人民又开始制作酱油、醋和豆腐等。公元 10 世纪,我国已有预防天花的活疫苗。公元前 6000 年,苏美尔人和巴比伦人开始进行啤酒酿造。公元前 4000 年,埃及人开始制作面包。这种原始的生物技术一直持续了 4 000 多年,直到 19 世纪法国科学家巴斯德首先证实发酵是由微生物引起的,从而揭示了发酵原理,并首先建立了微生物的纯种培养技术,为发酵技术的发展提供了理论基础,发酵技术也从此纳入了科学轨道。所以巴斯德被人们公认为生物工程学的开拓人。

传统生物技术发展集中在 20 世纪 30 年代前,主要通过微生物初级发酵来生产食品,以发酵产品为主干的工业微生物技术体系,仅停留在化学工程技术和微生物工程技术领域,广泛应用的有乳酸、面包酵母、酒精和蛋白酶等。

**2) 以抗生素为代表,发酵工程为主要技术的工业化生物技术**

继巴斯德建立了微生物的纯种培养技术之后,1872 年维尔赫尔特新开发了霉菌的纯种培养技术,并于 1878 年又发明了啤酒酵母的纯种培养技术。就这样,酿造工业的管理技术进入了近代化行列。20 世纪初,人们发现了某些梭菌能发酵生产丙酮、丁醇等,而丙酮一直是制造炸药的原料。随着第一次世界大战爆发,一些服务于战争的弹药制造商振兴了丙酮、丁醇制造工业,利用微生物发酵生产丙酮和丁醇的工艺达到了顶峰。战争结束后,丁醇又作为汽车工业中硝基纤维涂料的快干剂而被大量使用,至今经久不衰。

1929 年,英国科学家弗莱明在污染了青霉的细菌培养平板上观察到:在霉菌菌落的周围有一个细菌抑制圈,所以,弗莱明就把这个能抑制细菌生长的霉菌分泌物叫青霉素。同时,他用粗制品也证实了这种物质对许多革兰氏阳性细菌很有效。随后在美国开始了青霉素的试制任务。科学家们花了 3 年时间于 1942 年正式实现了青霉素的工业化生产。这一成就挽救了成千上万人的生命,也激发了科学家、企业家探索新抗生素的欲望。两年后,世界上第二种抗生素——链霉素诞生了。

这时,发酵工程已从以前的厌氧发酵为主的工艺跃入深层通气发酵为主的工艺,同时还形成了一整套工程技术手段。例如,大量灭菌空气的制备技术;中间无菌取样技术;大罐无菌操作和管理技术;产品分离提纯技术;设备的设计技术;等等。以青霉素工业生产为标志的深层通气培养法的建立代表了生物技术发展的第一次飞跃。

随后的 30 年中,深层培养技术没有大的突破,到了 20 世纪 60 年代的最后一年,日本田道制药公司的千畑一郎博士成功地将固定化氨基酰化酶用于 DL-氨基酸的光学拆分上,实现了酶连续反应的工业化。这是固定化酶工业应用的开端,也是这一阶段生物工程的又一个突破成就。

与此同时,作为生物技术发展基础之一的分子生物学研究也有了惊人的发展。1953 年,沃森和克里克提出了 DNA 螺旋结构模型,这是当代生物学革命的标志。科学家们还发现细胞中的"质粒"是一种能在细菌染色体外进行自我繁殖的细胞质因子。20 世纪 70 年代初又发现了 DNA 限制性内切酶。这一切为生物技术新的飞跃奠定了基础。

**3) 以基因工程为源头,以基因工程及基因组工程为主导的现代生物技术**

1973 年,美国斯坦福大学的科恩和加利福尼亚大学的博耶等利用内切酶和连接酶将两个不同的质粒进行剪切和拼接,获得了一个重组体,即杂合质粒。然后,将这种质粒转入大肠杆菌细胞中进行复制,显示了双亲的遗传特征,从而成了基因重组成功的先驱。

1975 年,英国的米尔斯坦使 1957 年日本的冈田善雄博士发现的细胞融合现象在沉睡了 18 年后获得了新生,即使用淋巴细胞和癌细胞融合形成杂交瘤,产生单克隆抗体。在此之后短短的几年中,一个以基因工程为核心的新生物技术浪潮席卷了整个世界。各种基因产品如人胰岛素、生长激素、疫苗、干扰素和各类细胞生长因子与调节因子等不断出现,已陆续投放市场,其意义远比抗生素的发现和应用更为深远。生物技术的应用领域相当广泛,它将推动一系列新产业群的发展,而且这些产业所需投资较少,产值却非常高。其实,它的最大用武之地是在农业领域。使用细胞融合和基因重组等技术,可以组建出不受气候条件限制和抗病虫害的优质高产农作物品种,从而极大地提高了劳动生产率。农业终究有一天要成为"粮食工业",从地球上消灭"饥饿"现象的日子也许会到来。

## 1.2.2　生物技术的发展现状

生物技术是近 20 年来发展最为迅猛的高新技术,越来越广泛地应用于农业、医药、轻工食品、海洋开发、环境保护及可再生生物质能源等诸多领域,具有知识经济和循环经济特征,对提升传统产业技术水平和可持续发展能力具有重要影响。近 10 年来,生物技术获得突破性发展,生物技术产业产值以每 3 年增长 5 倍的速度递增,以生物技术为重点的第四次产业革命正在兴起,预计到 2020 年,全球生物技术市场将达到 30 000 亿美元。在发达国家,生物技术已成为新的经济增长点,其增长速度是每年 25% ~30%,是整个经济增长平均数的 8 ~ 10 倍。

在生物技术制药领域,包括基因工程药物、基因工程疫苗、医用诊断试剂、活性蛋白与多肽、微生物次生代谢产物、药用动植物细胞工程产品以及现代生物技术生产的生物保健品等研究成果迅速转化为生产力,其中与基因相关的产业发展最强劲。

全球医药生物技术产品占生物技术产品市场的 70% 以上,占药物市场的 9% 左右,以高于全球经济增长 5% 的速度快速发展,仅单克隆抗体市场销售额就达 40 亿美元。

农业生物技术产业已经成为各国政府未来农业发展的战略重点,应用基因工程、细胞工程等高新技术培育的农林牧渔新品种、兽用疫苗、新型作物生长调节剂及病虫害防治产品、高效生物饲料及添加剂等已推广运用,产生了巨大的经济效益。1996 年,全球转基因作物才 170 多万公顷,以后逐年直线上升,1996—2015 年的 20 年间,全球转基因作物累计种植面积达到空前的 20 亿公顷,相当于中国内地总面积(9.56 亿公顷)或美国总面积(9.37 亿公顷)的 2 倍还多。这累计的 20 亿公顷包括 10 亿公顷转基因大豆、6 亿公顷转基因玉米、3 亿公顷转基因棉花和 1 亿公顷转基因油菜。20 年间,农民获益超过 1 500 亿美元。到 2015 年,全球转基因作物种植面积已达 1.797 亿公顷。

食品生物技术产业产值约占生物产业总产值的 15% ~ 20%,目前国际市场上以生物工程为基础的食品工业产值已达 2 500 亿美元左右,其中转基因食品市场的销售额 2010 年将达到 250 亿美元。此外,保健食品行业是全球性的朝阳产业,市场增长迅速。

环境生物技术是生物技术、工程学、环境学和生态学交叉渗透形成的新兴边缘学科,是 21 世纪国际生物技术的一大热点。环境生物技术兼有基础科学和应用科学的特点,在环境污染治理与修复、自然资源可持续再生等方面发挥着日益重要的作用。

能源生物技术的主要目标是利用生物质能源。生物质能一直是人类赖以生存的重要能源,是仅次于煤炭、石油和天然气而居世界能源消费总量第四位的能源。目前,全球储量有上亿吨,相当于 640 亿 t 石油。许多国家都制订了相应的开发研究计划,如美国的能源农场、印度的绿色能源工程、日本的阳光计划和巴西的酒精能源计划等,主要是开发生物柴油和生物乙醇汽油。尽管生物质液化燃料开发还处于初级阶段,市场份额还不太大,但由于其有环保和再生性的特点,前景非常广阔。

# 1.3 生物技术取得的成绩

由于现代生物科学的迅速发展,现已在分子、亚细胞、细胞、组织和个体等不同层次水平上揭示了生物结构和功能的关系,从而使人们得以运用生物学的方法以及现代工程科学所开拓的新技术和新工艺,对生物体进行不同层次的设计、控制、改造或模拟,构成了巨大的生产能力。例如,基因拼接和重组技术为创造生物新物种和新品系提供了最有希望的手段。

通过发酵工程和生化工程技术可以实现生物产品大规模商品化生产。生物技术还可用来进行各种生物材料和非生物材料的加工,以提供新材料和新元件。新产业革命的重要方向是发展低能、节能和脱能型新产业,并寻找新的能源,以摆脱当前能源限制,人们对此也将希望寄托在生物技术上。生物技术能帮助人们更好地了解生物、了解环境、了解自己,从而提供更好的社会服务。服务的概念很宽,消除水和空气污染、保护生态环境、提高医疗技术、防治疾病、提高人民健康等都是社会服务。

我国政府一直把生物技术作为重点支持的战略高技术领域,提出了"加强源头创新,重视集成应用,促进成果转化,大力推进产业,确保生物安全,实现跨越发展"的基本方针。在此方针指导下,我国出台了一系列优惠政策,在税收、金融、人才引进、进出口等方面对生物技术企业给予全面支持,在北京、上海、广州、深圳等地建立了 20 多个生物技术园区,培育了一批生物技术企业,建立了国家、部门和地方政府的生物技术重点实验室近 200 个,安排了专项资金立项研究。生物技术领域已完成了从跟踪仿制到自主创新,从实验室探索到产业化,从单项技术突破到整体协调发展的转变。在 2000—2004 年间,现代生物技术产业年均增长 30%,仅 2004 年现代生物技术产业实现产值 470 亿元,增加值 120 亿元。

医药生物技术是我国生物技术研究开发的重点,经过 10 多年的努力,我国生物技术药物研究和开发取得了突破性进展。从 1993 年第一个基因工程药物批准生产以来,已有干扰素等20多种基因工程药物和疫苗上市,销售额排名世界前10位的基因工程药物我国能生产8种,另有150多种处于临床研究阶段,其中约10种有望成为国家一类新药,涉及恶性肿瘤、血友病等疾病的9种有自主知识产权的基因治疗方案,以及软骨、皮肤、肌腱等6种组织工程的产品也已进入临床实验阶段。

在基础研究方面,我国作为唯一的发展中国家参与国际人类基因组计划,完成了1%测序工作;经过持续努力,我国科学家获得国际蛋白质组计划主要项目——国际人类肝脏蛋白质组计划的领导权。

在国际上首次定位和克隆了神经性高频耳聋、乳光牙本质Ⅱ型、汗孔角化病等遗传病的致病基因;自主研发的"多肿瘤标志物蛋白生物质芯片检测系统",临床销售额超过5 000万元,自主研制的世界第一个基因治疗药物"重组人p53腺病毒注射液"具有重大市场效果,专家估计销售额有望超过20亿美元。目前我国医药生物技术产品及研发的整体水平在发展中国家居领先地位,在某些方面已步入世界先进行列。

我国在农业生物技术领域已经达到世界先进水平,参与了"国际水稻(粳稻)基因组计划",独立完成杂交水稻(籼稻)的基因组精细图绘制;为我国农业发展起到了重大推动作用。2004年超级杂交水稻推广230多万公顷,增加农民收入60多亿元。抗虫棉、耐贮番茄等6种转基因植物被批准商品化生产。处于国际领先地位的两系杂交稻技术已经大面积推广应用,超级稻新品种已累计推广应用620多万公顷,创造社会经济效益97.65亿元以上。分子标记辅助育种共培养小麦、水稻、大豆、棉花等作物新品种25个,推广300多万公顷,为农民增收20多亿元。水稻、玉米、小麦、大豆和油菜等农作物转基因产品技术已基本成熟。

我国每年种植转基因作物近187万公顷,直接经济效益2 800多万元,已形成具国际竞争力的转基因植物产业,是世界第四大转基因植物种植国家,仅转基因抗虫棉一项,到2004年就已累计种植370万公顷,占棉花种植面积的40%,五年已为农民增收6 000万元。在植物抗盐、抗旱基因工程方面已经取得了重大进展,利用现代生物技术培育抗逆境植物,加速恢复植被,将有效遏制水土流失,并在防治沙化中发挥不可替代的作用,在盐碱地种植耐盐碱植物,每年可产生直接效益300多亿元,并将带来巨大的社会和环保效益。

动物基因工程方面,我国已培育出转基因猪、羊、牛、鱼等多种动物,先后成功克隆羊、牛等动物。基因重组固氮菌剂已经建立了万吨位生产线。兽用疫苗等5种动物用重组微生物制剂,转Bt基因微生物制剂等3种微生物农药被批准商品化生产。目前我国累计登记的生物农药产品已达777个,占整个农药使用量的11%,部分化学农药已被生物农药所替代。此外,我国已利用转基因植物表达药用蛋白,这是一个具有重大发展潜力的生物技术。据不完全统计,利用转基因植物所表达的药用蛋白有16种、重组抗体33种、重组疫苗20种。

在食品生物技术研发领域,我国食品工业2004年产值达到10 612亿元,但营业额仅占世界食品工业营业额的5%。在发达国家加工食品占食品消费总量的80%以上,而中国仅为37.8%。按发达国家水平计算我国食品工业产值至少还有50%的潜力可挖掘,依靠生物技术形成第四代食品,将形成15 000亿元的产业,可为1 000多万人提供就业。保健食品行业是全球性的朝阳产业,市场增长迅速。改革开放以来,中国城乡保健品消费支出的增长速度为15%~30%,远远高出发达国家平均13%的增长率。

我国每年排放污水量为300亿$m^3$,生物法处理每年减少排污费150亿~300亿元。全国生活垃圾清量已达1.36亿t,年增长达7%～10%,生物处理可产生600万t有机肥,30亿立方米沼气。固体废弃物的资源化再利用,已成为经济和社会效益显著的新产业。以生物肥料、生物农药、生物材料和生物能源为代表的环境生物技术产品,在我国改善环境、治理污染中发挥作用,为国民经济建设提供了技术支撑。

我国生物质能资源相当丰富,仅各类农业废弃物(如秸秆等)的资源量每年即有3.08亿t标煤,薪柴资源量为1.3亿t标煤,加上粪便、城市垃圾等,资源总量估计可达6.5亿t标煤以上。进入21世纪以后,人类已经面临经济增长和环境保护的双重压力。因而改变能源的生产方式和消费方式,用现代技术开发利用包括生物质能在内的可再生能源,对于建立可持续发展的能源系统,促进社会经济的发展和生态环境的改善具有重大意义。

我国政府十分重视生物质能源开发和利用,全国已建农村户用沼气池600多万个,年产沼气16亿 m³;兴建大中型沼气工程近600处(含工业有机废弃物沼气工程),使8.4万户居民用上了优质气体燃料。政府又将生物质能利用技术的研究与应用列为重点科技攻关项目,开展了生物质能利用新技术的研究和开发,使生物质能技术有了进一步提高,其中尤以大中型畜禽场沼气工程技术、秸秆气化集中供气技术和垃圾填埋发电技术以及利用能源作物生产液体燃料(如燃料酒精)等的进展引人注目。

综合分析表明,我国出现了长江三角洲、珠江三角洲和京津冀三个有产业化优势的生物产业区,生物技术研发和产业化基地粗具规模,尤其是国家在北京和上海组建了人类基因组研究中心、生物芯片工程中心、组织工程中心、药物筛选中心等一批国家级的生物技术研发平台和基地,表现出"东部强,西部弱"的格局。但西部的陕西杨凌已成为我国农业生物技术及产业最活跃的核心地区,西南地区则是我国资源最为丰富的地区,也是发展生物资源产业潜力巨大的地区。

# 1.4　生物技术的应用前景

## 1.4.1　生物技术的优越性

生物技术自问世以来就向世人很好地展示出,它可以被多方面应用而且能发展成相应的产业,因此很快引起了农业、医药卫生、化学、食品工业以及环境保护等各行各业的极大兴趣和高度重视,究其原因要归根于生物技术的以下优越性:

### 1)不可取代性

利用生物技术常常能完成一般常规技术所不能完成的任务,能生产出其他常规方法所不能生产或难以生产的产品。

例如,有些植物一般采用常规的杂交育种来进行品种改良,目的在于提高产量、增加抵抗力等,但是常规的杂交育种一般只限于物种内部进行,如小麦与小麦,最多也只能扩展到亲缘关系比较近的种属。但是,如果用基因工程来改良品种的话,基因资源的来源就可以不受资源的限制,比如可以将细菌中的一种毒素转入烟草和马铃薯中,使得被转入毒素的烟草和马铃薯就不会受到害虫的危害;去除腐烂基因的番茄,可以保持常温几周不坏;把牛的生长激素基因转移给鱼,使得鱼的生长、发育加快,体重迅速增长;把人的血红蛋白基因转移到猪的体内,使猪可以生产人的血红蛋白,分离这种血红蛋白可以作为人血液的替代物,等等。其实在医药行业中,像这样的例子还有很多,如生长激素释放的抑制因子,是一种人脑激素,它的正常作用是抑制生长激素不合时宜地分泌,所以是一种很有用的药物。有一种疾病叫作"肢端肥大症",患者特征是脸形增大、面貌粗陋、手足厚大,生长激素释放的抑制因子就是治疗这种病症的特效药。而这种抑制剂虽是人体内生长代谢所必需,但是含量极其微小,要想通过分离、提取或合成的方式生产出来是非常困难的,因此想要得到这种抑制因子相当不容易。人类第一次分离得到它是在 1793 年,在经历了 21 次努力,用了 50 万个羊脑,终于得到了 5 mg 样品,后来也尝试用化学法合成过,但是 5 mg 产品的价格仍高达 300 多美元。而利用基因工程方法,把这种抑制因子的基因转移给大肠杆菌,7.5 L 大肠杆菌就能发酵出 5 mg 抑制因子,成本仅几十美分。

#### 2) 快速、精确

用生物技术生产的试剂盒可以快速、精确地对人类和动物、植物疾病进行有效的早期诊断,这对疾病的预防和及时治疗十分重要,尤其是遗传病、病毒引起的疾病和癌症等严重影响人类健康的疾病。例如,用单克隆抗体检查妇女妊娠比用血清法检查进一步提高了灵敏度,使妇女能在怀孕后 8 天即可得知,准确率可达 100%。这种妊娠检查可以避免在不知妊娠的情况下服用对胎儿有害的许多药物,从而保证胎儿的早期健康发育,对实现优生优育具有特别重要的意义。

#### 3) 低耗、高效

用生物技术对化学工业和制药工业进行技术改造具有能耗低、效率高和不依赖特定原料等优点。例如,传统化学催化剂需要高温高压、强酸强碱等苛刻的条件才能反应,用生物催化剂"酶"来催化常温常压条件下就可以进行,从而大大降低能耗成本。如从猪的垂体中提取生长激素,如果使用经典传统方法,提取 1.5 g 生长素需要大约 4 000 头猪的垂体。若采用生物技术,1983 年已可以从每升细菌培养液中提取 1.5 g 生长素。4 000 头猪和 1 L 培养液的投资额相差是巨大的。

又如 α 淀粉酶在将淀粉转化为葡萄糖的过程中是一个主角。从前是从猪的胰脏里提取,随着酶工程的进展,人们开始用一种芽孢杆菌来生产 α 淀粉酶。从 1 m³ 的芽孢杆菌培养液里获取的 α 淀粉酶,相当于从几千头猪的胰脏获取的含量。然而,致力于酶工程研究的学者并不满足于这一点,他们又结合了基因工程的手段,将这种芽孢杆菌合成 α 淀粉酶的基因转移到一种繁殖更快、生产性能更好的枯草杆菌的 DNA 里,转而用这种枯草杆菌生产 α 淀粉酶,使产量一下子提高了数千倍。

人体里的尿激酶,是治疗脑血栓和其他各种血栓的特效药。以前常见的生产手段是从人尿中提取,其落后性显而易见,产量也有限。学者们从人的肾脏细胞中分离出尿激酶基因,转移到大肠杆菌的 DNA 中,用 DNA 重组后的大肠杆菌来生产人尿激酶,生产效率自然提高了不少。

#### 4) 副产物少、副作用小、安全性好

众所周知,制药行业特别是化学合成药类是一种高污染产业,废气、废水、废渣和一些副产物有时还有毒性,但如果利用生物技术制药,能大大减少这种污染。如疫苗的生产,常规方

法就是用血液,不仅成本高,同时也有可能带来病毒感染的危险性(国内外已经报道了很多这方面感染的例子),而通过生物技术用大肠杆菌来生产这些药物,如乙肝疫苗、凝血因子等,就大大改进了使用这些药物的安全性。

由于生物技术新产品、新工艺的上述优越性,许多国家特别是发达国家都竞相开展生物技术的研究和发展生物技术产业。特别是一些著名的跨国公司,如美国的杜邦、孟山都;英国的帝国化学公司;日本的三井、三菱、住友、武田制药、味之素;德国的拜耳;荷兰的壳牌化学公司;瑞士的汽巴-嘉基等。目前,国际上能够排得上名次的生物技术公司已达数千家。我国1987年开始实施的《高新技术研究发展计划纲要》("863"计划)中,生物技术被列为七大领域的重点之一。

### 1.4.2  生物技术的应用前景

#### 1)生物技术与农业

(1)生物技术在品种改良中的应用

常规育种工作在改善品种和增强抗逆性等品种改良方面已经作出了很大的贡献,但育种周期长,工作量大,特别是存在提高产量、改善品质和增强抗逆性难以兼得等问题,而生物技术在这方面已经取得了举世瞩目的成就,展现出了非常诱人的前景。

①细胞技术。细胞技术应用于植物育种工作的理论基础是植物细胞的"全能性"。所谓"全能性"即把植物体的某个器官,甚至是单个细胞分离出来后单独培养,都分化再生出完整植株的潜能,而且在植物细胞培养中发生变异的频率要比植物自然生长中发生变异的频率高上万倍,因而获得有用变异的机会也就大得多。

这项技术与传统育种技术相比还具有利用空间小、育种周期短的优点;与基因技术相比又显示出设备简单、耗资低廉和操作方便等优点。

②基因技术。作物品种改良中的基因技术,也可以称作植物基因的"移花接木"。基因技术对于作物育种的最重要意义是它完全打破了物种的界限。国内外生物技术专家已成功地在数十种植物上完成了上百项试验,许多转基因植物已经育成。

(2)生物技术在良种繁育中的应用

①快速繁殖:快速繁殖又称微体繁殖,是用组织培养方法将小块植物组织在室内迅速、大规模繁殖的技术。它对于生长缓慢的名贵花卉、林木果树和濒临灭绝的珍稀植物具有特殊意义。现在的植物快速繁殖已经可以用工业化方式经营和生产。

②人造种子:科学家从植物细胞具有"全能性"这个基本理论出发,在组织培养技术的基础上发明了人造种子技术。与天然种子相比,人造种子有许多优点,如解决了有些作物品种繁殖能力差、结籽困难或发芽率低等问题,人造种子可以工业化生产,从而提高农业的自动化程度,等等。

(3)生物固氮

①研究固氮机制:从机制研究固氮能力的方法。美国科学家用基因工程技术改造了大豆和苜蓿使这两种作物的产量提高了15%。我国科学家把一种快速生长因子导入大豆根瘤菌,提高结瘤量,也明显增加了大豆的产量。

②使非豆科植物固氮:我国科技人员分离培养了3株固氮能力较强的固氮细菌,制成菌

肥后拌种,使小麦增产10% ~20% ,而且提高了小麦的蛋白质含量。

③固氮的植物基因工程:生物技术学家希望把微生物的固氮基因转移到非豆科植物中去,从而使这些作物本身具有固氮能力,这是一项难度很大的课题,全世界的科学家都为此倾注了大量的心血。

**2) 生物技术与养殖业**

(1) 生物技术在畜禽疾病防治中的应用

当前,影响畜牧业发展的最大问题,仍然是疾病问题,包括传染性和非传染性疾病。近20年来,分子生物学研究在畜禽疾病防治方面取得了重大进展。兽医科学家已经分离、克隆和研究了在免疫学上发生作用的许多基因,从而向控制和消灭畜禽疾病的目标迈出了一大步。

①核酸探针技术:这是20世纪80年代发展起来的一项全新的疾病诊断技术,正越来越多地用于兽医微生物学的基础研究和重要的兽医传染病的诊断,如从临床样品中准确地检测出微量病原的DNA或RNA,鉴别强弱毒株或疫苗株与野毒株,微生物的分型,病原基因图谱分析,检测潜伏感染或带菌动物,流行病学调查和食品安全性检验等。我国研制的核酸探针多处于实验室研究阶段,但已充分显示出具有实际应用价值的光明前景。

②单克隆抗体:直接用于农牧业实践和研究的单克隆抗体试剂已形成了一个强大的产业。"六五"和"七五"以来,我国在农牧业方面单克隆抗体的研究发展很快,取得了多项研究成果,有的已在较大范围推广应用,获得了显著的经济效益和社会效益。

③基因工程疫苗:通过基因组分析和分子克隆化的方法,已经能够对许多传染性病原体在免疫学上起作用的基因进行鉴定和分离,并将这种具有特定性质的基因转入经人工改造已无危害的微生物表达系统中。兽医生物制品学领域一直是基因工程产品的最早受益者,如细菌基因工程疫苗、病毒基因工程疫苗、寄生虫基因工程疫苗、真菌基因工程疫苗等。

(2) 应用生物技术改良畜禽品种

现地球上的人口突破了60亿大关,每年需要大量的蛋、奶及肉类食品,现有的常规手段很难满足迅速增长的人口需要。目前,世界上许多发达国家和发展中国家都在研究和探索应用生物技术大幅度提高畜禽的生产力。

目前,已知可利用基因工程方法生产的人和动物的激素至少有几十种,尤为突出的是生长激素的开发,它对人和动物的生长发育和成熟起调控作用,可提高动物对饲料的利用率,减少脂肪。现在利用基因工程技术已获得了大量的人、牛、猪、鸭及鱼类的生长激素。

①基因工程育良种:为了增加畜禽对疾病和内外寄生虫的遗传抵抗力,利用基因工程的方法将一种家畜的抗病基因插入另一种家畜的遗传物质中,培育出对某种疾病具有遗传抵抗力的转基因动物。目前在养禽业方面,已能够应用分子生物学方法鉴别出与疾病抵抗力有关的染色体区段以及其他性状的部位,并能够把区段基因分离出来,然后再整合到鸡的染色体中,培育出抵抗某种疾病的转基因鸡。在哺乳动物中则将这类基因导入精子中,通过人工授精,培育出转基因动物。此外,为了提高畜禽的生产品质,人们利用基因工程技术与胚胎移植技术结合,将一种家畜的有益基因经过显微注射,借助逆转录病毒感染胚胎,或在胚胎干细胞中导入另一家畜的遗传物质,培育出理想的畜禽品种,这是常规选择交配法所办不到的。

②试管动物:将体外受精后的受精卵移植到受体动物后所产生的后代称为试管动物。体外受精技术能充分利用优良种畜,利用屠宰母畜的卵巢,生产大量廉价的良种胚胎,提高畜牧

业生产,促进品种改良。世界上已有第一家公司采用体外受精技术生产牛胚胎。我国在技术和设备上也已具备在实验室生产牛胚胎的条件,并已试行开发。

③胚胎分割:这是使用显微操作将胚胎分割开来的一种技术。胚胎分割可以成倍地增加胚胎数量,有利于良种扩群,可培育出相同遗传性的同卵孪生动物,为药物学、医学、生物学研究生产理想的动物;便于深入研究胚胎单个卵裂的发育能力及全能性,间接控制性别;对进行后裔测定、诱导母牛产双犊有重要意义。到目前为止,胚胎分割技术已在绵羊、牛、兔、马、山羊、小鼠、猪等动物上获得成功,在发达国家,胚胎分割技术已用于畜牧业生产。

**3) 生物技术与医药卫生**

**(1) 转基因动物生产的"转基因药物"**

用转基因动物生产人用医药制品是基因工程制药业中新崛起的最富有诱人前景的行业。1978 年,科学家们把人 tPA 基因转入小鼠受精卵发育成转基因小鼠并证明在其乳汁中能得到 tPA 以来,美国和英国已组建 4 家生物技术公司专门从事用转基因动物生产"转基因药物",并各具特色,如 DNX 公司的"制药工厂"用转基因猪,环球基因药物公司用转基因牛,基因酶公司用转基因山羊,英国药物蛋白公司则用转基因绵羊。用转基因动物生产"转基因药物"与用细菌、酵母菌或动物细胞生产基因工程药物相比较,最大的优点是产量高,另一个优点是成本低、污染少、节约能源,还有材料来源丰富、应用范围广等优点。再者,转基因产品具有与人体自身产生的蛋白质相同的生物学活性。这些动物的乳腺细胞能进行一系列的翻译后修饰作用,包括糖基化和 γ 羧化作用等,正确地产生人体蛋白。

**(2) 人型单克隆抗体的制备**

有几条可供采用的技术路线。一是在鼠型单克隆抗体分子中用蛋白质工程的方法更换一段人抗体分子中与抗原结合的链段。二是从人鼠杂交瘤细胞中直接克隆人抗体基因并使之在细菌中得到表达。三是将人免疫球蛋白重链 C 区基因转入小鼠受精卵,发育成转基因小鼠,用特定抗原免疫这种转基因小鼠,就直接得到人型化的单克隆抗体。

**(3) 基因治疗**

通过各种手段导入的外源基因在细胞中的整合位点一般是随机的,这很可能影响基因治疗的效果,甚至导致与预期目标相反的结果。20 世纪 80 年代末兴起的"基因打靶"技术能将外源基因定点整合到细胞基因组的某一确定位点上,因而能对缺陷基因进行原位修复。今后,"基因打靶"的效率将会得到大幅度提高,使基因治疗的临床应用建立在安全可靠的基础上。

**(4) 生物技术的各个环节**

各个环节将不断得到改进。首先是聚合酶链式反应及其他不断涌现的分子生物学新技术将得到广泛应用。同时,在细菌、酵母菌、昆虫细胞、哺乳动物细胞等不同的细胞内能得到高效率表达的载体将不断地构建成功,大幅度提高基因工程的生产效率。此外,生物技术后处理工程和蛋白质工程将迅速发展,通过蛋白质工程修饰和改造基因工程产品以及有目的地修饰、改造乃至重新组建蛋白质分子结构的理想将逐步实现。

**4) 生物技术与化学、食品工业**

生物技术在化学工业中的应用,就其前景而言,最重要的是其在通用化学品生产中的应用。化学工业原料的消耗,使人类将不得不应用生物技术,利用生物量来生产基本化工原料。

通用化学品原料的变更在不久的将来是必然的。生物技术在改进传统化工工艺方面也得到了一些重要的进展,利用生物技术生产化学品目前仍集中在生产昂贵化学品,特别是医药和精细化工产品方面,主要是甾体类的转化、抗生素的合成、生物碱及有机酸的合成、蛋白质的合成、氨基酸的合成以及核酸的合成等,预计在今后还会继续增长。化学工业的基本技术将在生物技术的工业化进程中发挥越来越大的作用,而以化工过程与设备技术为支撑的生物技术装备生产届时将取得长足的进步。

**5) 生物技术与环境保护**

生物技术无论在生态环境保护方面,还是在环境污染治理方面都已得到广泛的应用,可以说,生物技术是环境保护的理想武器。污染治理生物技术是发酵工程在环境保护方面的具体应用,其最终的转化产物大都是无毒无害、稳定的物质,用生物方法处理污染物通常可以一步到位,避免了污染物的多次转移。因此,它是一种消除污染安全而彻底的手段。

---

**· 本章小结 ·**

生物技术是指人们以现代生命科学为基础,结合先进的工程技术手段和其他基础学科的科学,按照预先的设计改造生物体或加工生物原料,为人类生产出所需的产品或达到某种目的。生物技术涵盖基因工程、细胞工程、酶工程、发酵工程和蛋白质工程五大工程,这五大工程相互涵盖、相互渗透。现代生物技术的应用领域和前景非常广泛,它对人类社会产生巨大的影响,特别在农业、工业、医学、药物学、能源、环保、冶金等方面,生物技术应用非常广泛。

---

 复习思考题

1. 生物技术的概念是什么? 它包括哪些基本内容?

2. 生物技术与相关学科的关系?

3. 生物技术在哪些方面有着怎样的应用,都包括哪些领域?

# 第 2 章

# 基因工程

📖【知识目标】

- 了解基因工程的概念、主要步骤和相关的分子生物学基础知识；
- 了解常用工具酶的催化反应机制及主要用途；
- 了解三种常用基因克隆载体(质粒、λ 噬菌体和黏粒)的一般生物学特性。

📖【技能目标】

- 掌握基因工程的基本概念；
- 了解基因工程主要操作步骤及原理；
- 掌握 PCR 的主要操作步骤。

# 2.1 概　述

## 2.1.1　基因工程的概念

基因工程是指用现代遗传学及分子生物学的理论和方法,按照人类的需要,用 DNA 重组技术对生物基因组的结构或组成进行人为修饰或改造,从而改变生物的结构和功能,以便更经济、更有效地生产人类所需要的物质和产品的技术。这种技术是在生物体外,通过对 DNA 分子进行人工"剪切"和"拼接",对生物的基因进行改造和重新组合,然后导入受体细胞内进行无性繁殖,使重组基因在受体细胞内表达,产生出人类所需要的基因产物。通俗地说,就是按照人们的主观意愿,把一种生物的个别基因复制出来,加以修饰改造,然后放到另一种生物的细胞里,定向地改造生物的遗传性状。

由于基因工程是在分子水平上进行操作,最终是为了创造出人们所需要的新品种,因而它可以突破物种间的遗传障碍,大跨度地超越物种间的不亲和性。例如,在基因工程中最常使用的大肠杆菌是一种原核生物,但它却能大量表达来自人类的某些基因。例如,各种人多肽生长因子基因就可用大肠杆菌来生产。如果用常规的育种技术来做同一项工作,那么成功的机会应为零。因此,科学家们可以利用基因工程实现人类的各种物种改良的愿望。

基因工程自其诞生至今已经形成了一整套技术路线,主要包括目的基因的取得、目的基因与表达性载体的重组、重组体对寄主细胞的转化及目的基因的表达、表达产物的纯化与生物活性的测定。在农业生物技术中,植物基因工程取得了一系列引人瞩目的成果,人们成功地获得了抗虫、抗病毒、抗除草剂等转基因植物,并已开始了大田实验。人们可以在一定范围内根据意愿来改造植物的一些性状,从而获得高产、稳产、优质和抗逆性强的品种。向动物体转移外源基因并使之在动物体内表达,能够有效地克服物种之间固有的生殖隔离,实现动物物种之间,或动物和植物及微生物之间遗传物质的交换。因此,动物基因工程对于深入研究基因结构、功能及其表达调控,对于培育高产、优质和抗逆动物品种,对于开发动物体作为活的生物反应器生产珍稀蛋白质等方面,均有巨大的应用潜力;而基因工程在医药领域的应用在于能利用生物体生产基因工程药物,为人类的健康打下坚实的医学基础。

## 2.1.2　基因工程操作的基本过程

基因工程是有目的地在体外进行一系列的基因操作。一个完整的基因工程实验过程包括:目的基因的分离和改造;构建载体;目的基因插入载体;重组载体导入宿主细胞进行扩增;基因表达产物的鉴定、收集和加工等一系列复杂过程的综合,其实验流程可以概括如图 2.1 所示。

当基因构建完成后,下游工作的内容是将含有重组外源基因的生物细胞(基因工程菌或细胞)进行大规模培养及外源基因表达产物的分离纯化过程,获得所需要的产物。具体的生产方法有以下三种。

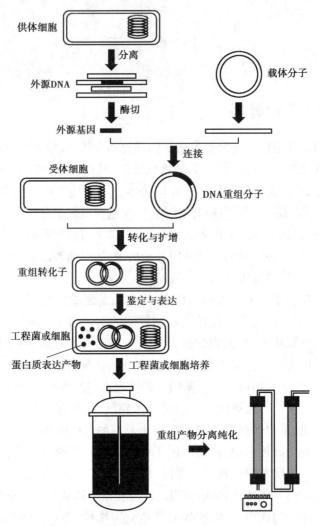

**图 2.1　基因工程操作的基本流程示意图**

①微生物发酵方法:将基因工程菌种通过发酵方法进行基因表达产物的生产,从发酵产物中将基因表达产物分离纯化出来。

②动物体发酵法:将基因转入动物胚胎内,通过转基因动物作为活体发酵罐生产基因表达产物,如从转基因牛的牛奶中获取抗甲型肝炎疫苗。

③植物体发酵法:利用植物转基因技术将外源基因转入植物体内,获取基因表达产物。如在中药材植物中转入与其药效成分相匹配的基因,使中药材含有西药成分而达到中西医结合治疗的目的。

### 2.1.3　基因工程研究的意义

半个多世纪的分子生物学和分子遗传学研究结果表明,基因是控制一切生命运动的物质形式。基因工程的本质是按照人们的设计蓝图,将生物体内控制性状的基因进行优化重组,并使其稳定遗传和表达。这一技术在超越生物王国种属界限的同时,简化了生物物种进化程序,加快了生物物种进化速度,最终卓有成效地将人类生活品质提升到一个崭新的层次。因此,基因工程诞生的意义毫不逊色于有史以来的任何一次技术革命。

基因工程研究与发展的意义体现在以下3个方面:

①大规模生产生物分子:利用细菌基因表达调控机制相对简单和生长速度快等特点,令其超量合成其他生物体内含量极微但却具有较高经济价值的生化物质。

②设计构建新物种:借助基因重组、基因定向诱变甚至基因人工合成技术,创造出自然界不存在的生物新性状乃至全新物种。

③搜寻分离鉴定生物体:尤其是人体内的遗传信息资源。目前,日趋成熟的DNA重组技术已能使人们获得全部生物的基因组,并迅速确定其相应的生物功能。

## 2.2 工具酶和基因表达载体

### 2.2.1 工具酶

基因工程是在DNA分子水平上进行设计施工的。在分子水平上对DNA分子进行的剪接和重组操作,不可能在显微镜下进行,更不可能像外科手术那样进行直接操作。DNA分子的直径只有2.0 nm(粗细只有头发丝的十万分之一),其长度也是极其短小的。要在如此微小的DNA分子上进行剪切和拼接,是一项非常精细的工作,必须要有专门的工具。这些工具包括一系列具有各种不同功能的酶,如对DNA链进行特异性精确剪切的限制性内切酶、负责DNA复制的DNA聚合酶、将不同DNA片段连接到一起的DNA连接酶、能以RNA为模板合成DNA的逆转录酶等,以及用于DNA片段扩增和转运的载体等。有了这些工具才能对DNA链进行准确的剪切和拼接,分离和复制目的基因以及将目标基因运转到受体细胞中去。

#### 1)限制性内切酶

在生物体内有一类酶,它们能将外来的DNA切断,即能够限制异源DNA的侵入并使之失去活力,但对自己的DNA却无损害作用,因为宿主DNA内切酶识别位点的某些碱基已经被甲基化了,内切酶不能催化已修饰底物的水解,这样可以保护细胞原有的遗传信息。由于这种切割作用是在DNA分子内部进行的,故名限制性内切酶(简称"限制酶")。限制酶是基因工程中所用的重要切割工具。首批被发现的限制性内切酶包括来源于大肠杆菌 *Eco*R I 和 *Eco*R II 以及来源于 *Heamophilus influenzae* 的 *Hind* II 和 *Hind* III。这些酶可在特定位点切开DNA,产生可体外连接的基因片段。研究者很快发现,内切酶是研究基因组成、功能及表达非常有用的工具。限制性内切酶按照亚基组成、酶切位置、识别位点、辅助因子等因素划分为三大类型,分别称为 I 型、II 型、III 型。这三种不同的限制性内切酶具有不同的特征。用于DNA的特异性剪切的限制性内切酶是 II 型酶,因为它既能够识别DNA链上的特异性位点,又能进行专一性的切割。限制性内切酶在分子克隆中得到广泛应用,是重组DNA的基础。一些常用限制酶的参数见表2.1。

表2.1　一些常用限制酶的识别序列及其产生菌

| 限制酶名称 | 识别序列 | 产生菌 |
|---|---|---|
| *Bam*H I | G　GATCC | 淀粉液化芽孢杆菌(*Bacillus amyloliuifaciens* H) |
| *Eco*R I | G　AATTC | 大肠杆菌(*Eschericha coli* Rr13) |
| *Hind* Ⅲ | A　AGCTT | 流感嗜血杆菌(*Haemophilus in fluenzae* Rd) |
| *Kpn* I | GGTAC　C | 肺炎克雷伯氏杆菌(*Klebsiella pneumoniae* OK8) |
| *Pst* I | CTGCA　G | 普罗威登斯菌属(*Providencia stuartii* 164) |
| *Sma* I | CCC　GGG | 黏质沙雷氏菌(*Serratia marcescens sb*) |
| *Xba* I | T　CTAGA | 黄单胞菌属(*Xanthomonas badrii*) |
| *Sal* I | G　TCGAC | 白色链霉菌(*Streptomyces albus* G) |
| *Sph* I | GCATG　C | 暗色产色链霉菌(*Streptomyces phaeochromogenes*) |
| *Nco* I | C　CATGG | 珊瑚诺卡氏菌(*Nocardia corallina*) |

Ⅱ型限制酶的识别序列通常由 4～8 个碱基对组成,这些碱基对的序列呈回文结构(palindromic structure),旋转180°,其序列顺序不变。所有限制酶切割 DNA 后,均产生 5′磷酸基和 3′羟基的末端。限制酶作用所产生的 DNA 片段有以下两种形式:

①具有黏性末端(cohesive end)。有些限制酶在识别序列上交错切割,结果形成的 DNA 限制片段具有黏性末端。例如,*Hind* Ⅲ 切割结果形成 5′单链突出的黏性末端,而 *Pst* I 切割结果却形成 3′单链突出的黏性末端。

②具有平末端(bluntend)。有些限制酶在识别序列的对称轴上切割,形成的 DNA 片段具有平末端。例如,*Sma* I 切割结果形成平末端。

*Eco*R I 的识别序列是:　　　　　*Sma* I 的识别序列是:

5′-G_A A T T C - 3′　　　　　5′- C C C_G G G - 3′

3′-C T T A A_G - 5′　　　　　3′- G G G_C C C - 5′

(1)同裂酶

来源不同的限制酶,识别和切割相同的序列,这类限制酶称为同裂酶(isoschizomer)。同裂酶产生同样切割,形成同样的末端,酶切后所得到的 DNA 片段经连接后所形成的重组序列,仍可能被原来的限制酶所切割。同裂酶之间的性质有所不同(如对离子强度、反应温度以及对甲基化碱基的敏感性等)。

(2)同尾酶

来源不同的限制酶,识别及切割序列不相同,但却能产生相同的黏性末端,这类限制酶称为同尾酶(isocaudarner)。两种同尾酶切割形成的 DNA 片段经连接后所形成的重组序列,不能被原来的限制酶所识别和切割。*Eco* R I 和 *Mun* I 同属同尾酶。

然而,蛋白质测序的结果表明,限制性内切酶的变化多种多样,若从分子水平上分类,则应当远远不止这三种。限制性内切酶识别的序列与 DNA 的来源无关,对任何来源的各种 DNA 都是普遍适用的。因此,有了这种特异性识别和切割的限制性内切酶,就可以在任何 DNA 分子上的特异位点处将其剪断,产生特定的 DNA 片段。这是 DNA 重组技术的重要基础之一。

2) DNA 连接酶

从图 2.2 中可以看出,被限制酶切开的 DNA 两条单链的切口,带有几个伸出的核苷酸,它们之间正好互补配对,这样的切口叫作黏性末端。可以设想,如果把两种来源不同的 DNA 用同一种限制酶来切割,然后让两者的黏性末端粘合起来,似乎就可以合成重组的 DNA 分子了。但是,实际上仅仅这样做是不够的,互补的碱基处虽然连接起来,但是这种连接只相当于把断成两截的梯子中间的踏板连接起来,两边的扶手的断口处还没有连接起来。要把扶手的断口处连接起来,也就是把两条 DNA 末端之间的缝隙"缝合"起来,还要靠另一种极其重要的工具——DNA 连接酶。

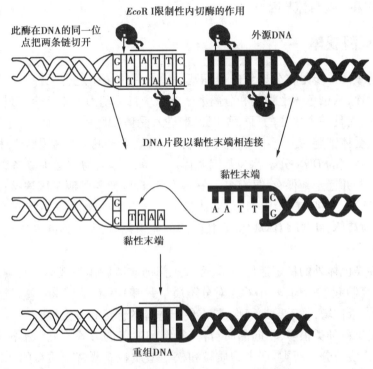

图 2.2　限制性核酸内切酶 *Eco*R Ⅰ 的作用

将不同的 DNA 片段连接在一起的酶叫作 DNA 连接酶。DNA 连接酶主要来自 $T_4$ 噬菌体和大肠杆菌。DNA 连接酶催化两个双链 DNA 片段相邻的 5′端磷酸与 3′端羟基之间形成磷酸二酯键。它既能催化双链 DNA 中单链切口的封闭,也能催化两个双链 DNA 片段进行连接。DNA 连接酶主要有两种:一种是 $T_4$ DNA 连接酶,另一种是大肠杆菌 DNA 连接酶。$T_4$ DNA 连接酶由一条多肽链组成,相对分子量为 6 800,通常催化黏性末端间的连接效率要比催化平末端的连接效率高。催化反应需要 $Mg^{2+}$ 和 ATP,ATP 作为反应的能量来源。$T_4$ DNA 连接酶在基因工程操作中被广泛应用。大肠杆菌 DNA 连接酶的相对分子量为 7 500,连接反应的能量来源是 $NAD^+$,此酶催化 DNA 连接反应与 $T_4$ DNA 连接酶大致相同,但不能催化 DNA 分子的平末端连接。

体外 DNA 连接方法目前常用的有三种:a. 用 $T_4$ 或大肠杆菌 DNA 连接酶可连接具有互补黏性末端的 DNA 片段;b. 用 $T_4$ DNA 连接酶连接具有平末端的 DNA 片段;c. 先在 DNA 片段末端加上人工接头,使其形成黏性末端,然后再进行连接。

### 3) 反转录酶

反转录酶(reverse transcriptase)是以 RNA 为模板指导三磷酸脱氧核苷酸合成互补 DNA (cDNA)的酶。这种酶需要镁离子或锰离子作为辅助因子,当以 mRNA 为模板时,先合成单链 DNA(ssDNA),再在反转录酶和 DNA 聚合酶 I 的作用下,以单链 DNA 为模板合成"发夹"型的双链 DNA(dsDNA),再由核酸酶 S I 切成两条单链的双链 DNA。因此,反转录酶可用来把任何基因的 mRNA 反转录成 cDNA 拷贝,然后可大量扩增插入载体后的 cDNA。也可用来标记 cDNA 作为放射性的分子探针。反转录酶在基因工程中,主要用来从 mRNA 转录出 cDNA 片段。由于 mRNA 是染色体上基因的拷贝,所以反转录酶使基因工程学家们能通过细胞质中的 mRNA 来认识和分离目标基因。

## 2.2.2　基因载体

基因工程的重要一步是将分离到的目标基因转导到细菌中进行无性繁殖以快速和大量地将其扩增。然而,从染色体上切割和分离下来的单个目标基因通常不带有进行复制和功能表达的调节序列,而且一个单独的目标基因也难进入受体细胞中。因此,为了使分离到的目标基因顺利进入受体细胞,并在受体细胞中复制和表达,必须将目标基因与一种特别的 DNA 分子重组。这种特别的 DNA 分子称为基因载体。作为载体的物质必须具备以下条件:能够在宿主细胞中复制并稳定地保存;具有多个限制酶切点,以便与外源基因连接;具有某些标记基因,便于进行筛选。基因工程中使用的载体基本上来自微生物,主要包括质粒载体、λ 噬菌体载体、柯斯质粒载体、$M_{13}$ 噬菌体载体、真核细胞的克隆载体、人工染色体等。

### 1) 质粒载体

质粒是一种染色体外的稳定遗传因子,经人工修饰改造后作为载体。它具有十分有利的特性:具有独立复制起点;具有较小的相对分子质量,一般不超过 15 kb;具有较高拷贝数,使外源 DNA 得以大量扩增;易于导入细胞;具有便于选择的标记和安全性。

细菌中天然质粒种类很多,不同的质粒,其复制和遗传的方式不同。根据复制和遗传方式的差异,可以将质粒分为两类:严密型质粒和松弛型质粒。严密型质粒的复制方法与细菌的生理过程密切相关,当细菌蛋白质合成终止时,质粒的复制也随即停止。严密型质粒在细菌细胞中一般只有 1～2 个拷贝。松弛型质粒的复制与细胞的生理过程关系不大,当细菌蛋白质合成停止时它仍可以进行复制。所以,松弛型质粒在一个细菌体内的数目常常可达到数十个乃至数千个。因此,通常选择松弛型质粒作为基因载体,以期能使目的基因在宿主体内大量复制。细菌质粒并不是细菌生长所必需的组成部分,但细菌质粒通常带有某种遗传特性。例如,有的带有抗药性的 R 因子基因;有的带有使自身能从一个细菌进入到另一个细菌的转移因子基因;还有的质粒有能够产生某种毒素的基因。这些遗传性状赋予宿主细菌以某种可观察的生物学特征。通过这些特征,我们便可以知道重组的目的基因是否进入了宿主细胞,并挑选出这些细胞。大肠杆菌质粒 pBR322 是基因工程中最常用的代表性质粒,是环状双链 DNA 分子,由 4 361 bp 组成,是由博利瓦(Bolivar)等于 1977 年构建的一个典型人工质粒载体。可插入大小 5 kb 左右的外源 DNA。它具有一个复制起点,是松弛型质粒。当加入氯霉素扩增之后,每个细胞可含有 1 000～3 000 个拷贝。pBR322 质粒具有 2 种抗性基因,一个是四环素抗性基因($Tet^r$),另一个是氨苄青霉素抗性基因($Amp^r$)。已知有 24 种主要限制酶在 pBR322 分子上均有一个限制性酶切位点,其中有 7 种限制酶(*Eco*R Ⅴ、*Nhe* Ⅰ、*Bam*H Ⅰ、*Sph* Ⅰ、*Sal* Ⅰ、*Xma* Ⅲ和 Nru Ⅰ)的切点位于四环素抗性基因之内,还有 3 种限制酶(*Sca* Ⅰ、*Pvu* Ⅰ、*Pst* Ⅰ)的切点位于氨苄青霉素(氨苄西林)抗性基因之内。外源 DNA 片段插入这些位点之中任一位点时,将导致相应抗性基因的失活。因外源 DNA 的插入而导致基因失活的现象,称为插入失活(insertional inactivation)。插入失活常被用于检测含有外源 DNA 的重组体。

现已构建了许多新的含有一个人工构建的多克隆位点(multiple cloning sites)的质粒,如 pUC 系列和 pGEM 系列的质粒载体。在这些质粒载体上带有不同限制酶单一识别位点的短 DNA 片段,外源基因可随意插入任何一个位点。同时又由于多克隆位点位于一个基因的编码区内,因而基因的插入、失活极易被检测到。除大肠杆菌质粒外,枯草芽孢杆菌(*Bacillus subtilis*)质粒和酿酒酵母(*Saccharomyces cerevisiae*)的 2 μm 质粒常作为酵母细胞外源基因的克隆或表达载体。此外,先后构建了一系列不同类型的穿梭质粒载体(shuttle plasmid vectors)。这是一类同时含有两种细胞的复制起点,特别是同时含有原核生物与真核生物的复制起点,能在两种生物细胞中进行复制的质粒载体。其中最常见和被广泛应用的是大肠杆菌-酿酒酵母穿梭质粒载体,这种质粒同时含有大肠杆菌和酿酒酵母的复制起点,故既可在大肠杆菌细胞中复制又可在酵母细胞中复制。此外,还有其他穿梭质粒载体系统。

**2) λ 噬菌体载体**

λ 噬菌体克隆载体是基因工程中一类很有价值的克隆载体,具有很多优点:分子遗传学背景十分清楚;载体容量较大,一般质粒载体容纳略多于 10 kb,而 λ 噬菌体载体却能容纳大约 23 kb 的外源 DNA 片段;具有较高的感染效率,其感染宿主细胞的效率几乎可达 100%,而质粒 DNA 的转化率却只有 0.1%。

但由于野生型 λ 噬菌体 DNA 的分子很大,基因结构复杂,限制酶有很多切点,且这些切点多数位于必需基因之中,因而不适于作为克隆载体,必须经一系列改造才能用作克隆载体。构建 λ 噬菌体载体克隆载体的基本原则是:删除基因组中非必需区,使基因组变小,有利于克隆较大的 DNA 片段;除去多余的限制位点。现已构建了各种各样的 λ 载体。这些载体可分为两类:插入型载体(insert vector),其限制酶位点可用于外源 DNA 的插入;取代型载体(replacement vector),具有成对限制酶位点,外源 DNA 可取代两个限制位点上的 DNA 区段。重组 DNA 与包装蛋白混合,可在体外包装成有感染力的重组噬菌体颗粒。虽然 λ 噬菌体载体是一类极为有用的克隆载体,但是由于 λ 噬菌体头部组装时容纳 DNA 的量是固定的,因而插入的外源 DNA 长度必须控制在使重组 DNA 为野生型 λDNA 长度的 78%~105%,否则难以正常组装。

**3) 柯斯质粒载体**

柯斯质粒载体(cosmid vector)即黏粒载体,是由 λ 噬菌体的黏性末端和质粒构建而成。cosmid 一词的意思是带有 cos 位点的质粒。柯斯质粒载体含有来自质粒的一个复制起点、抗药性标记、一个或多个限制酶单一位点,以及来自 λ 噬菌体黏性末端的 DNA 片段,即 cos 位点,其对于将 DNA 包装成 λ 噬菌体粒子是必需的。柯斯质粒载体的优点在于:具有噬菌体的高效感染力,而在进入宿主细胞后不形成子代噬菌体,仅以质粒形式存在;具有质粒 DNA 的复制方式,重组 DNA 注入宿主细胞后,两个 cos 位点连接形成环状 DNA 分子,如同质粒一样进行复制;具有克隆大片段外源 DNA 的能力,柯斯质粒本身一般只有 5~7 kb,而它可克隆外源 DNA 片段的极度限值竟高达 45 kb,远远超过质粒载体及 λ 噬菌体载体的克隆能力。

#### 4)$M_{13}$噬菌体载体

$M_{13}$是大肠杆菌丝状噬菌体,其基因组为环状 ssDNA,大小为 6 407 bp。感染雄性($F^+$或 Hfr)大肠杆菌进入细胞后,转变成复制型(RF)dsDNA,然后以滚环方式复制出 ssDNA。每当复制出单位长度正链,即被切出和环化,并立即组装成子代噬菌体和以出芽方式(即宿主细胞不被裂解)释放至胞外。

野生型 $M_{13}$ 不适于直接作为克隆载体,因而人们对其进行改造,构建了一系列 $M_{13}$ 克隆载体。在 $M_{13}$ 基因组中,除基因间隔区(IG)外,其他均为复制和组装所必需的基因。外源 DNA 插入 IG 区,可不影响 $M_{13}$ 活动,因而野生型 $M_{13}$ 的改造主要在 IG 区中进行。$M_{13}$ 主要用于制备单链 DNA 和基因测序。

#### 5)噬菌体质粒载体

噬菌体质粒(phagemid 或 phasmid)是由丝状噬菌体和质粒载体 DNA 融合而成,兼有两者的优点。这类载体具有来自 $M_{13}$ 或 $f_1$ 噬菌体的基因间隔区(内含 $M_{13}$ 或 $f_1$ 噬菌体复制起点)和来自质粒的复制起点、抗药性标记、一个多克隆位点区等。例如,pUC18 噬菌体质粒载体就是将野生型 $M_{13}$ 的基因间隔区插入质粒载体 pUC18 构建而成的。

噬菌体质粒在寄主细胞内以质粒形式存在,复制产生双链 DNA。当用辅助噬菌体 $M_{13}$ 感染宿主细胞后,噬菌体质粒的复制就转变成如同 $M_{13}$ 噬菌体一样的滚环复制,产生单链 DNA 并被包装噬菌体粒子以出芽方式释放至胞外。

噬菌体质粒载体在应用上具有许多优点:a. 载体本身分子小,约为 3 000 bp,便于分离和操作;b. 克隆外源 DNA 容量较 $M_{13}$ 噬菌体载体大,可克隆 10 kb 外源 DNA 片段;c. 可用于制备单链或双链 DNA,克隆和表达外源基因。

上述几类大肠杆菌克隆载体的克隆能力及其主要用途比较见表2.2。

表2.2　几类大肠杆菌克隆载体比较

| 载体类型 | 克隆外源 DNA 片段大小 | 主要用途 |
|---|---|---|
| 质粒载体 | <15 kb | 克隆和表达外源基因;DNA 测序 |
| λ 噬菌体载体 | <23 kb | 构建基因文库和 cDNA 文库 |
| 柯斯质粒载体 | <45 kb | 构建基因文库 |
| $M_{13}$ 载体 | 300~400 bp | 制备单链 DNA;定位诱变;噬菌体展示 |

#### 6)真核生物的载体

真核生物载体,主要有以下几大类。

(1)酵母质粒载体

酵母质粒载体都是利用酵母的 2 μm 质粒和其染色体组分与细菌质粒 pBR322 构建而成的,能分别在细菌和酵母菌中进行复制,所以又称为穿梭载体,主要有以下 3 种。

①附加体质粒(epislmal plasmid):该质粒载体含有来自大肠杆菌质粒 pBR322 的复制起点并携带选择标记的氨苄青霉素抗性基因($Amp^r$)。此外,还有来自酵母 2 μm 质粒的复制起

点以及一个作为酵母选择标记 URA3 基因。这种质粒既可在大肠杆菌中也可在酵母细胞中复制,当重组质粒导入酵母细胞中可进行自主复制,且具有较高的拷贝数。

②复制质粒(replicating plasmid):该质粒含有来自大肠杆菌质粒 pBR322 的复制起点和选择标记的氨苄青霉素抗性基因(Amp$^r$)、四环素抗性基因(Tet$^r$);来自酵母染色体的自主复制序列(ARS)。酵母重组质粒导入酵母细胞中可获得中等拷贝数的质粒。

③整合质粒(integrating plasmid):该质粒含有来自大肠杆菌质粒 pBR322 的复制起点和选择标记的氨苄青霉素抗性基因(Amp$^r$)、四环素抗性基因(Tet$^r$)和来自酵母的 URA3 基因。它既可以作为酵母细胞的选择标记,也可与酵母染色体 DNA 进行同源重组。这种质粒可在大肠杆菌中复制,但不能在酵母细胞中进行自主复制。一旦导入酵母细胞,可整合至酵母染色体上,成为染色体 DNA 的一个片段。

(2)真核生物病毒载体

①哺乳动物病毒载体:这类病毒载体具有许多突出优点。例如,动物病毒能够有效识别宿主细胞,某些动物病毒载体能高效整合到宿主基因组中以及高拷贝和强启动子中,有利于真核外源基因的克隆与表达。许多哺乳动物病毒如 SV40、腺病毒、牛痘病毒、逆转录病毒等改造后的衍生物可作为基因载体。

②昆虫病毒载体:昆虫杆状病毒的衍生物作为载体具有的优点,主要为高克隆容量,克隆外源 DNA 片段大小可高达 100 kb;其次,具有高表达效率,外源 DNA 的表达量达到细胞蛋白质总量的 25% 左右,甚至更多;此外,它具有安全性,仅感染无脊椎动物,并不引起人和哺乳动物疾病。

③植物病毒载体:一些 RNA 病毒和 DNA 病毒已被改造为植物基因工程载体。目前,植物基因工程操作较多使用双链 DNA 病毒载体,如花椰菜花叶病毒载体。

### 7) 人工染色体

酵母人工染色体(yeast artificial chromosome, YAC)是一类目前能容纳最大外源 DNA 片段人工构建的载体。酵母染色体的控制系统主要包括 3 部分:

①着丝粒(centromere, CEN):它的作用是使染色体的附着粒与有丝分裂的纺锤丝相连,保证染色体在细胞分裂过程中正确分配到子代细胞。

②端粒(telomere, TEL):位于染色体两个末端,功能是保护染色体两端,保证染色体的正常复制,防止染色体 DNA 复制过程中两端序列的丢失。

③酵母自主复制序列(autonomously replicating sequence, ARS):其功能与酵母细胞复制有关。

YAC 克隆外源 DNA 能力非常大,一个 YAC 可插入长达 $10^6$ 碱基以上的 DNA 片段。因此,YAC 既保证所插入外源基因结构的完整性,又大大减少基因库所要求克隆的数目。目前,YAC 已成为构建高等真核生物基因库的重要载体,并在人类基因组的研究中起着重要作用。除酵母人工染色体外,现已构建细菌人工染色体(BAC)更便于基因工程操作,在人类基因组研究中正被广泛应用。

### 8) 载体的宿主

为了保证外源基因在细胞中的大量扩增和表达,选择合适的克隆载体宿主就成为基因工程的重要问题之一。

一个理想的宿主的基本要求是:能够高效吸收外源 DNA;具有使外源 DNA 进行高效复制的酶系统;不具有限制修饰系统,不会使导入宿主细胞内未经修饰的外源 DNA 发生降解;一般为重组缺陷型(RecA)菌株,使克隆载体 DNA 与宿主染色体 DNA 之间不发生同源重组;便于进行基因操作和筛选;具有安全性。宿主细胞应该对人、畜、农作物无害或无致病性等。

原核生物的大肠杆菌及真核生物的酿酒酵母,由于它们具有一些突出优点,如生长迅速、极易培养、能在廉价培养基中生长,其遗传学及分子生物学背景十分清楚,因而已成为当前基因工程广泛应用的重要克隆载体宿主。

# 2.3 目的基因克隆策略

## 2.3.1 获得目的基因的途径

从事一项基因工程,通常总是要先获得目的基因。目的基因又称目标基因(target gene),是指通过人工方法分离、改造、扩增并能够表达的特定基因,或者是按计划获取有经济价值的基因。倘若基因的序列是已知的,可以用化学方法合成,或者利用聚合酶链式反应(PCR)由模板扩增。此外,最常用并且无须已知序列的方法是建立一个基因文库或 cDNA 文库,从中选择目的基因进行克隆。

### 1)基因文库的构建

基因文库是指整套由基因组 DNA 片段插入克隆载体获得的分子克隆之总和。在理想条件下,基因文库应包含该基因组的全部遗传信息。基因文库的构建通常包含以下 5 个步骤:

①染色体 DNA 的片段化:利用能识别较短序列的限制性内切酶对染色体基因组进行随机性切割,产生众多的 DNA 片段。

②载体 DNA 的制备:选择适当的 λ 噬菌体载体,用限制性内切酶切开,得到左右两臂,以便分别与染色体 DNA 片段的两端连接。

③体外连接与包装:将染色体 DNA 片段与载体 DNA 片段用 $T_4$ DNA 连接酶连接,然后重组体 DNA 与 λ 噬菌体外壳蛋白在体外包装。

④重组噬菌体感染大肠杆菌:重组噬菌体感染细胞将重组 DNA 导入细胞,重组 DNA 在细胞内增殖并裂解宿主细胞,产生的溶菌产物组成重组噬菌体克隆库,即基因文库。

⑤基因文库的鉴定、扩增与保存:构建的基因文库应鉴定其库容量,需要时可进行扩增。构建好的基因文库可多次使用。

### 2)cDNA 文库的建立

真核生物基因的结构和表达控制元件与原核生物有很大的不同。真核生物由于外显子与内含子镶嵌排列,转录产生的 RNA 需切除内含子拼接,外显子才能最后表达,因此真核生物的基因是断裂的。真核生物的基因不能直接在原核生物表达,只有将加工成熟的 mRNA 经逆转录合成互补的 DNA(cDNA),再接上原核生物的表达控制元件,才能在原核生物中表达。还有,mRNA 很不稳定,容易被 RNA 酶分解,因此真核生物需建立 cDNA 文库来进行克隆和表达研究。所谓 cDNA 文库是指细胞全部 mRNA 逆转录成 cDNA 并被克隆的总和。建立 cDNA

文库与基因文库的最大区别是DNA的来源不同。基因文库是取现成的基因组DNA,cDNA文库是取细胞中全部的mRNA经逆转录酶生成DNA(cDNA),其余步骤两者相类似。构建cDNA文库的基本步骤有五步:制备mRNA;合成cDNA;制备载体DNA(质粒或λ噬菌体);双链cDNA的克隆(cDNA与载体的重组);cDNA文库的鉴定、扩增与保存。

**3)基因库中克隆基因的挑选分离**

基因文库和cDNA文库建立起来后,下一步的工作是从一个庞大的基因库中分离出所需要的重组体克隆,这是一件难度很大、费时费力的工作。一种方法是根据重组体某种特征从库中直接挑选出重组体,这种方法叫作"选择";另一种方法是把库中所有的重组体进行一遍筛查,这种方法叫作"筛选"。

(1)原位杂交法

这一种利用特异探针的直接选择法,是一种十分灵敏而且快速的方法。用于杂交的探针可以是双链DNA,也可以是单链DNA,或是RNA。杂交的检测常用放射性同位素标记探针,通过自显影来进行。显然,有效进行杂交筛选的关键是获得特异的探针。探针的获得有如下方法:a.如果目的基因序列是已知的,或部分序列是已知的,探针可以从已有的克隆中制备,或用PCR方法扩增;b.如果目的基因是未知的,而有其他物种的同源序列,那么可以用同源序列作探针;c.如果目的基因未知,但知道它对应的蛋白质序列,可根据蛋白质序列设计相应的核酸探针。

(2)扣除杂交法

这是一种筛选方法,难度很大,是面对目的基因未知、同源基因未知、蛋白质序列未知情况的。基本原理是找到该基因的高表达细胞,提取相应的mRNA,并与一般细胞提取的mRNA进行比较,分离一般细胞不存在而高表达细胞存在的mRNA,然后用该mRNA逆转录生成cDNA。

**4)聚合酶链式反应扩增目的基因**

20世纪80年代以后,随着DNA核苷酸序列分析技术的发展,人们已经可以通过DNA序列自动测序仪对提取出来的基因进行核苷酸序列分析,并且通过一种扩增DNA的新技术(PCR技术),使目的基因片段在短时间内成百万倍地扩增。上述新技术的出现大大简化了基因工程的操作技术。

## 2.3.2 功能启动子的分离和构建

近年来,随着对启动子功能研究的深入,启动子的分离方法也得到发展。主要方法有:基因组文库筛选法、探针载体筛选法、启动子捕获法、常规PCR法、反向PCR法、锅柄PCR法、序列特异性引物PCR法、热不对称交错PCR法和Y形接头扩增法。

**1)基因组文库筛选法**

基因组文库筛选法是较早得到应用的一种分离启动子的方法,适合高等真核生物,但此方法需构建基因组文库,工作量大,目前已很少使用。其操作流程为:提取基因组DNA;使用限制性内切酶消化基因组,基因组被内切酶酶切后,产生出可用于克隆的DNA片段;将DNA片段同γ噬菌体载体连接后,转化到大肠杆菌的受体细胞中,构建基因组文库;用与待克隆启动子相关的已知序列片段或特异基因片段作探针与构建好的基因组文库杂交,筛选出含有目的启动子的序列。

**2）探针载体筛选法**

探针载体筛选法是利用启动子探针载体筛选启动子，因此其核心是构建含有报告基因的启动子缺失质粒载体即探针载体。启动子探针型载体是一种分离基因启动子的工具型载体，它包括两个基本部分：转化单元和检测单元。转化单元含复制起点和抗生素抗性基因，用于选择被转化的细胞。检测单元包含一个已失去转录功能且易于检测的遗传标记基因以及克隆位点。该方法的流程为：将 DNA 消化产物与无启动子的探针质粒载体重组，并使克隆片段恰好插在报告基因上游；把重组混合物转化到宿主细胞并构建质粒载体基因文库；检测报告基因的表达活性，若检测报告基因具有活性，则该插入重组 DNA 片段具有启动子活性。同时探针载体系统还应该满足以下条件：载体上还应有两个选择标记，方便筛选；报告基因产物应便于鉴定、方便筛选以及后期的量化；质粒稳定存在，拷贝数已知；报告基因的上游应有多个克隆位点。该方法适用于原核和一些低等真核生物，它能够随即筛选启动子，同时可以批量获得未知序列启动子片段，但工作量大且不能特异分离某一特定基因的启动子片段，因此该方法应用很有限。

**3）启动子捕获法**

启动子捕获法是伴随着基因标记技术发展起来的。该方法的流程是：将不含启动子的报告基因构建于载体上，并插入内源基因的外显子中；当插入位点与内源基因方向一致时，可以由该内源基因的启动子驱动报告基因表达；通过检测报告基因表达与否及表达的时空特异性，判断报告基因插入位点是否存在基因的启动子和表达特性，进而从报告基因的旁邻序列中分离出该启动子序列。

**4）常规 PCR 法**

常规 PCR 法适用于全序列已知的基因，是通过已经发表的基因序列设计引物，克隆基因启动子的方法，现已成为较常规的启动子的克隆方法，该方法简便、快捷、操作简单，但不能克隆到全新的启动子。苏宁等以水稻叶绿体 DNA 为模板通过 PCR 扩增到 16S rRNA 基因启动子区域片段；王景雪等以水稻基因组 DNA 为模板，用 PCR 方法从水稻基因组 DNA 中分离了 16 000 醇溶蛋白启动子片段，和已发表的序列对比发现其同源性高达 99.9%；王昌涛等从玉米自交系中克隆到泛素（ubiquitin）的启动子；王海燕等根据已报道的香菇 gPd 启动子设计引物，扩增获得大小分别为 1 018 bp 和 615 bp 灰树花基因中启动子片段 gPdZGFI 和 gPdZGFZ，与香菇 gPd 启动子序列同源性分别为 96% 和 98%。

**5）反向 PCR**

反向 PCR 技术（inversePCR，iPCR）是 1988 年 Ochman 和 Triglia 最早提出的，它是在常规 PCR 技术基础上改进的染色体步行方法。该方法适用于部分或全部序列已知的基因，具有高效、快速、稳定、花费少、操作简单、引物设计方便等诸多特点，应用较为广泛。该方法的流程为：选择在已知 DNA 序列内部没有切点的限制性内切酶对该 DNA 进行酶切，后经 T₄ DNA 连接酶催化自连成环状 DNA；设计合适方向并与已知序列两端互补的引物，以环状 DNA 为模板，经 PCR 得到已知序列的旁侧 DNA 片段。Digeon 等用该方法分离了小麦种子特异表达基因 puropndoline 的 1 068 bp 的启动子片段，通过转基因检测发现，该启动子片段能驱动目的基因在水稻种子中特异表达；Kim 等设计了两对嵌套反向引物，克隆了芝麻种子特异表达基因 SeFAD2 的启动子序列；韩志勇等以 iPCR 技术为基础克隆了转基因水稻的外源基因旁侧序列;Frester 等用该方法克隆了豌豆种子脂肪加氧酶基因启动子约 800 bp 片段。

### 6)锅柄 PCR 法

锅柄 PCR 又称接头 PCR(P-PCR),是继反向 PCR 方法之后的又一用来扩增基因组中已知序列两侧未知序列的方法,适用于大小在 2~9 kb 的部分序列已知的基因的长启动子。该项技术是能扩增距已知序列最远的未知 DNA 序列的方法,它能完成全部嵌套式扩增,同时具有非常高的特异性,但其中 DNA 环化、连接等步骤比较难控制。该方法的流程如下:用几种限制性内切酶酶切 DNA;将酶切后的 DNA 与体外合成的接头在适当的条件下连接;取适量连接产物直接作为 PCR 模板,其中一条引物为接头特异引物,其序列能与接头序列互补,另一条引物为基因特异引物,其序列与已知序列互补,该引物 3′端朝向要扩增的序列区;将 PCR 产物克隆并测序。杨予涛等从牵牛基因组 DNA 中克隆到一个光合组织特异表达的启动子;李鹏丽等利用该方法分离了 1 801 bp 大豆类受体蛋白酶基因 rlpk-5c 上游片段,研究表明该启动子能驱动 GUS 基因在番茄愈伤组织和大豆幼苗生长点中瞬时表达;陈军营等在克隆小麦 GLP3 基因启动子时改变了传统的 TAIL-PCR 方法,得到了 1 748 bp 的 GLP3 基因上游侧翼序列,通过测序得出该序列含有 TATA-box、CAAT-box 等核心启动子;财音青格乐等通过此方法,成功地克隆了大豆种子特异性启动子序列。

### 7)序列特异性引物 PCR 法

序列特异性引物 PCR(sequence specific primer PCR,SSP-PCR)法是基于 Taq DNA 聚合酶,对于和靶基因序列完全匹配的引物,比错配的引物更有效地进行扩增的原理,操作较简单,耗时较少,效率高。该技术流程是:用一系列特异性寡核苷酸引物进行 PCR,即在确定某一碱基为该等位基因所特有的基础上设计寡核苷酸引物,并使其 3′端的第一个碱基与等位基因的特异碱基互补。Shyamala 等运用该 PCR 法对小鼠伤寒杆菌组氨酸转运操纵子为起点进行连续步移并克隆启动子。

### 8)热不对称交错 PCR 法

热不对称交错 PCR 法即 TAIL-PCR(thermal asymmetric interlaced PCR,TAIL-PCR),最早由 Liu 等提出,此后由于该方法可以直接以基因组 DNA 为模板,高效快捷地克隆未知序列从而得到了广泛的应用。它是利用目标序列旁侧的已知序列设计 3 个嵌套的序列特异性引物(约 20 bp),分别和 1 个具有低 $T_m$ 值的短随机简并引物(约 14 bp)相结合,根据引物长短和特异性差异设计出不对称的温度循环扩增特异产物,该方法快捷、简单、特异性高,但需与较多引物组合,且扩增条件精细。该技术需经过三轮反应:第一轮 PCR 反应由 5 次高特异性反应,1 次低特异性反应,10 次较低特异性反应和 12 次热不对称的超级循环构成。通过第一轮反应可以得到不同浓度的 3 种类型产物——特异性产物(Ⅰ型)和非特异性产物(Ⅱ型和Ⅲ型);第二轮反应将第一轮反应的产物稀释 1 000 倍作为模板,通过 10 次热反应则将第一轮不对称的超级循环时产生的特异性的产物被选择地扩增,而非特异产物含量极低。第三轮反应又将第二轮反应的产物稀释作为模板,再设置普通的 PCR 反应或热不对称超级循环,通过上述三轮 PCR 反应可以获得与已知序列邻近的目标序列。

Zhang 等用此法从白菜中克隆了一个新的 PCP(pollen coat protein)基因启动子,该启动子可以驱动 GUS 基因在花药壁、花瓣顶部及花药发育后期的花粉管中特异表达;刘召华等根据尾穗苋凝集素 ACA 基因 5′端已知序列设计出 3 个基因特异的反向引物,并分别与 11 个简并引物配对,通过热不对称交错式 PCR 进行扩增,最终获得了 ACA 基因起始密码子上游约 700 bp 的片段,检测结果显示该 DNA 片段具有种子特异表达的活性;Gao 等用该法克隆了鳜鱼金属硫蛋白-2 基因(metallothionein-2 gene,MT-2)的启动子序列;李秋莉等应用 TAIL-PCR 法成功地克隆了辽宁碱蓬 BADH 基因的启动子片段;根据 Liu 和 Huang 的报道,TAIL-PCR 方法通常可以扩增到 0.2~2 kb 的片段;Wang 等用该方法分离了小球藻硝酸还原酶基因 5′端侧翼基因序列并将其与 GUS 基因融合并表达,研究结果显示该侧翼序列能启动 GUS 基因的表达。

### 9)Y 形接头扩增法

Y 形接头扩增法也称 YADE 法,Y 形接头扩增的引物处于 Y 形接头的两个分叉单链上,在特异引物引导合成了与接头末端互补的序列后,则接头引物开始退火参与扩增。该方法适用于较复杂的真核生物基因组。运用此法可以有效防止接头引物的单引物扩增,延伸时起始片段可以是基因组 DNA(gDNA)也可以是互补 DNA(cDNA)。在应用 YADE 法时,需要合适的内切酶,因此为了得到合适的内切酶,需要从众多的内切酶中进行筛选,同时特殊的 Y 形接头也增加了实验的成本。Prashar 等在扩增 cDNA3′端时运用此法减少了接头引物的单引物扩增;方卫国等首次建立了适合球孢白僵菌和金龟子绿僵菌的 YADE 体系,并用 YADE 法克隆到球孢白僵菌类枯草杆菌蛋白酶基因的启动子。

# 2.4 聚合酶链式反应

## 2.4.1 PCR 的基本原理

PCR 是聚合酶链式反应的简称,指在引物指导下由酶催化的对特定模板(克隆或基因组 DNA)的扩增反应,是模拟体内 DNA 复制过程,在体外特异性扩增 DNA 片段的一种技术,在分子生物学中有广泛的应用,包括用于 DNA 作图、DNA 测序、分子系统遗传学等。

PCR 基本原理是以单链 DNA 为模板,四种 dNTP 为底物,在模板 3′端有引物存在的情况下,用酶进行互补链的延伸,多次反复地循环能使微量的模板 DNA 得到极大程度的扩增。在微量离心管中,加入与待扩增的 DNA 片段两端已知序列分别互补的两个引物、适量的缓冲液、微量的 DNA 模板、四种 dNTP 溶液、耐热 Taq DNA 聚合酶、Mg 等。反应时先将上述溶液加热,使模板 DNA 在高温下变性,双链解开为单链状态;然后降低溶液温度,使合成引物在低温下与其靶序列配对,形成部分双链,称为退火;再将温度升至合适温度,在 Taq DNA 聚合酶的催化下,以 dNTP 为原料,引物沿 5′→3′方向延伸,形成新的 DNA 片段,该片段又可作为下一轮反应的模板,如此重复改变温度,由高温变性、低温复性和适温延伸组成一个周期,反复循环,使目的基因得以迅速扩增。因此 PCR 循环过程由三部分构成:模板变性、引物退火、热稳定 DNA 聚合酶在适当温度下催化 DNA 链延伸合成(图 2.3)。

(1)模板 DNA 的变性

模板 DNA 加热到 90~95 ℃时,双螺旋结构的氢键断裂,双链解开成为单链,称为 DNA 的变性,以便与引物结合,为下一轮反应作准备。变性温度与 DNA 中 G-C 含量有关,G-C 间

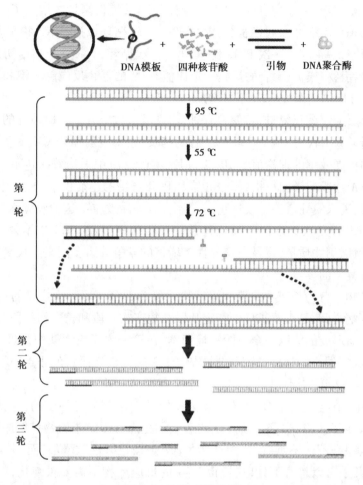

DNA模板　四种核苷酸　　引物　　DNA聚合酶

图 2.3　PCR 反应步骤

由三个氢键连接,而 A–T 间只有两个氢键相连,所以 G–C 含量较高的模板,其解链温度相对要高些。故 PCR 中 DNA 变性需要的温度和时间与模板 DNA 的二级结构的复杂性、G–C 含量高低等均有关。对于高 G–C 含量的模板 DNA 在实验中需添加一定量二甲基亚砜(DMSO),并且在 PCR 循环起始阶段热变性温度可以采用97 ℃,时间适当延长,即所谓的热启动。

(2)模板 DNA 与引物的退火

将反应混合物温度降至37 ~65 ℃时,寡核苷酸引物与单链模板杂交,形成 DNA 模板-引物复合物。退火所需要的温度和时间取决于引物与靶序列的同源性程度及寡核苷酸的碱基组成。一般要求引物的浓度大大高于模板 DNA 的浓度,并由于引物的长度显著短于模板的长度,因此在退火时,引物与模板中的互补序列的配对速度比模板之间重新配对成双链的速度要快得多,退火时间一般为 1 ~2 min。

(3)引物的延伸

DNA 模板-引物复合物在 Taq DNA 聚合酶的作用下,以 dNTP 为反应原料,靶序列为模板,按碱基配对与半保留复制原理,合成一条与模板 DNA 链互补的新链。重复循环变性—退火—延伸过程,就可获得更多的"半保留复制链",而且这种新链又可成为下一次循环的模板。延伸所需要的时间取决于模板 DNA 的长度。在 72 ℃条件下,Taq DNA 聚合酶催化的合成速

度为 $40 \sim 60$ bp/s。经过一轮"变性→退火→延伸"循环,模板拷贝数增加了一倍。在以后的循环中,新合成的 DNA 都可以起模板作用,因此每一轮循环以后,DNA 拷贝数就增加一倍。每完成一个循环需 $2 \sim 4$ min,一次 PCR 经过 $30 \sim 40$ 次循环,$2 \sim 3$ h。扩增初期,扩增的量呈直线上升,但是当引物、模板、聚合酶达到一定比值时,酶的催化反应趋于饱和,便出现所谓的"平台效应",即靶 DNA 产物的浓度不再增加。

PCR 的三个反应步骤反复进行,使 DNA 扩增量呈指数上升。反应最终的 DNA 扩增量可用 $Y = (1 + X)^n$ 计算。$Y$ 代表 DNA 片段扩增后的拷贝数,$X$ 表示平均每次的扩增效率,$n$ 代表循环次数。平均扩增效率的理论值为 100%,但在实际反应中平均效率达不到理论值。反应初期,靶序列 DNA 片段的增加呈指数形式,随着 PCR 产物的逐渐积累,被扩增的 DNA 片段不再呈指数增加,而进入线性增长期或静止期,即出现"停滞效应",这种效应称为平台期。达到平台期所需的 PCR 循环次数取决于反应体系中模板的拷贝数、PCR 扩增效率、DNA 聚合酶 PCR 的种类和活性、引物质量,以及非特异性扩增带的竞争等诸多因素。大多数情况下,平台期的到来是不可避免的。

PCR 扩增产物可分为长产物片段和短产物片段两部分。短产物片段的长度严格地限定在两个引物链 5′ 端之间,是需要扩增的特定片段。短产物片段和长产物片段是由于引物所结合的模板不一样而形成的。以一个原始模板为例,在第一个反应周期中,以两条互补的 DNA 为模板,引物是从 3′ 端开始延伸,其 5′ 端是固定的,3′ 端则没有固定的止点,长短不一,这就是"长产物片段"。进入第二周期后,引物除与原始模板结合外,还要同新合成的链(即"长产物片段")结合。引物在与新链结合时,由于新链模板的 5′ 端序列是固定的,这就等于这次延伸的片段 3′ 端被固定了止点,保证了新片段的起点和止点都限定于引物扩增序列以内、形成长短一致的"短产物片段"。不难看出"短产物片段"是按指数倍数增加,而"长产物片段"则以算术倍数增加,几乎可以忽略不计,这使得 PCR 的反应产物不需要再纯化,就能保证足够纯 DNA 片段供分析与检测用。

## 2.4.2　PCR 引物的设计

引物是 PCR 特异性反应的关键,PCR 产物的特异性取决于引物与模板 DNA 互补的程度。理论上,只要知道任何一段模板 DNA 序列,就能按其设计互补的寡核苷酸链作引物,利用 PCR 就可将模板 DNA 在体外大量扩增。引物设计有三条基本原则:首先,引物与模板的序列要紧密互补;其次,引物与引物之间避免形成稳定的二聚体或发夹结构;再次,引物不能在模板的非目的位点引发 DNA 聚合反应(即错配)。

引物的选择将决定 PCR 产物的大小、位置,以及扩增区域的 $T_m$ 值这个和扩增物产量有关的重要物理参数。好的引物设计可以避免背景和非特异产物的产生,甚至在 RNA-PCR 中也能识别 cDNA 或基因组模板。引物设计也极大地影响扩增产量:若使用设计粗糙的引物,产物将很少甚至没有;而使用正确设计的引物得到的产物量可接近于反应指数期望的产量理论值。当然,即使有了好的引物,依然需要进行反应条件的优化,比如调整 $Mg^{2+}$ 浓度,使用特殊的共溶剂如二甲基亚砜、甲酰胺和甘油。对引物的设计不可能有一种包罗万象的规则确保 PCR 的成功,但遵循某些原则,则有助于引物的设计。

### 1)引物长度

PCR 特异性一般通过引物长度和退火温度来控制。引物的长度一般为 15~30 bp,常用的是 18~27 bp,但不应大于 38 bp。引物过短会造成 $T_m$ 值过低,在酶反应温度时不能与模板很好地配对;引物过长又会造成 $T_m$ 值过高,超过酶反应的最适温度,还会导致其延伸温度大于 74 ℃,不适于 Taq DNA 聚合酶进行反应,而且合成长引物还会大大增加合成费用。

### 2)引物碱基构成

引物的(G+C)含量以 40%~60% 为宜,过高或过低都不利于引发反应,上下游引物的 G、C 含量不能相差太大。其 $T_m$ 值是寡核苷酸的解链温度,即在一定盐浓度条件下,50% 寡核苷酸双链解链的温度,有效启动温度,一般高于 $T_m$ 值 5~10 ℃。若按公式 $T_m = 4(G+C) + 2(A+T)$ 估计引物的 $T_m$ 值,则有效引物的 $T_m$ 为 55~80 ℃,其 $T_m$ 值最好接近 72 ℃ 以使复性条件最佳。引物中四种碱基的分布最好是随机的,不要有聚嘌呤或聚嘧啶的存在。尤其 3′端不应超过 3 个连续的 G 或 C,因这样会使引物在 G+C 富集序列区错误引发。

### 3)引物二级结构

引物二级结构包括引物自身二聚体、发卡结构、引物间二聚体等。这些因素会影响引物和模板的结合从而影响引物效率。对于引物的 3′端形成的二聚体,应控制其 $\Delta G > -5.0$ kcal/mol 或少于 3 个连续的碱基互补,因为此种情形的引物二聚体有进一步形成更稳定结构的可能性,引物中间或 5′端的要求可适当放宽。引物自身形成的发卡结构,也以 3′端或近 3′端对引物-模板结合影响更大;影响发卡结构稳定性的因素除了碱基互补配对的键能之外,与茎环结构形式亦有很大的关系。应尽量避免 3′端有发卡结构的引物。

### 4)引物 3′端序列

引物 3′端和模板的碱基完全配对对于获得好的结果是非常重要的,而引物 3′端最后 5~6 个核苷酸的错配应尽可能地少。如果 3′端的错配过多,通过降低反应的退火温度来补偿这种错配不会有什么效果,反应几乎注定要失败。

引物 3′端的另一个问题是防止一对引物内的同源性。应特别注意引物不能互补,尤其是在 3′端。引物间的互补将导致不想要的引物双链体的出现,这样获得的 PCR 产物其实是引物自身的扩增。这将会在引物双链体产物和天然模板之间产生竞争 PCR 状态,从而影响扩增成功。

引物 3′端的稳定性由引物 3′端的碱基组成决定,一般考虑末端 5 个碱基的 $\Delta G$ 值。$\Delta G$ 值是指 DNA 双链形成所需的自由能,该值反映了双链结构内部碱基对的相对稳定性,其大小对扩增有较大的影响。应当选用 3′端 $\Delta G$ 值较低(绝对值不超过 9),负值大,则 3′端稳定性高,扩增效率更高。引物 3′端的 $\Delta G$ 值过高,容易在错配位点形成双链结构并引发 DNA 聚合反应。

需要注意的是,如扩增编码区域,引物 3′端不要终止于密码子的第 3 位,因密码子的第 3 位易发生简并,会影响扩增特异性与效率。另外,末位碱基为 A 的错配效率明显高于其他 3 个碱基,因此应当避免在引物的 3′端使用碱基 A。

### 5)引物的 5′端

引物的 5′端限定着 PCR 产物的长度,它对扩增特异性影响不大。因此,可以被修饰而不影响扩增的特异性。引物 5′端修饰包括:加酶切位点;标记生物素、荧光、地高辛、$Eu^{3+}$ 等;引入蛋白质结合 DNA 序列;引入突变位点、插入与缺失突变序列和引入一启动子序列等。对于引入 1 ~ 2 个酶切位点,应在后续方案设计完毕后确定,便于后期的克隆实验,特别是在用于表达研究的目的基因的克隆工作中。

**6) 引物的特异性**

引物与非特异扩增序列的同源性不要超过 70%或有连续 8 个互补碱基同源,特别是与待扩增的模板 DNA 之间要没有明显的相似序列。

### 2.4.3 PCR 反应中使用的 DNA 聚合酶

Taq DNA 多聚酶是耐热 DNA 聚合酶,是从水生栖热菌(*Thermus aquaticus*)中分离的。Taq DNA 聚合酶是一个单亚基,分子量为 94 000。具有 $5' \rightarrow 3'$ 的聚合酶活力, $5' \rightarrow 3'$ 的外切核酸酶活力,无 $3' \rightarrow 5'$ 的外切核酸酶活力,会在 3'端不依赖模板加入 1 个脱氧核苷酸(通常为 A,故 PCR 产物克隆中有与之匹配的 T 载体),在体外实验中,Taq DNA 聚合酶的出错率为 $10^{-5}$ ~ $10^{-4}$。此酶的发现使 PCR 广泛被应用。此酶具有以下特点:a. 耐高温,在 70 ℃下反应 2 h 后其残留活性在 90%以上,在 93 ℃下反应 2 h 后其残留活性仍能保持 60%,而在 95 ℃下反应 2 h 后为原来的 40%。b. 在热变性时不会被钝化,故不必在扩增反应的每轮循环完成后再加新酶。c. 一般扩增的 PCR 产物长度可达 2.0 kb,且特异性也较高。PCR 的广泛应用得益于此酶,目前各试剂公司中开发了多种类型的 Taq 酶,有用于长片段扩增的酶,扩增长度极端可达 40 kb;有在常温条件下即可应用的常温 PCR 聚合酶;还有针对不同实验对象的酶等。

### 2.4.4 PCR 扩增反应的实施

PCR 反应条件为温度、时间和循环次数。

**1) 温度与时间的设置**

基于 PCR 原理三步骤而设置变性—退火—延伸三个温度点。在标准反应中采用三温度点法,双链 DNA 在 90 ~ 95 ℃变性,再迅速冷却至 40 ~ 60 ℃,引物退火并结合到靶序列上,然后快速升温至 70 ~ 75 ℃,在 Taq DNA 聚合酶的作用下,使引物链沿模板延伸。对于较短靶基因(长度为 100 ~ 300 bp 时)可采用二温度点法,除变性温度外、退火与延伸温度可合二为一,一般采用 94 ℃变性,65 ℃左右退火与延伸(此温度 Taq DNA 酶仍有较高的催化活性)。

(1)变性温度与时间

变性温度低,解链不完全是导致 PCR 失败的最主要原因。一般情况下,93 ~ 94 ℃ 1 min 足以使模板 DNA 变性,若低于 93 ℃则需延长时间,但温度不能过高,因为高温环境对酶的活性有影响。此步若不能使靶基因模板或 PCR 产物完全变性,就会导致 PCR 失败。

(2)退火(复性)温度与时间

退火温度是影响 PCR 特异性的较重要因素。变性后温度快速冷却至 40 ~ 60 ℃,可使引物和模板发生结合。由于模板 DNA 比引物复杂得多,引物和模板之间的碰撞结合机会远远高于模板互补链之间的碰撞。退火温度与时间取决于引物的长度、碱基组成及其浓度,还有靶基序列的长度。对于 20 个核苷酸,(G+C)含量约 50%的引物,55 ℃为选择最适退火温度的起点较为理想。引物的复性温度可通过以下公式帮助选择合适的温度:$T_m$ 值(解链温度)=

4（G+C）+2（A+T），复性温度＝$T_m$ 值－（5～10 ℃）。在 $T_m$ 值允许范围内，选择较高的复性温度可大大减少引物和模板间的非特异性结合，提高 PCR 反应的特异性。复性时间一般为 30～60 s，足以使引物与模板之间完全结合。

（3）延伸温度与时间

Taq DNA 聚合酶的生物学活性：70～80 ℃，150 核苷酸每秒每酶分子；70 ℃，60 核苷酸每秒每酶分子；55 ℃，24 核苷酸每秒每酶分子；高于 90 ℃时，DNA 合成几乎不能进行。

（4）PCR 反应的延伸温度

PCR 反应的延伸温度一般选择 70～75 ℃，常用温度为 72 ℃，过高的延伸温度不利于引物和模板的结合。PCR 延伸反应的时间，可根据待扩增片段的长度而定，一般 1 kb 以内的 DNA 片段，延伸时间 1 min 是足够的。3～4 kb 的靶序列需 3～4 min；扩增 10 kb 需延伸至 15 min。延伸时间过长会导致非特异性扩增带的出现。对低浓度模板的扩增，延伸时间要稍长些。

2）循环次数

循环次数决定 PCR 扩增程度。PCR 循环次数主要取决于模板 DNA 的浓度，一般的循环次数选为 30～40 次，循环次数越多，非特异性产物的量亦随之增多。

## 2.4.5　PCR 产物的分析

PCR 产物是否为特异性扩增，其结果是否准确可靠，必须对其进行严格的分析与鉴定，才能得出正确的结论。PCR 产物的分析，可依据研究对象和目的的不同而采用不同的分析方法。

1）凝胶电泳分析

PCR 产物电泳，EB 溴化乙锭染色紫外仪下观察，初步判断产物的特异性。PCR 产物片段的大小应与预计的一致，特别是多重 PCR，应用多对引物，其产物片段都应符合预计的大小，这是起码条件。琼脂糖凝胶电泳通常应用 1%～2% 的琼脂糖凝胶，供检测用。6%～10% 聚丙烯酰胺凝胶电泳分离效果比琼脂糖好，条带比较集中，可用于科研及检测分析。

2）酶切分析

根据 PCR 产物中限制性内切酶的位点，用相应的酶切、电泳分离后，获得符合理论的片段，此法既能进行产物的鉴定，又能对靶基因分型，还能进行变异性研究。

3）分子杂交

分子杂交是检测 PCR 产物特异性的有力证据，也是检测 PCR 产物碱基突变的有效方法。

4）Southern 印迹杂交

Southern 印迹杂交是在两引物之间另合成一条寡核苷酸链（内部寡核苷酸）标记后作探针，与 PCR 产物杂交。此法既可作特异性鉴定，又可以提高检测 PCR 产物的灵敏度，还可知其分子量及条带形状，主要用于科研。

5）斑点杂交

斑点杂交将 PCR 产物点在硝酸纤维素膜或尼龙膜薄膜上，再用内部寡核苷酸探针杂交，观察有无着色斑点，主要用于 PCR 产物特异性鉴定及变异分析。

6）核酸序列分析

核酸序列分析是检测 PCR 产物特异性的最可靠方法。

## 2.4.6 PCR 技术的应用

### 1）PCR 在食品行业检测

PCR 技术在食品科学中主要用于对食品中微生物含量的检测。众所周知，食品中微生物的检测关乎人的健康，需要方便、准确、快捷的技术保障。传统方法检测食品中致病菌的步骤烦琐、费时，需经富集培养、分离培养、形态特征观察、生理生化反应、血清学鉴定以及必要的动物试验等过程，并且传统方法无法对那些难以人工培养的微生物进行检测。如在肉制品的检验中，蛋白质鉴定技术已成功运用于鉴别生鲜肉类的品种，但当食品中的肉类已经经过切碎、混合、蒸煮、熏烤等加工烹调过程后，失去了原有的形态学特征和质地，而且加工处理也会改变肉类蛋白质的结构和稳定性，从而破坏物种特有的蛋白质和抗原决定部位。所以，蛋白质鉴定肉类品种的稳定性和可靠性较差，已不能满足现代肉类安全检测的要求。随着生物技术的发展，使用 PCR 技术建立了检测清真食品中是否含有猪肉或猪油的方法，物种特异性 PCR 技术可以用于清真食品的鉴定，是一种可以信赖和合适的技术。以物种间基因差异为基础的分子学鉴定方法成为研究的热点，而采用 PCR 方法有特异性强、灵敏度高和可鉴别性的特点，已成为肉制品鉴别最常用的方法。

### 2）PCR 在医学中的应用

在临床医学方面也经常使用 PCR 技术，如对乙肝病毒、肿瘤、病原体等的检测。如人类许多常见的肿瘤疾病与某些病毒病因及肿瘤相关基因的遗传学改变有着密切的关系。PCR 技术在肿瘤病毒病因、肿瘤相关基因、肿瘤相关抑癌基因等研究方面已取得可喜成果，同时也被用于多点突变的遗传病。

PCR 在法学中应用于亲子鉴定、血型鉴别，以及指纹鉴别等。如对痕量的血迹，无法用传统血清学的方法进行血型检验时，就可采用 PCR 方法检验 ABO 和 MN 血型。对某些犯罪现场的生物材料的检定将为法医提供可靠有效的依据及直接、高效率的数据。DNA 技术鉴定进行取证主要应用在刑事民事案件中。

### 3）PCR 在饮用水中的检测

1990 年，Bejetal 利用多重 PCR 检测了 Legionella 类菌种和大肠类细菌，其结果是通过点对点方法固定的多聚 dT 尾捕捉探针和生物素标记的扩增 DNA 进行杂交来检测的。而对于水中的大部分细菌，通常采用分离培养来鉴定它们的种类和数量，但是分离方法和培养基的选择是限制检测效率的问题所在，一部分细菌由于不能在人工培养基上生长，使得鉴定的细菌种类和数量低于环境中的实际值。因此运用 PCR 技术可对水体进行直接检测，缩短检测时间，扩大检测范围，并且具有较高的精确度，同时也可以反映水环境中微生物病原体的种类及多样性。

### 4）PCR 技术在非生物学中的应用

DNA 的初级结构核苷酸序列具有极丰富的信息含量，利用 PCR 扩增，可以从非常少的 DNA 原始材料中获取信息，使之在作为商业产品的亚显微标志或标志物方面用途广泛。例如，对伪造产品的检测，对污染源的追踪调查等，都可通过 PCR 来鉴定。

PCR 技术的问世成了生物学界的一个热点,特别在分子生物学和人类遗传学等研究领域。该技术能直接、富于针对性且高效率地提供数据,还能得到离散的等位基因数据并正确地确定 DNA 类型的基因型。此外,还可用于遗传图谱构建、器官移植的组织类型鉴定,检测转基因动植物中的植入基因等领域,它使人类基因重组成为可能。PCR 的应用前景还使研究现已灭绝的动物及在过去几百年间收集的物种的群体遗传成为可能。科学家们还在继续尝试扩增来自更稀有、更陌生样品的序列。总之,PCR 作为一项"革命性的新技术"不仅推动分子生物学及相关学科的发展,而且为相应的产业提供一片"天空",将在商业领域中占有重要领地。

# 2.5　DNA 重组技术

## 2.5.1　DNA 重组技术

重组 DNA 分子的构建是通过 DNA 连接酶在体外作用完成的。DNA 连接酶催化 DNA 上裂口两侧(相邻)核苷酸裸露 3′羟基和 5′磷酸之间形成共价结合的磷酸二酯键,使原来断开的 DNA 裂口重新连接起来(图 2.4)。由于 DNA 连接酶还具有修复单链或双链的能力,因此它在 DNA 重组、DNA 复制和 DNA 损伤后的修复中起着关键作用。特别是 DNA 连接酶具有连接 DNA 平末端或黏性末端的能力,这就促使它成为重组 DNA 技术中极有价值的工具。

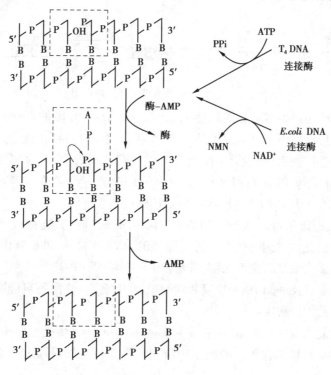

图 2.4　DNA 连接酶催化 DNA 分子连接

重组质粒构建的基本过程:首先是一个环状载体分子从一处打开(酶切)而直线化,它的一端连上目标 DNA 片段的一端,另一端与相应 DNA 片段的另一端相连,重新形成一个含有外源 DNA 片段的新的环化分子。这种连接的结果有两种可能:一种是正向连接,另一种是反向连接。只有正向连接的 DNA 分子才能表达出正常的功能。这需要对重组分子转化后加以判别,严格的做法还需要对正确连接的重组分子进行序列分析。目的基因与载体重组连接的方式根据不同的情况而确定。

根据外源 DNA 片段末端的性质同载体上适当的酶切位点相连,实现基因的体外重组。外源 DNA 片段通过限制性内切酶酶解后其所带的末端有以下 3 种可能:

①用两种不同的限制酶进行酶切产生带有非互补突出的黏性末端片段,而分离出的外源基因片段末端同载体上的切点相互匹配时,则通过 DNA 连接酶连接后即产生定向重组体(图 2.5)。

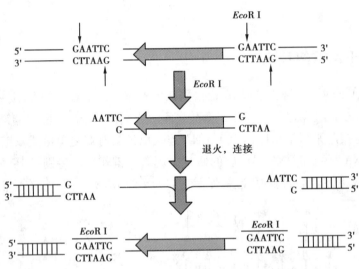

图 2.5　非互补的黏末端生产定向重组

②当用一种酶酶切产生带有相同黏性末端时,外源 DNA 片段的末端与其相匹配的酶切载体相连接时在连接反应中有可能发生外源 DNA 或者载体自身环化或形成串联寡聚物的情况。要想提高正确连接效率,一般要将酶切过的线性载体双链 DNA 的 5′端经碱性磷酸酶处理去磷酸化,以防止载体 DNA 自身环化(图 2.6);同时要仔细调整连接反应混合液中两种 DNA 的浓度比例以便使所需的连接产物的数量达到最佳水平。

③产生带有平末端的片段。当外源 DNA 片段为平末端时,其连接效率比黏性末端 DNA 的连接要低得多。因此要得到有效连接其所需要的 DNA 连接酶、外源基因及载体 DNA 的浓度要高得多。加入适当浓度的聚乙二醇可以提高平末端 DNA 的连接效率。

当在载体的切点以及外源 DNA 片段两端的限制酶切位点之间不可能找到恰当的匹配位点时可采用下述方法加以解决:

①在线状质粒的末端和外源 DNA 片段的末端用 DNA 连接酶接上接头(linker)或衔接头(adaptor)。这种接头可以是含单一的或多个限制性酶切位点然后通过适当的限制酶酶解后进行重组。

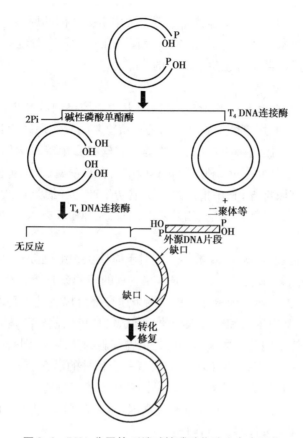

图 2.6　DNA 分子的 5′ 端碱性磷酸化防止自身环化

②使用大肠杆菌 DNA 聚合酶 I 的 Klenow 片段部分补平 3′ 凹端。这一方法往往可将无法匹配的 3′ 凹端转变成平末端而与目的基因完成连接。

## 2.5.2　重组 DNA 导入受体细胞

外源目的基因与载体在体外连接重组后形成 DNA 分子,该重组 DNA 分子必须导入适宜的受体细胞中才能使外源目的基因得以大量扩增或者表达。这个导入及操作过程称为重组 DNA 分子的转化(transformation)。能够接受重组 DNA 分子并使其稳定维持的细胞称为受体细胞(receptor cell)。显然,并不是所有的细胞都可以作为受体细胞。一般情况下,受体细胞应符合下列条件:便于重组分子的导入;能够使重组分子稳定存在于分子中;便于重组体的筛选;遗传稳定性好,易于扩大培养和发酵生产;安全性好,无致病性,不会造成生物污染;便于外源基因蛋白表达产物在细胞内积累或者促进高效分泌表达;具有较好的转译后加工机制,便于来源于真核目的基因的高效表达。

基因工程常用的受体细胞有原核生物细胞、真菌细胞、植物细胞和动物细胞。采用哪种细胞作为受体细胞,需要根据受体细胞的特点、重组基因和基因表达产物而决定。

**1)受体细胞的种类**

(1)原核生物受体细胞

原核生物细胞是较理想的受体细胞类型,它具有结构简单(无细胞壁、无核膜)、易导入外源基因、繁殖快、分离目的产物容易等特点。至今被用于受体菌的原核生物有大肠杆菌、枯草杆菌、蓝细菌等,大肠杆菌应用的情况较多。在商品化的基因工程产品中,人胰岛素、生长素和干扰素都是通过大肠杆菌工程菌生产出来的。

（2）真菌受体细胞

真菌是低等真核生物,其基因的结构、基因的表达调控机制以及蛋白质的加工及分泌都有真核生物的机制,因此利用真菌细胞表达高等动植物基因具有原核生物细胞无法比拟的优越性。常用的真菌受体细胞有酵母菌细胞、曲霉菌和丝状真菌等。例如,利用曲霉菌作为受体细胞生产凝乳酶、白细胞介素-6;利用丝状真菌中的青霉菌属、工程头孢菌属作为受体细胞分别生产青霉素和头孢菌素等;利用重组酵母菌成功生产的异源蛋白质的例子很多,如生产牛凝乳酶、人白细胞介素-1、牛溶菌酶、乙肝表面抗原、人肿瘤坏死因子、人表皮生长因子等。

（3）植物受体细胞

植物细胞具有细胞壁,外源 DNA 的摄入相对于原核生物细胞较难,但经过去壁后的原生质体同样可以摄入外源 DNA 分子。原生质体在适宜的培养条件下再生细胞壁,继续进行细胞分裂,从植物细胞培养与转基因植株的再生两条途径都可以表达外源基因产物。另外即使没有去掉细胞壁,采用基因枪法和通过农杆菌介导法同样可以使外源基因进入植物细胞。

植物细胞作为受体细胞的最大优越性就是植物细胞的全能性,即每一个植物细胞在适宜的条件下(包括培养基与培养条件)都具有发育成一个植株的潜在能力。也就是说,外源基因转化成功的细胞可以发育形成一个完整的转基因植株而稳定地遗传下来。因此,植株基因工程发展十分迅速,在生产上已经产生效益的转基因植物有:烟草、番茄、拟南芥、马铃薯、矮牵牛、棉花、玉米、大豆、油菜及许多经济作物。

（4）动物受体细胞

动物细胞作为受体细胞具有一定的特殊性。动物细胞组织培养技术要求高,大规模生产有一定难度。但动物细胞也有明显的优点:能够识别和除去外源真核基因中的内含子,剪切加工成熟的 mRNA;对来源于真核基因的表达蛋白在翻译后能够正确加工或者修饰,产物具有较好的蛋白质免疫原性;易被重组的质粒转染,遗传稳定性好;转化的细胞表达的产物分泌到培养基中,易提取纯化。

早期多采用动物生殖细胞作为受体细胞,培养了一批转基因动物;而近期通过体细胞培养也获得了多种克隆动物,因此动物体细胞同样可以作为转基因受体细胞。目前用作基因受体动物的主要有猪、羊、牛、鱼、鼠、猴等,主要生产天然状态的复杂蛋白或者动物疫苗以及动物的基因改良。

**2）重组 DNA 分子转化受体细胞的方法**

将重组质粒转入受体细胞的方法很多,不同的受体细胞转化方法不同,相同的受体细胞也有多种转化方法。如针对大肠杆菌受体细胞,有 $Ca^{2+}$ 诱导法、电穿孔法、三亲本杂交结合转化法等;如以植物细胞作为受体细胞,则采用叶盘转化法、基因枪法、花粉管通道法等。

（1）$Ca^{2+}$ 诱导法转化大肠杆菌

以下是利用 $Ca^{2+}$ 诱导法将外源 DNA 转化大肠杆菌的基本过程(图 2.7)。

①制备感受态细胞:感受态细胞是指处于能够吸收周围环境中 DNA 分子的生理状态的细胞。$Ca^{2+}$ 诱导法就是利用 $CaCl_2$ 诱导大肠杆菌形成感受态,能够容易接受外源质粒。

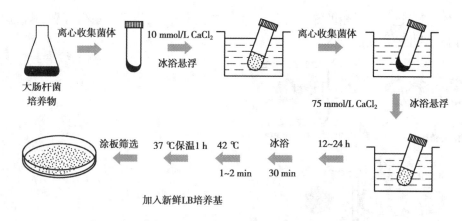

图2.7 $Ca^{2+}$诱导法将外源DNA转化大肠杆菌的基本过程

②DNA分子转化感受态细胞:将制备好的感受态细胞加入NTE缓冲液溶解的外源DNA中,在适宜的条件下促使感受态细胞吸收DNA分子。在LB培养基上筛选转化子。

(2)叶盘法转化植物细胞

叶盘法通常用在双子叶植物细胞的基因转化上。因为最初的做法是将植物叶片切成圆盘,让工程农杆菌侵染而再生转化芽体,得名叶盘法,又称农杆菌介导法。当农杆菌侵染植物细胞时,细菌本身留在细胞间隙中,而其Ti质粒上的T-DNA单链在核酸内切酶的作用下被加工、剪切,然后转入植物细胞核中,整合到植物细胞的染色体上,完成外源基因转化植物细胞的过程。留在农杆菌体内的Ti质粒缺口经过DNA复制而复原。该基因转化过程是一个复杂的遗传工程。图2.8简明表示了叶盘法转化植物细胞的基本过程。

(3)基因枪法转化植物细胞

对于单子叶植物(农杆菌侵染较难)及特殊材料如愈伤组织、胚状体、原球茎、胚、种子等适宜采用基因枪法直接转化,效果较好。基因枪法又称微弹轰击法(microprojectile bombardment或biolistics),或叫粒子轰击法,其基本原理是将外源DNA包被在微小的金粉或钨粉表面,然后在高压作用下,微粒被高速射入受体细胞或者组织。微粒上的外源DNA进入细胞后,整合到植物染色体上,得到表达,实现基因的转化。图2.9是基因枪的基本结构,主要由点火装置、发射装置、挡板、样品台及真空系统等几个部分组成。

目前已经有十几种植物采用基因枪法获得了转基因植株,包括水稻、玉米、小麦三大谷类作物。基因枪法在植物细胞器转化过程中显示了明显的优势。

## 2.5.3 基因重组体的筛选与鉴定

在重组DNA分子的转化过程中,并非所有的细胞都能够导入重组DNA分子。通常将导入外源DNA分子后能够稳定存在的受体细胞称为转化子,而含有重组DNA分子的转化子称为重组子,也有将含有外源目的基因的克隆称为阳性克隆或者期望重组子。实际上,真正能够转化成功的比例是较低的。若转化效率为$10^{-6}$,则$10^8$个受体细胞中只有100个受体细胞被真正转化。如何使用有效的手段筛选和鉴定转化子与非转化子、重组子与非重组子成为基因转化关键的技术所在。一般情况下,能够从这些细胞中快速准确地选出期望重组子的方法是将转化扩增物稀释到一定倍数,均匀涂抹在筛选的特定固体培养基上,使之长出肉眼可以分辨的菌落,然后进入新一轮的筛选与鉴定。目前已经发展运用了一系列可靠的筛选与鉴定方法,下面介绍几种常用的技术方法。

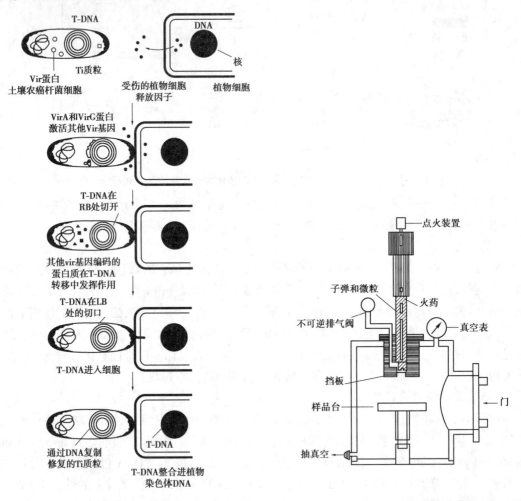

图2.8　叶盘法转化植物细胞的过程　　　　　图2.9　基因枪的基本结构

**1)载体遗传标记法**

载体遗传标记法的原理是利用载体 DNA 分子上所携带的选择性遗传标记基因筛选转化子或者重组子。由于标记基因所对应的遗传表型与受体细胞是互补的,因此在培养基上施加合适的筛选压力,即可保证转化子长成菌落,而非转化子隐身不能生长,这样的选择方法称为正选择。经过一轮正选择,如果载体分子含有第二个标记基因,则可以利用第二个标记基因进行第二轮的正选择或者负选择。这样可以从众多的转化子中筛选出重组子。

**(1)抗药性筛选**

这是利用载体 DNA 分子上的抗药性选择标记进行的筛选方法。在载体上使用的抗药性标记一般有氨苄青霉素抗性($Ap^r$)、卡拉霉素抗性($Kan^r$)、四环素抗性($Tc^r$)、氯霉素抗性($Cm^r$)、链霉素抗性($Str^r$)以及潮霉素抗性等。一种载体上一般含有 1～2 种抗性标记,例如 pBR322 质粒载体上含有 $Ap^r$、$Tc^r$ 两种抗性标记,这是抗药性筛选的前提。如果外源基因插入在 pBR322 的 *Bam*H I 位点上,则只需将转化扩增物涂抹在含有氨苄青霉素的培养基上,理论上若能长出菌落的便是转化子;如果外源基因插在 *Pst* I 的位点上,则利用四环素正向选择转化子[图2.10(a)]。

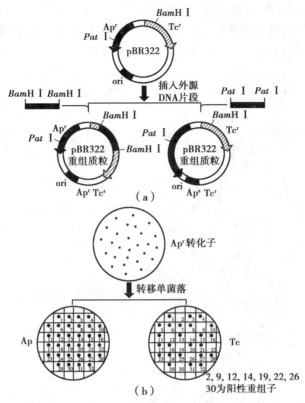

**图2.10 正向选择与负向选择 pBR322 的转化子**
(a)正向选择;(b)反向选择

通过上述的正向选择获得的转化子含有重组子与非重组子两种情况,所以第二步采用负选择的方法筛选出重组子[图2.10(b)]。用无菌牙签将 Ap^r 转化子(菌落)分别逐一接种在只含有一种抗生素的 Tc 或者 Ap 平板培养基上。由于外源基因在 *Bam*H I 位点的重组,导致载体上 Tc^r 基因失活,使 Tc^r→Tc^s,因此重组子具有 Ap^rTc^s 的遗传型,而非重组子是 Ap^r rc^r 的遗传表型。所以重组子只能在 Ap 培养基上生长而不能在 Tc 培养基上生长,相对应的是非重组子既能在 Ap 培养基上又能在 Tc 培养基上生长。因此通过两轮选择可以将重组子筛选出来。

但是若重组子的数量多,这样筛选工作量太大,改进的方法是利用影印培养技术。将一块无菌丝绒布或者滤纸接触菌落表面,定位沾上菌落,然后影印到 Tc 平板培养基上,经过培养,非重组子即长出菌落,而重组子的相应位置不会长出菌落。结果表现与上述负选择一样。

这里所说的负选择方法,是因为外源基因插入 Tc 基因中使 Tc^r→Tc^s,因此也有称为插入性失活筛选。在插入失活筛选的基础上,有人巧妙地设计了插入表达筛选法。即在筛选标记的基因前面连接一段负调控序列,当外源基因插入这段负调控序列时,使得抗性标记基因能够表达。因此筛选重组子可以采用正选择的方法进行筛选。

（2）显色互补筛选法

许多大肠杆菌的载体上含有 LacZ′标记基因,其编码的产物 β 半乳糖苷酶在显色剂 X-gal（5-溴-4-氯-3-吲哚-β-D-半乳糖苷）和底物 IPTG（异丙基-β-D-硫代半乳糖苷）存在下,可以产生蓝色沉淀物,使菌落呈现蓝色。若 LacZ′标记基因区插入外源基因,则不能表达 β 半乳糖苷酶,因此菌落是白色的。由此可以根据菌落颜色的不同筛选出真正的重组子（图 2.11）。

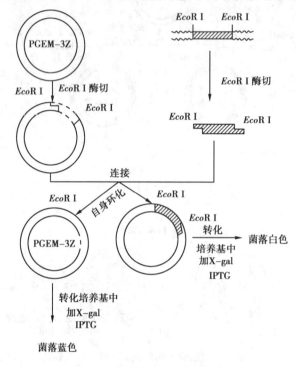

图 2.11　显色互补法筛选重组子

（3）利用报告基因筛选植物转化细胞

在植物基因工程研究中,载体携带的选择标记基因通常称为报告基因（reporter gene）。转化的植物细胞由于报告基因的表达,可以在一定的筛选压力下继续生长或者表现出相关性状,而非转化细胞则不能生长或者表现相关性状。常用的报告基因有抗生素抗性基因如新霉素磷酸转移酶（NPT Ⅱ）基因、潮霉素磷酸转移酶（HPT）基因,还有表达特殊产物的基因如 β 葡萄糖酸苷酶（GUS）基因、荧光素酶（LUC）基因、抗除草剂 bar 基因等。

通过这些报告基因筛选植物转化细胞的方法是:如果报告基因是新霉素磷酸转移酶（NPT Ⅱ）基因、潮霉素磷酸转移酶（HPT）基因、抗除草剂 bar 基因,则在培养基中分别加入卡那霉素、潮霉素、草甘膦作为筛选压,能够通过筛选压的细胞能够继续生长分化,则基本确定为转化成功的细胞;如果报告基因是 β 葡萄糖酸苷酶（GUS）基因、荧光素酶（LUC）基因,则在荧光显微镜下观察,产生荧光的细胞可以初步确定是转化成功的细胞。

**2）根据基因结构和表达产物检测**

（1）PCR 检测法

PCR 是体外酶促合成特异 DNA 片段的新方法,在本节前面已经介绍。PCR 既可作为获取目的基因的手段,也可作为目的基因片段检测的手段,其原理都是相同的。PCR 反应中每条 DNA 链经过一次解链、退火、延伸三个步骤的热循环后就成了两条双链 DNA 分子。如此反复进行,每一次循环所产生的 DNA 均能成为下一次循环的模板,每一次循环都使两条人工合成的引物间的 DNA 特异区拷贝数扩增一倍,PCR 产物得以 $2^n$ 的数量形式迅速扩增,经过 25 ~ 30 个循环后,理论上可使基因扩增 $10^9$ 倍以上,实际上一般可达 $10^6$ ~ $10^7$ 倍。

假设扩增效率为"$x$",循环数为"$n$",则二者与扩增倍数"$y$"的关系式可表示为: $y = (1 + x)^n$。扩增 30 个循环即 $n = 30$ 时,若 $x = 100\%$,则霉 $y = 2^{30} = 1\ 073\ 741\ 824(>10^9)$;而若 $x = 80\%$ 时,则 $y = 1.8^{30} = 45\ 517\ 159.6(>10^7)$。由此可见,其扩增的倍数是巨大的,将扩增产物进行电泳,经溴化乙锭染色,在紫外灯(254 nm)照射下一般都可见到 DNA 的特异扩增区带。这样可以通过扩增区带的有无来判断其是否为真正的重组子。

(2)菌落原位杂交

菌落原位杂交是将细菌从培养平板转移到硝酸纤维素滤膜上,然后将滤膜上的菌落裂菌以释放出 DNA。将 DNA 烘干固定于膜上与 $^{32}$P 标记的探针杂交,放射自显影检测菌落杂交信号,并与平板上的菌落对应检测确定是否为重组子。

(3)组织原位杂交

组织原位杂交简称原位杂交,指组织或细胞的原位杂交,它与菌落的原位杂交不同。菌落原位杂交需裂解细菌释放出 DNA,然后进行杂交。而原位杂交是经适当处理后,使细胞通透性增加,让探针进入细胞内与 DNA 或 RNA 杂交。因此原位杂交可以确定探针的互补序列在胞内的空间位置,这一点具有重要的生物学和病理学意义。例如,对致密染色体 DNA 的原位杂交可用于显示特定的序列位置;对分裂期间核 DNA 的杂交可研究特定序列在染色质内的功能排布;与细胞 RNA 的杂交可精确分析任何一种 RNA 在细胞中和组织中的分布。此外,原位杂交还是显示细胞亚群分布和动向及病原微生物存在方式和部位的一种重要技术。用于原位杂交的探针可以是单链或双链 DNA,也可以是 RNA 探针。通常探针的长度以 100 ~ 400 nt 为宜,过长则杂交效率降低。最近研究结果表明,寡核苷酸探针(16 ~ 30 nt)能自由出入细菌和组织细胞壁,杂交效率明显高于长探针。因此,寡核苷酸探针和不对称 PCR 标记的小 DNA 探针或体外转录标记的 RNA 探针是组织原位杂交的优选探针。

探针的标记物可以是放射性同位素,也可以是非放射性生物素和半抗原等。放射性同位素中,$^3$H 和 $^{35}$S 最为常用。$^3$H 标记的探针半衰期长,成像分辨率高,便于定位,缺点是能量低。$^{35}$S 标记探针活性较高,影像分辨率也较好。而 $^{32}$P 能量过高,致使产生的影像模糊,不利于确定杂交位点。

(4)Southern 印迹杂交

Southern 印迹杂交(Southern blotting,又称 DNA 印迹杂交)是研究 DNA 图谱的基本技术,在遗传诊断 DNA 图谱分析及 PCR 产物分析等方面有重要价值。Southern 印迹杂交基本方法是将 DNA 标本用限制性内切酶消化后,经琼脂糖凝胶电泳分离各酶解片段,然后经碱变性,Tris 缓冲液中和,高盐下通过毛吸作用将 DNA 从凝胶中转印至硝酸纤维素滤膜上,烘干固定后即可用于杂交。凝胶中 DNA 片段的相对位置在 DNA 片段转移到滤膜的过程中继续保持着。附着在滤膜上的 DNA 与 $^{32}$P 标记的探针杂交,利用放射自显影术确定探针互补的每条 DNA 带的位置,从而可以确定在众多酶解产物中含某一特定序列的 DNA 片段的位置和大小。图 2.12 为 Southern 印迹杂交的过程示意图。

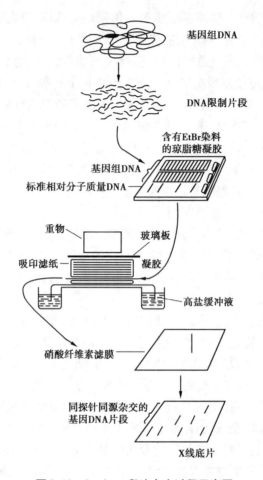

图 2.12　Southern 印迹杂交过程示意图

（5）Northern 印迹杂交

Northern 印迹杂交（Northern blotting，又称 RNA 印迹）是一种将 RNA 从琼脂糖凝胶中转印到硝酸纤维素膜上的方法。RNA 印迹技术正好与 DNA 相对应，故被趣称为 Northern 印迹杂交（因为 DNA 印迹技术称为 Southern 印迹技术），与此原理相似的蛋白质印迹技术则被称为 Western blotting。Northern 印迹杂交的 RNA 吸印与 Southern 印迹杂交的 DNA 吸印方法类似。Northern 印迹是检测 DNA 转录为 RNA 的情况；Western 印迹则是检测 RNA 翻译为蛋白质的情况。

# 2.6　基因工程的发展趋势

基因工程技术在多个学科技术的基础之上发展起来，已有三十余年的历史，经历了试验研究、技术成熟、飞速发展三个明显不同的时期。技术日益完善，理论技术不断创新，应用研究多方位开发，在工农业技术、医药卫生、食品开发、环境保护、能源综合利用方面取得了丰硕的成果。在目的基因的获取上，手段多样，技术日新月异，特别是人类基因组计划完成以来，关系人类本身的 3 万个基因序列已经破译,为人类的健康打下了坚实的基础;水稻基因组计划的完成,使高产优质水稻的培育又有了新的理论保障,关系全人类衣食生存的问题已经解决;模式植物——拟南芥基因组的研究为更加深入研究植物生长发育习性提供了帮助。在现实生活中,转基因食品已经走上了人们的餐桌,人们对于不断诞生的转基因牛、转基因鼠、转基因鸡、转基因鱼,已经不再表现出转基因“多利”羊诞生时的惊奇。科学研究的深入已经由基因组的研究深入被称为第二代基因工程——蛋白质组的研究。美国率先将生物技术的研究重心从基因组测序转向基因功能和蛋白质功能的探测。继 2000 年 9 月启动“蛋白质结构启动计划”后,2002 年实施了“临床蛋白质组学计划”,开发以蛋白质研究为基础的癌症诊断和治疗系统。日本于 2001 年启动了蛋白质解析工程,并于 2003 年确定了“生物立国”战略,明确提出了加快蛋白质组等方面的研发步伐。此外,在生物科技迅速发展的年代,实现了与信息科学与生物科学的有机结合,使用计算机对大规模的生物信息进行计算处理,极大地促进了当代生物科技的发展。

进入 21 世纪,发展基因经济,培育新的经济增长点,已经成为许多国家特别是发展中国家摆脱经济低迷、实现持续发展的战略措施。我国政府一直高度重视生物技术的发展,强调把生物技术摆上更加重要和突出的位置,把发展生物技术、促进产业化作为一项战略举措来抓。

与此同时,现在人们关心更多的不是如何研究开发转基因新产品,而是转基因产品推广后的安全性问题以及对传统伦理道德的挑战。伴随着转基因农作物全球种植面积的连年扩大以及现代生物技术的高速发展,生物安全问题引起了世界各国的极度关注,2001 年生物安全问题被中国中央电视台评为“年度世界十大新闻”之一。为了达到趋利避害的目的,许多国家和国际组织在积极发展生物技术的同时,也在积极进行生物安全方面的研究,并制订、发布和实施了生物安全管理法规,建立了相应的管理机制。如何规范市场,如何合理有序地开发转基因新产品已经逐步走向了法律程序,一个赋予高科技的和谐社会已经迎面而来,正如科学家 20 世纪末的预言,21 世纪已经成为生物科技的世纪。

---

## • 本章小结 •

学习基因工程技术,先从认识基因开始。基因是一个含有特定遗传信息的核苷酸序列,它是遗传物质的最小功能单位。基因工程又称遗传工程,具有狭义和广义两种含义。也有将广义基因工程分为上游和下游工作两部分,上游工作即外源基因重组、克隆和表达的设计与构建,而下游工作则是指含有重组外源基因的工程菌或者细胞的大规模培养以及外源基因表达产物的分离纯化过程。基因表达框架的构建包括多个内容,即如何获得目的基因、寻找适宜基因载体、目的基因与载体连接及基因的表达等。目的基因的获得可以通过基因组文库、基因芯片技术、功能蛋白组技术、PCR 技术、mRNA 差别显示技术、插入突变法等分离和克隆目的基因。基因载体的选择十分重要,不同的载体决定了外源基因的复制、扩增、传代乃至表达的效果,作为载体必须具备能够自我复制、具有合适的酶切位点和合适的筛选标记等特定。质粒载体是适宜原核细胞的基因载体,常用的由 pBR322 质粒、pUC18/19 质粒,它们具有多克隆位点,外源基因的引入十分方便;而改造的农杆菌 Ti 质粒是将外源基因导入植物细胞的最适载体。

在基因的剪切与连接过程中,工具酶起到关键的作用。工具酶包括限制性核酸内切酶、DNA 连接酶及修饰酶。在工具酶的作用下,外源基因与载体能够顺利完成基因重组。外源基因是否转化成功,需要进行基因重组体的筛选与鉴定,根据基因构建的特点同时采用载体遗传标记法以及对基因表达产物进行检测可以判断重组基因是否导入成功并表达。

 复习思考题

1. 名词解释:基因工程、基因载体、工具酶、PCR 技术、叶盘法、分子杂交。

2. 简述限制性内切酶和 DNA 连接酶的作用机制。

3. PCR 在哪些方面得到了应用?

4. 如何采用 PCR 技术从生物材料中分离出目的基因?

5. 什么样的细胞可用作受体细胞?

6. 阐述外源基因转入受体细胞的各种途径。

7. 筛选克隆子有哪些方法?

8. 阐述基因工程的科学意义和实际意义。

# 第 3 章

# 细胞工程

# 3.1 概　述

## 3.1.1　细胞工程的内涵

细胞是生物有机体形态结构和生命活动的基本单位,而细胞工程是指以细胞作为研究对象,应用细胞生物学和分子生物学的原理与方法,在细胞水平上进行的操作,按照人们的意志设计改造细胞的某些遗传性状,从而培育出新的生物改良品种或通过细胞培养获得自然界中难以获得的珍贵产品的新兴生物技术。作为生物工程重要分支的细胞工程,近年来获得了令人瞩目的迅速发展。这不仅是由于它在理论上具有重要的意义,而且在工农业生产方面也具有广泛的应用前景。

## 3.1.2　细胞工程的研究历史

所谓细胞工程,就是应用细胞生物学和分子生物学的方法,在细胞水平进行的遗传操作。它的建立是与细胞融合现象的发现及其研究密切相关的。最早是由马勒在 1838 年报道了他在脊椎动物肿瘤细胞中观察到了多核现象。当时,人们的传统知识是一个细胞只有一个细胞核,因而多核现象的发现虽引起人们广泛的兴趣,但一般认为这只是一种特殊的事例。1849年,罗宾在骨髓中也发现了多核现象的存在,1855—1858 年,科学家们在肺组织和各种正常组织及发尖和坏死部位都发现了多核细胞。这样,自然界中广泛存在着多核细胞的事实,才被生命科学工作者们普遍接受。为什么在自然界中会出现一个细胞具有多个细胞核的现象呢?1859 年,阿巴里在研究黏虫的生活史时发现,某些黏虫存在着由单个细胞核融合形成多核的原生质团的情况。据此,他认为多核细胞是由单个细胞彼此融合而成的。然而,用实验的方法直接证明细胞融合现象,则是在细胞培养技术建立后才得以实现。自从哈林 1907 年介绍了动物细胞的组织培养方法之后,人们运用此种技术对动物组织培养中的细胞融合现象做了许多观察。其中一个突出的成就是,发现麻疹病毒能够诱导培养的动物细胞融合成多核胞体。1959 年,奥凯达的研究工作证明,利用高浓度的 HYJ 病毒,能够使悬浮培养中的动物肿瘤细胞迅速地融合起来,形成多核的巨细胞。随后大量的研究证明,培养的动物细胞既能彼此自发地融合,也能通过一些病毒的诱导作用而随机地融合。尤其是证明了不同来源(不同细胞株)的两种动物细胞,经过混合培养可以产生出新型的杂交细胞,从而为培育具有双亲优良性状的新生命类型的细胞工程奠定了技术基础。

但是,在 1965 年哈里斯和沃特金斯的经典工作发表之前,科学家们只能在不同小鼠细胞之间观察通过细胞融合而实现的细胞杂交现象。哈里斯和沃特金斯的工作,则大大地拓展了细胞融合的研究范围。他们的贡献在于,证明了灭活的病毒在控制的条件下可以用来诱导动物细胞的融合;亲缘关系较远的不同种的动物细胞之间,也可以被诱导融合;形成的融合细胞在适宜的条件下,可以继续存活下去。至此,细胞融合作为重要的研究领域已经建立起来了。

植物细胞在其原生质体的外面有一层坚韧的细胞壁。要在植物细胞间进行融合作用,首先必须设法除去细胞壁。我们称这种去除细胞壁的细胞为原生质体,它含有细胞组成的全部成分。所以从本质上讲,原生质体融合也就是细胞的融合。

为了获得去壁的具有正常活性的原生质体,科学家们经过了长期艰苦的摸索。最早是采用改变细胞的渗透压,使之发生质壁分离,然后在保持原生质体完整的情况下,机械地切割去细胞壁。但这种方法得率太低,而且局限性也很大。在而后长达半个世纪的历史过程中,植物原生质体分离技术都没有根本性的突破。直到 1960 年,英国诺丁汉大学科金教授创造性地应用酶解的方法,首次成功地从番茄幼苗的根部制备到大量的原生质体。在此基础上,1972 年美国的卡尔森等用 $NaNO_3$ 作为融合诱导剂,将来自不同种的两个烟草原生质体进行融合,获得了世界上第一个体细胞杂种植株。此后,凯勒、高国楠和乔默尔曼为首的三个科学家小组,从不同方面改良和发展了植物体细胞融合技术。目前,最常用的植物细胞融合技术,有高国楠建立的使用化学融合剂 PEG(聚乙二醇)的融合技术(1974),森达和乔默尔曼创立和发展的电融合技术以及斯维格(1987)将电融合与微培养结合起来的技术。近年来,在植物细胞融合研究方面的突出进展是建立了单对细胞融合体系培养技术,并基本上解决了融合细胞的选择问题。现在,植物原生质体及其应用的研究已成为植物细胞工程中最活跃的研究领域之一。

植物原生质体之所以能成为植物细胞工程的理想研究材料,是因为它具有以下重要特点:

①易于从同一种植物材料的组织中获得大量的遗传上同一的游离原生质体,为植物细胞遗传操作的微生物化奠定了基础。

②可以像动物细胞一样,被诱导与其他物种的原生质体融合,从而有效地克服了不同物种细胞之间的有性不亲和障碍,为实现远缘物种间的体细胞杂交,培育新种提供了新的手段。

③它既可以捕获外源 DNA,也可以捕获较大的细胞器,如病毒颗粒、叶绿体、线粒体等,因而是植物遗传转化的理想受体。

④保持着植物细胞的全能性,在适宜的培养条件下,可以重新长出细胞壁,进行细胞分裂、分化,形成完整的小植株。

⑤植物原生质体虽然没有细胞壁,但仍然进行着植物细胞的各种生命活动,包括蛋白质和核酸的合成、光合作用、呼吸作用、通过膜向外界进行物质交换等。

### 3.1.3  细胞工程的发展前景

细胞工程作为科学研究的一种手段,已经渗透到人类生活的许多领域,取得了许多具有开发性的研究成果,有的已经在生产中推广,收到了明显的经济和社会效益。随细胞工程技术研究的不断深入,它的前景和产生的影响将会日益突显。

利用细胞工程技术进行作物育种,是迄今为止人类受益最多的一个方面。我国在这一领域已达到世界先进水平,以花药单倍体育种途径,培育出的水稻品种或品系有近百个,小麦有 30 个左右。在常规的杂交育种中,育成一个新品种一般需要 8～10 年,而用细胞工程技术对杂种的花药进行离体培养,能大大缩短育种周期,一般可提前 2～3 年,而且有利于优良性状的筛选。即使是在常规育种过程中,也可应用原生质体或单倍体培养技术,快速繁殖后代,简化制种程序。另外,粮食蔬菜从国外引进新品种,最初往往只有几粒种子或是很少量的块根、块茎等。若要进行大规模种植,就必须要先进行大量增殖,这时就要用到微繁殖技术,在短时间内帮我们迅速完成扩大群体。还可结合植物基因工程技术,改良蔬菜品种等。

植物细胞工程技术在被应用的同时,也催生了一大批先进实用的研究成果和技术。在大力推广常规脱毒和快繁技术的同时,加快发展植物快繁生物反应器和光自养微繁技术,将为种苗业带来新的变革。生产微型营养器官的人工种子可能成为最先规模化应用的人工种子技术,以体细胞胚为繁殖体的人工种子技术需要进一步研究和完善。

植物细胞工程技术体系是植物组织培养技术的集成和优化。培养和选育高效型的优良细胞株系,建立植物高频率再生体系,优化突变体筛选、无糖培养和快繁技术,开发适合规模生产的低成本培养基,优化植物细胞生物反应器的设计和工艺,加强计算机技术和自动化控制技术在植物细胞工程中的应用,形成一套集成创新的技术体系,将推动植物细胞工程技术向高效、可控和多样化的方向发展。

20世纪50年代动物细胞大规模培养技术的建立和发展大大促进了生物活性物质、药品和疫苗的生产。若能获得可分泌的目标蛋白的细胞系,用大规模细胞培养技术还可以生产多种药用蛋白产品。

1975年英国剑桥大学的科学家利用动物细胞融合技术首次创立了单克隆抗体制备的方法。目前国内外已培育出了许多具有很高实用价值的杂交瘤细胞株系,它们能分泌用于疾病诊断和治疗的单克隆抗体,如甲肝病毒、抗人IgM、抗人肝癌等的单克隆抗体。用单克隆抗体可以检测出多种病毒中非常细微的株间差异,鉴定细菌的种型和亚种。这些都是传统血清法或动物免疫法所做不到的,而且诊断异常准确。应用单克隆抗体还可以检查出某些还尚无临床表现的极小肿瘤病灶,检测心肌梗死的部位和面积,这为有效的治疗提供方便。人们正在研究"生物导弹"——以单克隆抗体作载体携带药物,使药物准确地到达癌细胞,以避免化疗或放射疗法把正常细胞与癌细胞一同杀死的副作用。目前单克隆抗体技术已趋成熟,许多产品已经进入产业化的生产阶段。此外,利用细胞融合技术可以生产各种免疫疫苗,肿瘤细胞/树突状细胞融合疫苗是近年来国内外恶性肿瘤免疫治疗研究的热点,在各种动物模型及患者身上观察到肿瘤的消退,显示其在肿瘤治疗方面具有良好的应用前景。

1999年12月,干细胞(stem cells,SC)研究进展被美国《科学》杂志列为世界十大科学进展之首,而当时风头正劲的人类基因组研究也只是屈居第二。组织、器官的移植可能成为21世纪人类攻克某些重大疾病(如心脑血管疾病、癌症、老年性疾病)的根本措施。目前,骨髓移植等造血干细胞治疗技术,已在临床上得到常规应用。随着干细胞技术的发展以及在医疗上的广泛应用,人类必将进一步战胜疾病,保障健康,延续生命。目前,人工授精、胚胎移植等技术已广泛应用于畜牧业生产。精液和胚胎的液氮超低温(-196 ℃)保存技术的综合使用,使优良公畜、禽的交配数与交配范围大为扩展,并且突破了动物交配的季节限制。另外,可以从优良母畜或公畜中分离出卵细胞与精子,在体外受精,然后再将人工控制的新型受精卵种植到种质较差的母畜子宫内,繁殖优良新个体。综合利用各项技术,如胚胎分割技术、核移植细胞融合技术、显微操作技术等,在细胞水平改造卵细胞,有可能创造出高产奶牛、瘦肉型猪等新品种。特别是干细胞的建立,更展现了美好的前景。

# 3.2 植物细胞工程

## 3.2.1 概 述

以植物细胞为单位在离体条件下进行培养、繁殖或人为的精细操作,使细胞的某些生物学特性按人们的意愿发生改变,从而改良品种或创造品种、加速繁育植物个体或获取有用物质的过程统称为植物细胞工程。它的研究内容主要包括细胞核组织培养、细胞融合及细胞拆合等方面。

## 3.2.2 植物细胞工程的理论基础

### 1) 细胞全能性与细胞分化

细胞是生物体结构和功能的基本单位,高等植物由无数形态、结构与功能不同的细胞构成。植物体分生组织中的细胞具有持续性或周期性分裂能力,成熟组织中的细胞失去分裂能力,而执行其他功能。植物组织培养不仅能使处于分生状态的细胞继续保持分裂能力,同时也可使成熟组织中的细胞恢复分裂能力。这是因为植物每一个具有完整细胞核的细胞,都拥有该物种的全部遗传信息,具有形成完整植株的能力。一个生活细胞所具有的产生完整生物个体的潜在能力称为细胞的全能性。

植物细胞全能性是一种潜在的能力。在自然状态下,由于细胞在植物体内所处位置及生理条件的不同,其细胞的分化受各方面的调控与限制,致使其所有的遗传信息不能全部表达出来,只能形成某种特化细胞,构成植物体的一种组织或一种器官的一部分,表现出一定的形态及生理功能,但其全能性的潜力并没有丧失。

从理论上讲,任何一个生活的植物细胞,只要有完整的膜系统和生活的核,即使是已经高度成熟和分化的细胞,在适当的条件下,都具有向分生状态逆转的能力,从而表现出其全能性。但不同细胞全能性的表达难易程度有所不同,这主要取决于细胞所处的发展状态和生理状态。

细胞全能性的表达能力与细胞分化的程度呈负相关,从强到弱依次为:生长点细胞>形成层细胞>薄壁细胞>厚壁细胞>特化细胞。这是因为越老的细胞,基因表达越受到严格的制约,其丧失功能或不表现功能的基因会越多。

细胞的分化(differentiation)是指细胞的形态结构和功能发生永久性的适度变化的过程。植物成熟种子胚胎中的所有细胞几乎都保持着未分化的状态,具有旺盛的分裂能力,成为胚性细胞。这些胚性细胞之间无明显差异,其细胞质浓稠,细胞核较大。在适宜的条件下,种子开始萌发,胚性细胞不断分裂,数目迅速增加。随着时间的推移,细胞的发育方式发生不同变化,形态和功能也发生变化,有的形成根、茎、叶的细胞;有的仍然保持分裂能力,形成分生组织;有的则失去分裂能力,形成成熟组织。细胞分化是组织分化和器官分化的基础,是离体培养再分化和植株再生得以实现的基础。

脱分化(dedifferentiation)是指在培养条件下,一个已分化的失去分裂能力的成熟细胞回复到原始无分化状态或分生状态的过程。脱分化是在特定条件下(如体外培养基),处于分化成熟和分裂静止状态的细胞体内的溶酶体将失去功能的细胞组分降解,并产生新细胞组分,完成细胞器的重建。同时细胞内酶的种类与活性发生改变,细胞的代谢过程也发生改变,引起基因表达的改变,细胞的性质和状态发生扭转,恢复原有分裂能力,即细胞"返老还童"。若条件合适,经过脱分化的细胞可以长期保持旺盛的分裂状态而不发生分化。

细胞脱分化的难易程度与植物种类和器官及其生理状况有很大关系。一般单子叶植物、裸子植物比双子叶植物难,成年细胞和组织比幼龄细胞和组织难,单倍体细胞比二倍体细胞难,茎、叶比花难。

再分化是指由已经过脱分化的细胞产生各种不同类型的分化细胞的过程。表现为由无结构和特定功能的细胞转变成具有一定结构、执行一定功能的组织和器官,从而构成一个完整的植物体或植物器官。

在脱分化和再分化的过程中,细胞的全能性得以表达。组织培养的主要工作是设计和筛选培养基,探讨和建立合适的培养条件,促使植物组织和细胞完成脱分化和再分化。

**2)器官发生**

植物的离体器官发生是指培养条件下的组织或细胞团(愈伤组织)分化形成不定根(adventitious roots)、不定芽(adventitious shoots)等器官的过程。器官原基一般起始于一个细胞或一小团分化的细胞,经分裂后形成拟分生组织。

**(1)离体培养中器官发生的方式**

通过器官发生形成再生植株大体上有 3 种方式:

①先芽后根,即先形成芽,后在芽基部长根,大多数植物为这种情况。

②先根后芽,先形成根,再从根的基部分化出芽,但芽分化难度较大。

③在愈伤组织的不同部位形成芽和根,再通过芽和根的维管组织连接起来形成完整植株。也有一些愈伤组织分化时仅形成根而无芽或者是芽而无根。

**(2)器官分化过程**

离体培养条件下,经过愈伤组织再分化器官一般要经过三个生长阶段。第一阶段是外植体经过诱导形成愈伤组织。第二阶段是"生长中心"形成。当把愈伤组织转移到有利于有序生长的条件下以后,首先在若干部位成丛出现类似形成层的细胞群,通常称之为"生长中心",也称为拟分生组织,它们是愈伤组织中形成器官的部位。第三阶段是器官原基及器官形成。

在有些情况下,外植体不经过典型的愈伤组织即可形成器官原基。这一途径有两种情况:一是外植体中已存在器官原基,进一步培养即形成相应的组织器官进而再生植株,如茎尖、根尖分生组织培养;另一种是外植体某些部位的细胞,在重新分裂后直接形成分生细胞团,然后由分生细胞团形成器官原基。这种不经过愈伤组织直接发生器官的途径在以品种繁殖为目的的离体培养中具有重要的实践意义。

研究表明,在叶肉细胞再生植株过程中,最初分裂细胞的第一次分裂轴向是十分重要的。在不经过愈伤组织的器官分化中,这次平周分裂既是叶肉细胞的脱分化,同时也是该细胞转变发育方式极性的确定。现在,有人把最先启动分裂的这些细胞称为感受态细胞。

（3）起始材料对器官分化的影响

①母体植株的遗传基础。

②外植体的类型。外植体对诱导反应及其再生能力的影响体现在外植体的生理状态上。总体来讲,生理状态年轻,来源于生长活跃或生长潜力大的组织和器官的细胞更有利于培养,但具体到不同的植物类型则有较大差异。

外植体选取合理与否,不仅影响培养的难易,而且有时甚至影响分化的程度和器官类型。1974 年 Tran Thanh Van 等取烟草正在开花的植株的薄层表皮进行培养,结果不同部位的表皮外植体所形成的芽的类型不同。

（4）激素对器官分化的调控

激素在细胞生长与个体发育中具有重要的调控作用。离体培养下的器官分化,在大多数情况下是通过外源提供适宜的植物激素而实现的。在众多的植物激素中,生长素与细胞分裂素是两类主要的植物激素,在离体器官分化调控中占有主导地位。离体培养中,外源激素在细胞内的吸收和代谢影响激素的活性,从而影响其培养效果。

（5）光照对器官分化的影响

光照时间、强度以及光质对器官分化均有影响。

由于培养条件下光合作用能力较低,因此光照的作用更大程度上是调节细胞的分化状态,而不是合成光合产物。光照对器官发生的调节可能与其对培养物内源激素平衡的调节有关。

（6）器官分化的基因调控

同源框（homoeobox）基因有:Kn1（KNOTTED1）;STM（Shoot meristemless）;cdc2;ESR1;bZIP（PKSF1）;SRD1、SRD2 和 SRD。

## 3.2.3　植物细胞工程的基本技术手段

### 1）无菌操作技术

细胞工程的所有过程都必须在无菌条件下进行,稍有疏忽都可能导致操作失败。操作人员要有很强的无菌操作意识,操作应在无菌室内进行,进入无菌室前,必须先在缓冲室内换鞋、更衣、戴帽。一切操作都应在超净工作台上进行。另外对供试的试验材料、所用的器械和器皿及药品都必须进行严格灭菌或除菌,克服培养中的污染是成败的关键。只有把无菌关把好了,才能谈及后面的操作步骤。这是细胞工程中头等重要的共性问题。

### 2）原生质体培养、融合技术

植物细胞与动物细胞最大的区别,在于它的外周有一层坚硬的细胞壁。细胞壁的主要成分为纤维素、半纤维素、果胶质和木质素等,去掉细胞壁的植物细胞称为原生质体。虽然原生质体由于失去了细胞壁而变成球形状态,但它的基本生命特征并未改变,仍然具有在一定条件下发育成完整植株的全能性。由于原生质体膜很薄,给实验操作带来许多方便,如进行基因导入和遗传转化以及从原生质制备各种细胞器等。植物原生质体培养可分为两个阶段,即原生质体的获得和原生质体的培养及分化成苗。

用作分离原生质体的材料可以是叶肉细胞或悬浮培养的细胞,也可以是外植体诱导的愈伤组织细胞。这些细胞在无菌混合酶液中消化数小时,放在显微镜下看到细胞形状变成圆形的原生质球时,便终止酶解作用。用过滤离心洗涤法去除酶液,纯化原生质体。原生质体的培养常用的有液体浅层静止法、固体培养法和饲养法等。为适应不同植物原生质体的培养要求,已发展出各种类型的培养基,而且其成分也十分复杂。例如,用于低密度培养的 KM8P 培养基,就是由 60 多种成分配制而成的。原生质体在适宜的培养条件下,一般经过 12～24 h 就可以再生出细胞壁。长壁后的细胞变成椭圆形,2～4 天就开始分裂形成小细胞团,当长到肉眼可见约 1 mm 时,转到固体培养基上增殖并诱导分化出芽和根的小植株。目前有一种好的体系可把烟草的原生质体经 60 天左右培养,就可获得大量植株。

植物原生质体融合技术是借鉴于动物细胞融合的研究成果,在原生质体分离培养的基础上建立起来的。植物细胞杂交的本质是将两种不同来源的原生质体,在人为的条件下进行诱导融合。由于植物细胞的全能性,因而融合之后的杂种细胞,可以再生出具有双亲性状的杂种植株。因此,细胞融合也叫原生质体融合或细胞杂交,包括三个主要环节:诱导融合;选择融合体或杂种细胞;杂种植株的再生和鉴定。

**3) 快速繁殖技术**

植物的快速繁殖技术简称快繁技术,又称为微繁殖技术,是利用组织培养方法将植物体某一部分的组织小块,进行培养并诱导分化成大量的小植株,从而达到快速无性繁殖的目的。其特点为繁殖速度快,周期短,且不受季节、气候、自然灾害等因素的影响,可实现工厂化生产。这一技术现已基本成熟,并形成了诸如工厂化生产兰花这样的产值巨大的工业生产体系。在 20 m² 的培养室内,最多可容纳 100 万株试管苗。但对于某种特定植物而言,尤其是新试验的植物材料,还有大量的研究工作需要我们去探讨,如摸索愈伤组织诱导和分化的条件、控制变异等。在大规模工厂化栽培中,也还存在着一系列的工业技术性问题有待解决。

植物的去病毒技术是快繁技术的一个分支,又称脱毒技术。植物的病毒病严重影响着农业生产。病因的种类估计达 500 余种,而且病原体可通过维管束传导。因此,对无性繁殖的植物来说,一旦染上病毒,就会代代相传越来越严重。人们常见的马铃薯、草莓、葡萄等植物,多年下来越种越小的现象就是病毒感染造成的。对植物病毒病迄今已采用的生物、物理、化学等多种防治途径均收效甚微,有的毫无成效。因此,过去人们只能采取拔除并销毁病株的消极方法。1952 年,法国科学家首次建立了生长点培养成株的脱毒法,从而开创了防治植物病毒病的新途径。植物茎尖培养之所以能除去病毒,是因为在感染病毒的植株中,病毒的分布是不一致的。在老叶片及成熟组织和器官中,病毒含量较高,但幼嫩的和未成熟的植物部位,病毒的含量较低,而在生长点 0.1～1 mm,则几乎不含病毒颗粒。这是由于病毒的繁殖运输速度与茎尖细胞生长速度不同所致。在茎尖分生组织中,细胞繁殖十分迅速,病毒还来不及侵入,因而就成为植物体相对无病毒的特殊区域。

如果我们采取不含病毒颗粒或病毒颗粒含量甚少的 0.1～0.5 mm 带 1～2 个叶原基的茎尖作为外植体,进行快速繁殖,就可培养成完整的无病毒小植株。对取得的植株要求进行严格的鉴定,证明确实无病毒方可应用。鉴定的方法有指示植物法、抗血清鉴定法、电子显微镜检查法等。无病毒苗一旦得到,重要的是防止再感染,如保管得好,一般可应用 5～10 年。目前应用这种去病毒技术,已去除了马铃薯的 X、Y、A、M、S 病毒和奥古巴花叶病毒。脱毒植株的产量明显高于感病株。

## 3.3 动物细胞工程

### 3.3.1 概　述

　　动物细胞工程是细胞工程的一个重要分支,它应用细胞生物学和分子生物学的方法,在细胞水平上对动物进行遗传操作,一方面深入探索、改造生物遗传种性,另一方面应用工程技术的手段,大量培养细胞或动物本身,以期收获细胞或其代谢产物以及可供利用的动物。

　　早在 1885 年,Wilhelm Roux 就开创性地把鸡胚髓板在保温的生理盐水中保存了若干天,这是体外存活器官的首次记载。1887 年,Arnold 把桤木的木髓碎片接种到蛙身上。当白细胞侵入这些木髓碎片后,他把这些白细胞收集在盛盐水的小碟中,接下来观察到这些白细胞的运动。1903 年,Jolly 将蝾螈的白细胞保存在悬滴中并维持了一个月。1906 年,Beebe 和 Ewing 在动物的血液中尝试培养了传染性淋巴肉瘤的细胞。可是,由于当时的培养基并不理想,实验难以重复,并且也难以证明这些先驱者所培养的是否是真正存活的健康组织和细胞。直到 1907 年,美国胚胎学家 Ross Harrison 的实验才被公认为动物组织培养真正开始的标志,因为该实验不但提供了可重复的技术,而且证明了生物组织的功能可以在体外十分明确地延续下去。Harrison 将蛙胚神经管区的一片组织移植到蛙的淋巴液凝块中,这片组织在体外不但存活了数周,而且居然还从细胞中长出了轴突(神经纤维),解决了当时关于轴突起源的争论,并表明了利用体外存活的组织进行实验研究的可能性。他所采用的把培养物放在盖玻片上并倒置于凹玻片腔中的方法还一直沿用至今,称为盖片覆盖凹窝玻璃悬滴培养法。

　　1912 年,当时的 Carrel 是外科医生,在实验中特别注意无菌操作。他用血浆包埋组织块外加胚汁的培养法,并采用了更新培养基和分离组织的传代措施,从而完善了经典的悬滴培养法(suspension culture)。Carrel 用这种方法,曾培养一鸡胚心肌组织长达数年之久。这些创造性的工作充分揭示:离体的动物组织在培养条件下,具有近于无限的生长和繁殖能力;并充分证明,组织培养的确是研究活组织和细胞的极好方法。1924 年 Maximow 又把 Carrel 的悬滴培养法改良为双盖片培养,使之更易于传代和减少污染。Carrel 又设计了用卡氏瓶培养法,扩大了组织的生存空间。自悬滴培养问世后的 30 年中,以 Harrlson 和 Carrel 为首的科学家们,用这些方法对各种组织在体外生长的规律和细胞形态进行了深入的研究,发表了大量论文,为组织培养的进一步发展奠定了稳固的基础。

　　1958 年冈田善雄发现,已灭活的仙台病毒可以诱使艾氏腹水瘤细胞融合,从此开创动物细胞融合的崭新领域。20 世纪 60 年代,中国的童第周教授及其合作者独辟蹊径,在鱼类和两栖类中进行了大量核移植实验,在探讨核质关系方面作出了重大贡献。1975 年,Kohler 和 Milstein 巧妙地创立了淋巴细胞杂交瘤技术,获得了珍贵的单克隆抗体。1997 年,英国 Wilmut 领导的小组用体细胞核克隆出了"多莉"绵羊,把动物细胞工程推上了世纪辉煌的顶峰。

### 3.3.2 动物细胞工程的理论基础

　　利用植物细胞可以培育成植物体,那么,利用动物细胞能不能大量繁殖动物体,以提高其繁殖率呢？答案是肯定的。动物细胞工程指的是应用现代细胞生物学、发育生物学、遗传学和分子生物学的原理、方法与技术,按照人们的需要,在细胞水平上进行遗传操作,包括细胞融合、核质移植等方法,快速繁殖和培养出人们所需要的新物种的生物工程技术。

动物细胞工程研究技术众多,如动物细胞培养、动物细胞核移植、动物细胞融合、单克隆抗体等,但最基础的技术手段是动物细胞培养,即它是其他动物工程技术手段的基础。而动物细胞培养的主要原理是动物细胞增殖。细胞增殖以分裂方式进行。细胞的生长和增殖是动物生长、发育、生殖和遗传的基础。整合细胞的分裂方式有三种:有丝分裂、无丝分裂和减数分裂。细胞的生长和增殖具有周期性。

细胞的衰老与动物体的衰老有密切关系,细胞的增殖能力与供体的年龄有关,幼龄动物细胞增殖能力强,有丝分裂旺盛,老龄动物则相反。因此,一般来说,幼年动物的组织细胞比老年动物的组织细胞易于培养。同样,组织细胞的分化程度越低,其增殖能力越强,越容易培养。

动物细胞的培养有各种用途,一般来说,动物细胞培养不需要经过脱分化过程。因为高度分化的动物细胞发育潜能变窄,失去了发育成完整个体的能力,因此,动物也就没有类似植物组织或细胞培养时的脱分化过程。要想使培养的动物细胞定向分化,通常采用定向诱导动物干细胞,使其分化成所需要的组织或器官。

### 3.3.3　动物细胞工程的基本技术手段

#### 1)动物细胞培养

动物细胞培养是动物细胞工程的重要技术基础,动物细胞培养是指从活的动物机体中取出相关组织,将它们分散成单个细胞,然后放在适宜的培养基中,模拟机体内生理条件,建立无菌、室温和一定营养条件等,使之分裂、生长、增殖,并维持其结构和功能的技术。在细胞培养的过程中,细胞不出现分化,不再形成组织。

组织块培养法是动物细胞培养中最常用的方法。其是将组织块用机械方法或酶解法分离成单个细胞,做成细胞悬液,再培养于固体基质上,成单层细胞生长,或在培养液中呈悬浮状态培养的技术。具体做法一般为:无菌取出目的细胞所在组织,以培养液漂洗干净,以锋利无菌刀具割舍多余部分,切成小组织块($1\sim2\ mm^3$),用移液管将这些小组织块移至培养瓶,添加培养液后翻转培养瓶使组织块脱离培养液 $10\sim15\ min$,然后再翻转过来静置培养($37\ ℃$),迁移细胞生长到足够大时,用物理方法(如冲洗、刮取等)或化学方法(如用 0.25% 胰酶或 1∶5 000 螯合剂)将细胞取下移至另一培养瓶中以传代(继代培养)。

悬浮细胞培养法也是动物细胞培养中最常用的方法之一。将小组织块置无钙、镁离子但含有蛋白酶类的解离液中离散细胞,低速离心洗涤细胞后,将目的细胞吸移至培养瓶培养,待细胞增殖到一定数量后移至另一培养瓶中以传代。

由于绝大多数哺乳动物细胞趋向于贴壁生长,细胞长满瓶壁后生长速度显著减慢,乃至不生长。因此,哺乳动物细胞的大量培养需提供较大的支持面。

动物细胞的体外培养,根本特点是模拟体内的条件,因此,其重要的条件可以概括为无菌、生长环境(pH、温度)和营养三个方面。

与多数哺乳动物体内温度相似,培养细胞的最适温度为 $37\ ℃\pm0.5\ ℃$,偏离此温度,细胞的正常生长及代谢将会受到影响甚至导致死亡。实践证明,细胞对低温的耐受性要比对高温的耐受性强些,低温下会使细胞生长代谢速率降低;一经恢复正常温度时,细胞会再行生长。若在 40 ℃左右,则在几小时内细胞便会死亡。因此高温对细胞的威胁更大。

细胞培养的最适 pH 为 7.2 ~ 7.4,当 pH 低于 6.0 或高于 7.6 时,细胞的生长会受到影响,甚至死亡。而且,多数类型的细胞对偏酸性的耐受性较强,而在偏碱性的情况下则会很快死亡。细胞的生长代谢离不开气体,容器中的 $O_2$ 及 $CO_2$ 用来保证细胞体内的代谢活动的进行,作为代谢产物的 $CO_2$ 在培养环境中还可调节 pH。

在保证细胞渗透压的情况下,培养液里的成分要满足细胞进行糖代谢、脂代谢、蛋白质代谢及核酸代谢所需,包括十几种必需氨基酸及其他多种非必需氨基酸、维生素、碳水化合物及无机盐类等。

只要满足了上述基本条件,细胞就能在体外正常存活、生长。在实际培养中还应根据不同细胞体外培养的难易程度而采取具体的措施。

**2) 动物细胞融合**

在细胞融合过程中,开始阶段只来自两个细胞的细胞质先聚集在一起,而细胞核仍保持彼此独立,这种特定阶段的细胞结构称为合胞体。其中含有两个或多个相同细胞核的叫同型合胞体,而含有两个或多个不同细胞核的叫异型合胞体,或称异核体。在异核体中,来自两个不同细胞的成分如质膜、细胞器及细胞核彼此混合存在,这就为研究这些成分之间的相互作用提供了条件。例如,将鸡红细胞与生长的组织培养细胞融合后,存活于培养细胞细胞质中的鸡红细胞的惰性核,便开始重新合成 RNA,并最终导致 DNA 的合成。少数异型合胞体在继续培养和发生有丝分裂的过程中,来自不同细胞核的染色体便有可能合并到一个细胞核内,从而产生出杂种细胞。由于这种杂种细胞的双亲都是体细胞,因而又叫作体细胞杂种。应用克隆的方法,可以从杂种细胞得到杂种细胞系。

动物细胞的融合作用虽然在形式上同精卵结合的受精过程有些类似,但两者在本质上是截然不同的。动物的精卵结合是一种有性过程,有着十分严格的时空关系和种族界限,这为确保种的遗传稳定性起了十分重要的作用。在自然界中,正是由于存在着这种遗传屏障,不同物种之间的有性杂交往往是不孕的。而细胞融合则不同,它通过人工的方法克服了存在于物种之间的遗传屏障,从而能够按照人们的主观意愿,把来自不同物种的不同组织类型的细胞融合在一起,这不仅对遗传育种有利,而且也可为遗传学研究提供新的手段。

融合细胞至少含有两套亲本体细胞的染色体,因而呈现四倍体或多倍体的特点。如果两个亲本体细胞是来自同一物种的不同组织,那么在融合细胞中,这两套染色体能彼此相容而不发生排斥现象;如果两个亲本体细胞来自不同物种,则将产生排斥现象,其中总有一套亲本染色体被优先排斥,最后只剩下少数几条。由于种间杂种细胞遗传的不稳定性,融合细胞群体总是呈现多种表型特征:有些表现某一亲本特征,有些表现中间型特征,有些同时具备双亲特征,有的会重新出现已经丧失的某一亲本的特征,有的甚至会表现出双亲均不具备的新的遗传特征。当然,融合细胞中两个亲本有时也具有遗传上的互补作用,据此可作为标记来选择融合细胞。

细胞融合技术主要应用于 3 个方面。

①染色体的基因定位:这是融合细胞技术应用的主要成果之一。例如,将人体细胞与小

鼠细胞融合,在杂种细胞系中,由于优先排斥的是人染色体,因此,每种细胞系都仅含有一条或若干条特异性的人染色体。通过对这些细胞系生理生化功能分析,就可以断定特定的人染色体的功能。实验已经证明,仅保留着 1 号人染色体的人-小鼠杂种细胞系,才能合成人尿苷单碱酸激酶,从而证实了编码这种激酶的人基因是定位在 1 号染色体上。

②遗传疾病的治疗与基因互补分析:体细胞遗传学和分子遗传学研究证实,许多种人类疾病都与基因的突变或缺失有关,估计有 2 000 种以上的人类疾病是由单基因缺失引起的。通过细胞融合技术,将不同遗传缺陷的两种突变细胞融合,产生的杂种细胞由于基因的互补作用,便可恢复其正常的表型。细胞融合技术对基因互补分析也十分重要。在选出具有特殊表型的稳定突变体后必须要成对地将这些突变体细胞互相融合,并对所产生的杂种细胞进行测定,观察是否存在所需研究的遗传性状。如果两个突变体细胞不能互补,表明它们缺失的是同一基因,或同一基因产生了同样的突变;如果两个突变体细胞能够互补,则表明它们缺失不同的基因或同一基因的不同部位发生了突变。应用这种基因互补分析,可以断定突变体所涉及的有关基因数目,可用来分析基因的结构以及剖析遗传疾病的病因等。

③特殊活性物质的制备:例如,将能分泌胰岛素、生长激素等具有特殊功能的细胞,与在体外能长期传代存活的骨髓瘤细胞融合,就可能选择到既能生产特殊活性物质,又具长寿命的杂种细胞克隆系。因此,应用细胞融合技术,有可能得到生产生长激素、促性腺激素、催乳素、胰岛素等各种杂种细胞系。

**3) 单克隆抗体**

当动物细胞受到抗原蛋白质(简称抗原)的刺激作用后,便会在动物体内引起免疫反应,并伴随着形成相应的抗体蛋白质(简称抗体)。这种抗原—抗体之间的应答反应是一种相当复杂的过程。由于一种抗原往往具有多种不同的决定簇,而每一种抗原决定簇又可以被许多种不同的抗体所识别,因而事实上每一种抗原都拥有大量的特异性的识别抗体。例如,纯系小鼠中,虽然一种抗原可检测到的识别抗体只有 5~6 种,而它的实际数字,可达数千种之多。

动物体内主要有两种淋巴细胞,一种是 T 淋巴细胞,另一种是 B 淋巴细胞,后者负责体液免疫,能够分泌特异性免疫球蛋白,即抗体。在动物细胞发生免疫反应过程中,B 淋巴细胞群体可产生多达百万种以上的特异性抗体。但研究发现,每一个 B 淋巴细胞都只能分泌一种特异性的抗体蛋白质。显而易见,如果要想获得大量的单一抗体,就必须从一个 B 淋巴细胞出发,使之大量繁殖成无性系细胞群体,即克隆。而由这种克隆制备到的单一抗体称为单克隆抗体。然而遗憾的是,在体外培养条件下,一个 B 淋巴细胞是不能无限增殖。因此,通过这条途径制备大量的单克隆抗体事实上是办不到的。

由于单克隆抗体具有专一性强、质地均一、反应灵敏、可大规模生产等特点,因而在理论研究和实验应用方面都具有十分重要的意义。于是,如何获得单克隆抗体便成为亟待解决的一个课题。1975 年,有两位科学家根据癌细胞可以在体外培养条件下无限传代增殖这一特性,在 PEG 的作用下,将它与 B 淋巴细胞进行融合,得到了具有双亲遗传特性的杂交细胞。它既能在体外迅速增殖,又能合成分泌特异性抗体,从而成功地解决了从一个淋巴细胞制备大量单克隆抗体的技术难题。这项技术就是淋巴细胞杂交瘤技术。这两位科学家也因此获得了 1984 年诺贝尔奖。

通过上述培养之后获得的培养液、血清或腹水,其中除了单克隆抗体之外,还有无关的蛋白质等其他物质,因而必须对产品作分离纯化。目前,常用的方法有硫酸铵沉淀法、超滤法、盐析法等。一般采用几种纯化方法分步进行,如先把培养液或腹水用硫酸铵沉淀法进行初步纯化,把所得的粗制单克隆抗体进一步采用盐析法获得纯度为 95%、不含致热源的单克隆抗体精制品,再经鉴定分析合格后供制剂用。

### 4) 胚胎、核移植

1958 年科学家们通过实验证实了植物细胞的全能性,即植物体的任何一个细胞,都包含有其个体的全部遗传信息,因而在离体培养状态下,植物原生质体能成长为完整的植株。那么,一个已分化的动物细胞,经离体培养后,能否得到一只完整的小动物呢? 实验表明,小白鼠的神经细胞,绝对分化不出其他组织的细胞,更不可能长出一只完整的小白鼠。但已证实,动物体内确实存在着全能性细胞,如低等动物的鱼、两栖类等,从 2 细胞到囊胚期的细胞都具有全能性,高等动物从胚胎 2 细胞到 64 细胞以及内细胞团的胚胎细胞也具有发育的全能性。当前已从小鼠内细胞团分离出全能性的干细胞。

胚胎干细胞简称 ES 细胞,是正常二倍体型,像早期胚胎细胞一样具有发育上的全能性。ES 细胞被注射到正常动物的胚腔内,能参与宿主内细胞团的发育,广泛地分化成各种组织,并能产生具功能性的生殖细胞。此外,ES 细胞还有一个突出的特点,它可以在体外进行人工培养、扩增,并能以克隆的形式保存。因此,ES 细胞系的建立,为动物细胞工程寻找到了一种良好的新实验体系。

在 ES 细胞系建立之前,动物细胞工程的遗传操作仅局限于受精卵和极早期的胚胎细胞。这些细胞来源困难,数量少,因而应用上受到极大的限制。而 ES 细胞系的建立,使得个体选择变成细胞水平的选择,节省了人力和财力,大大提高了遗传操作效率和选择效率。ES 细胞系的另一个优越性是,由于它可以在体外进行扩大培养,同样也可采用已成熟的遗传物质导入细胞的技术进行遗传操作。利用 ES 细胞系可作为优良的载体,为在高等动物中开展细胞工程的研究提供了方便。

培养 ES 细胞的成功取决于三个关键因素。a. 胚胎发育的精确阶段,最好取 5.5 日龄的胚胎,这时细胞还未分化成体细胞和生殖细胞。但此期胚胎已处于着床后的早期,为分离和培养胚胎多能干细胞,可采取改变母体激素和切除卵巢的方法,人为地延缓囊胚着床。b. 要从单个胚胎中获得足够数量的具多能干细胞的前体细胞。c. 培养条件和培养方式要适于多能干细胞的生长。

然而,哺乳动物的胚胎必须种植在母体子宫内,从母体获得营养才能正常地生长与发育。但并不是所有种植在子宫里的细胞都具有这种功能,只有发育到特定的胚胎滋胎层细胞才有这种功能。因此,ES 细胞要变成动物个体有两种途径:一是把 ES 细胞与 8 ~ 10 细胞时期的胚胎聚集,或通过胚腔注射构成嵌合体。ES 细胞在嵌合体里经过细胞增殖而分化成各种组织并形成有功能的生殖细胞,也就是 ES 细胞通过嵌合体的子代变成动物个体。二是通过核移植(或细胞融合)把 ES 细胞导入去核的卵母细胞,然后转移到寄母输卵管种植到子宫而发育成个体。

由此可见,ES 细胞系的建立为动物育种奠定了基础。ES 细胞的建立,还为人们从分子水平上对动物进行基因组改造奠定了基础。ES 细胞为核移植技术在体外提供大量的"富能核",在理论上也可能通过核移植达到控制性别。目前,已能将 ES 细胞诱导为造血细胞,如能导入动物骨髓或诱导分化为淋巴细胞前体,将对基因治疗提供重要途径。干细胞已成为生物技术细胞工程的又一热点,除了小鼠 ES 细胞外,仓鼠 ES 细胞系也已建成,同时在大动物如猪、牛、羊等方面也有初步报道,最近还报道从人体中已分离到 ES 细胞。

1952 年,布里格斯等科学家建立了细胞核移植技术,为核质关系的研究开创了新途径。因为用细胞核移植技术,通过不同细胞质与细胞核之间的配合,可以更明确而深刻地研究不同组织和不同发育时期的细胞核的功能及其与细胞质之间的相互作用。由于细胞核体积很小,必须在显微镜下才能观察到,同时它又十分脆弱,易受损伤,因此,细胞核移植是一项十分精细、难度很大的显微操作技术。细胞核移植实验工作包括去核卵的制备、供体细胞的分离及细胞核移植三个步骤。

细胞核移植技术最初以变形虫为材料,在单细胞动物内进行。布里格斯等首次对低等动物进行核移植,成功地得到核移植的小蛙。我国著名的胚胎学家童第周教授,把核移植技术应用到蟾蜍和鱼类,取得令人瞩目的成就。继两栖类和鱼类等核移植取得成功之后,科学家们开始把注意力集中到哺乳动物身上,首例获得成功的是 1957 年在小鼠上的试验,之后进展较快,特别是对哺乳动物的卵子移植技术取得了重大改进。

# 3.4　微生物细胞工程

## 3.4.1　概　述

微生物是一个相当笼统的概念,既包括细菌、放线菌这样微小的原核生物,又涵盖菇类、霉菌等真核生物。由于微生物细胞结构简单、生长迅速、实验操作方便,有些微生物的遗传背景已经研究得相当深入,因此微生物已在国民经济的不少领域,如抗生素与发酵工业、防污染与环境保护、节约资源与能源再生、灭虫害与农林发展、深开采与利用贫矿、种菇蕈造福大众等方面发挥了非常重要的作用。

由于微生物的繁殖速度很快,利用各种物质的能力很强,而且可以在短时间内获得大量的菌体。所以微生物菌体本身就可以被应用:如含有丰富营养物质的菌体可被用来进行单细胞蛋白 SCP 的生产、酵母制作面包、利用再生资源生产饲料蛋白等;有些菌体可用来生产肥料,或被用作医药、农药、生物催化剂以及遗传载体等;有些菌体可用来净化环境、冶炼金属;还有些菌体常被用作判断产品卫生质量的重要检测指标。

微生物在其生长繁殖过程中,不断从外界吸取各种营养物质,部分营养物质通过体内代谢,产生许多代谢产物。与此同时,人们还通过各种生物技术手段,可以改变微生物的代谢途径,从而提高代谢产物的合成量,获得更多更广的代谢产物。如微生物发酵生产各种氨基酸、有机酸、核苷酸等初级代谢产物,以及抗生素、维生素、激素、细胞毒素、生物碱等次级代谢产物。

微生物在其代谢过程中,还能产生一种特殊的生物催化剂——酶。利用酶的独特催化作用,不仅使生物体的各种复杂的化学反应能在温和的条件下进行,而且可以用来生产新型产品或改变产品的品质,尤其是在食品酿造行业中,通过酶促,可以改变食品的色香味,生产出许多营养丰富、口味独特、深受广大人民喜欢的食品。

### 3.4.2　微生物细胞工程的理论基础

微生物细胞工程是指应用微生物细胞进行细胞水平的研究和生产。具体内容包括:各种微生物细胞的培养、遗传性状的改变、微生物细胞的直接利用以及获得微生物细胞代谢产物等。

**1)微生物细胞培养**

微生物的特点为:个体小,表面积大;吸收多,转化块;生长旺,繁殖快;适应性强,易变异;分布广,种类多。因不同类型的微生物对营养要求不同,对外界生长环境的条件要求不同,所以应根据实际需要选择最适培养基和培养方法。

**2)遗传性状的改变**

基因控制生物的性状,亲代传给子代的不是性状本身,而是将控制性状的基因传给子代。若想获得带有各种遗传标记的微生物变种,就必须改变其遗传性状。

基础性遗传学研究的内容为:改变各种细菌如大肠杆菌等,使其遗传性状发生改变,成为携带各种遗传标记的试验菌种,用于遗传学的基础研究。实际应用中,可以通过其改变微生物遗传性状,进行微生物育种,选育高质高产菌株。如青霉素发酵产业,1943 年产量可达 20 单位/毫升青霉菌发酵液,经过改变生产菌的遗传性状,生产菌变异逐渐积累后,发酵水平已超过 5 万～10 万单位/毫升青霉菌发酵液。

改变遗传性状常用的方法有突变、基因工程、原生质体融合。突变又分为自发突变和诱发突变(用物理化学手段诱变),是改变遗传性状常用的方法,但其随机性大,且诱变方法多次使用,诱变效果也会逐渐降低;用基因工程手段改变遗传性状,目的明确,针对性强,已经取得很大成功。但操作前需要充分了解目的菌的遗传背景,操作手法复杂,实验条件要求高,从而限制了应用;原生质体融合技术,操作容易,设备要求简单。特别是对于遗传背景不甚明了的,感受态尚也不了解的、转化困难的菌种,采用原生质体法进行细胞遗传重组也完全可行。

### 3.4.3　微生物细胞工程的基本技术手段

**1)微生物细胞融合**

早在 1958 年,冈田善雄发现,用紫外线灭活的仙台病毒(HVJ)可以诱发艾氏腹水瘤细胞融合产生多核体。微生物细胞壁是细胞融合的一道天然屏障。要使不同细胞遗传信息发生重组就需要除去细胞壁。因而,不少人尝试制备微生物原生质体。1972 年,匈牙利 Ferenczy 等首先报道在微生物中的原生质体融合,他们采用原生质体融合技术使白地霉(*Geotrichum candidum*)营养缺陷型形成强制性异核体。在 1976 年巨大芽孢杆菌、枯草杆菌、粟酒裂殖酵母等原生质体融合取得成功后,构巢曲霉和烟曲霉、娄地青霉和产黄青霉等真菌种间原生质体融合也获得成功。

在微生物系统中,原生质体融合的基本过程是真菌、细菌、放线菌等微生物经过培养后获得大量菌体细胞,在高渗溶液(如 SMM 液、DP 液等)中用脱壁酶(蜗牛酶、溶菌酶等)处理脱去细胞壁制成原生质体,然后通过高效促融合剂(如 PEG)促使原生质体在适合的培养基中再生出细胞壁,并生长繁殖形成菌落,最后筛选出融合体。

微生物原生质体融合受下列因素的影响:

①参与融合菌株的遗传性状。参与融合的菌株一般都需要有选择标记,标记主要通过诱变获得。在进行融合时,应先测定各个标记的自发回复突变率。若回复突变率过高,则不宜作为选择标记。

②制备原生质体的菌龄。制备细菌原生质体应取对数生长中期菌龄的细胞,因为此时的细胞壁中的肽聚糖含量最低,对溶菌酶也最敏感。

③培养基成分。细菌在不同的培养基中培养对溶菌酶的敏感度不一样。芽孢杆菌对溶菌酶的敏感性大于棒状杆菌。在棒状杆菌制备原生质体前,菌体的前培养需要添加少量青霉素以阻止肽聚糖合成过程中的转肽作用,从而削弱细胞壁对溶菌酶的抗性。

### 2) 原核细胞的原生质体融合

细菌是最典型的原核生物,它们都是单细胞生物。细菌细胞外有一层成分不同、结构各异的坚韧细胞壁形成抵抗不良环境因素的天然屏障。根据细胞壁的差异,一般将细菌分成革兰氏阳性菌和革兰氏阴性菌两大类。前者肽聚糖约占细胞壁成分的90%,而后者的细胞壁上除了部分肽聚糖外还有大量的脂多糖等有机大分子。由此,革兰氏阴性菌与革兰氏阳性菌对溶菌酶的敏感性差异很大。

溶菌酶广泛存在于动物、植物和微生物细胞及其分泌物中。它能特异地切开肽聚糖中N-乙酰胞壁酸与N-乙酰葡萄糖胺之间的 $\beta$-1,4-糖苷键,从而使革兰氏阳性菌的细胞壁溶解。但由于革兰氏阴性菌细胞壁组成成分的差异,处理革兰氏阴性菌时,除了溶菌酶外,一般还要添加适量的 EDTA(乙二胺四乙酸),才能除去它们的细胞壁,制得原生质体或原生质球。

革兰氏阳性菌细胞融合的主要过程如下:a. 分别培养带遗传标志的双亲本菌株至对数生长中期,此时细胞壁最易被降解。b. 分别离心收集菌体,以高渗培养基制成菌悬液,以防止下一阶段原生质体破裂。c. 混合双亲本,加入适量溶菌酶,作用 20～30 min。d. 离心后得到原生质体,用少量高渗培养基制成菌悬液。e. 加入 10 倍的 40% 聚乙二醇促使原生质体凝集、融合。f. 数分钟后,加入适量高渗培养基稀释。g. 涂接于选择培养基上进行筛选。长出的菌落很可能已结合双方的遗传因子,要经数代筛选及鉴定才能确认已获得杂合菌株。

对革兰氏阴性菌而言,在加入溶菌酶数分钟后,应添加 0.1mol/L 的 $EDTANa_2$ 共同作用 15～20 min,则可使 90% 以上的革兰氏阴性菌转变为可供细胞融合用的球状体。尽管细菌间细胞融合的检出率仅为 0.01%～1%,但由于菌数总量十分巨大,检出数仍是相当可观的。

### 3) 真菌的原生质体融合

真菌主要有单细胞的酵母类和多细胞菌丝真菌类。同样,解去它们的细胞壁、制备原生质体是细胞融合的关键。

真菌的细胞壁成分比较复杂,主要由几丁质及各类葡聚糖构成纤维网状结构,其中夹杂着少量的甘露醇、蛋白质和脂类。因此可在含有渗透压稳定剂的反应介质中加入 0.3 mg/mL 消解酶进行酶解。也可用取自蜗牛消化道的蜗牛酶 30 mg/mL 进行处理。原生质体的得率都在 90% 以上。此外还可用纤维素酶、几丁质酶、新酶等消解细胞壁。

真菌原生质体融合的要点与前述细胞融合类似。一般都以 PEG 为融合剂,于特异的选择培养基上筛选融合子。但由于真菌一般都是单倍体,融合后,只有那些形成真正单倍重组体的融合子才能稳定传代。具有杂合双倍体和异核体的融合子遗传物性质不稳定,尚需经过多代考证才能最后断定是否为真正的杂合细胞。国内外已成功地进行数十例真菌的种内、种间、属间的原生质体融合,大多是大型的食用真菌,如蘑菇、香菇、木耳、平菇、凤尾菇等,取得了相当可观的经济效益。

---

### ● 本章小结 ●

　　本章从植物细胞工程和动物细胞工程以及微生物细胞工程三个领域介绍了细胞的基础理论和基本实验技术,从细胞组织培养、原生质融合技术以及动物细胞融合等方面入手条理性分析了当前细胞工程的发展方向及涉及的领域。细胞工程的首要前提就是无菌操作,这也是试验是否成功的关键。要从植物的细胞组织培养中产生出胚状体乃至植株,调节好各阶段生长素及细胞分裂素的比例最为关键,用动物体细胞的细胞核克隆出一只完全正常的哺乳动物的技术路线已经成熟。细胞融合重新组合双亲本的优良遗传信息,已经成了改良生物性状、创造人类需要的动植物新细胞、新株系的重要手段。虽然从目前的发展来看,培养植物细胞提取其次生长代谢物的工程成本过高,但是随着技术体系的改良,这一瓶颈终会打破,人工种子目前已经用于生产阶段,使用前景有待市场检验,我们相信随着科技的发展和技术革命的代新,细胞工程的应用前景和对人类的贡献不可估量。

---

复习思考题

1. 从植物组织培养出完整植株的流程是什么?

2. 什么是植物原生质体? 如何进行植物原生质体融合?

3. 如何克隆出一只哺乳动物? 克隆动物有什么意义?

4. 培养植物单倍体的意义是什么?

5. 有什么方法可以分别去除革兰氏阳性菌、革兰氏阴性菌和真菌的细胞壁?

# 第 4 章
# 发酵工程

📖【知识目标】

- 了解发酵反应设备及附属设备；
- 掌握典型发酵产品的生产工艺；
- 了解发酵工程的定义和各个时期的发酵产品。

📖【技能目标】

- 掌握典型发酵产品的生产工序；
- 掌握典型发酵反应器的操作流程；
- 了解发酵产品的提纯工艺。

# 4.1 概 论

## 4.1.1 发酵工程的定义与特征

发酵工程是指采用现代工程技术手段,利用微生物的某些特定功能,为人类生产有用的产品,或直接把微生物应用于工业生产过程的一种新技术。发酵工程的内容包括菌种的选育、培养基的配制、灭菌、扩大培养和接种、发酵过程和产品分离提纯等方面。发酵工程是生物技术的基础工程,用于产品制造的基因工程、细胞工程和酶工程等的实施,几乎都与发酵工程紧密相连。发酵工业中的化学反应是通过微生物完整细胞的综合生物化学过程来实现的。发酵工业以某种特定的产物为工艺的目的物,这就要求微生物细胞既能正常生长又能过量地积累目的产物。

什么是发酵? 发酵(fermentation)最初来自拉丁语"发泡(fervere)",是指酵母作用于果汁或发芽谷物产生 $CO_2$ 的现象。巴斯德研究了酒精发酵的生理意义,认为发酵是酵母在无氧状态下的呼吸过程。生物化学上定义发酵为"微生物在无氧时的代谢过程"。目前,发酵工程上的定义为:利用微生物在有氧或无氧条件下的生命活动来制备微生物菌体或其代谢产物的过程。

发酵工程基本上可以分为发酵和提取两大部分。发酵部分是微生物反应过程,提取部分也称后处理或下游加工过程。完整的微生物工程应包括从投入原料到获得最终产品的整个过程。发酵工程就是要研究和解决这整个过程中的工艺和设备问题,将实验室成果和中试成果扩大到工业化生产中去。实践证明,发酵工程不仅是开发微生物资源的一项关键技术,同时也是生物技术产业化的重要环节。现代发酵工业已经形成完整的工业体系,包括抗生素、氨基酸、维生素、有机酸、有机溶媒、多糖、酶制剂、单细胞蛋白、基因工程药物、核酸类物质及其他生物活性物质等。

利用微生物具有的化学活性进行物质转化,从事各种发酵产品生产的工业称为发酵工业。

(1)发酵工业的优点

①发酵过程中实际上是复杂的生物化学反应,通常在常温常压下进行,因此没有高压反应,各种设备都不必考虑防爆问题。

②原料一般都以糖蜜、淀粉等碳水化合物为主,我们国家是农业大国,可以考虑以农副产品代替原料,降低生产成本,如柠檬酸发酵,我国采用红薯干为原料,产品在国际市场具有竞争力。

③微生物反应器多为通气、搅拌式通用型反应器,同一种或同类的反应器能生产各种产物。有些药厂车间称为"三抗车间",指同一套设备可生产三种不同的抗生素。

④通过微生物特有的反应机理,具有高度的选择性。如黄色短杆菌,能将延胡索酸转换成 L-苹果酸,而化工合成只能得到 DL-苹果酸。

⑤通过菌种选育,如诱变育种、杂交育种,以及基因工程育种可大幅度提高生产率。如青

霉素生产,最初的发酵单位只有 2 U/mL,而现在已经到 85 000 U/mL。其中有很人一部分是菌种选育的贡献。

⑥某些现代生物制品,如干扰素、乙肝疫苗、人促红细胞生长素等,只能用基因工程菌或细胞通过发酵来生产。

⑦发酵生产在操作上最需要注意的是防止杂菌污染。进行设备冲洗、灭菌、空气过滤等,使全过程在无菌状态下运转,是非常重要的。一旦失败,就要遭受重大损失。特别是噬菌体对发酵的危害更大。

(2)发酵工业存在的问题

①能源消耗大,空压机、搅拌器是耗能大户,而且不能停电,发酵罐内只要停止通气和搅拌十几分钟,菌体便会窒息,从而造成损失。

②发酵工业是通过微生物的生长代谢来分泌产物,因此相当部分的原料被耗用于生长菌体。而菌体是无用的,有的甚至污染环境。

③微生物反应的溶媒是水(几乎没有例外),而且底物浓度不能高,所以发酵罐体积相当大,但产物较少,效率低。

④发酵罐放罐后染。少量产品经提取后,剩余的液体都需要排放。另外,发酵洗涤用水量很大,废水造成环境污染。

### 4.1.2　发酵工程发展史

尽管人类利用微生物发酵制造所需产物有几千年的历史,但对其过程的原理、反应步骤、物质变化、调控机制等的认识和理解主要是在 20 世纪完成的。发酵工程的发展大体上可分为下述四个阶段。

#### 1)第一阶段:传统的微生物发酵技术——天然发酵

人类利用微生物的代谢产物作为食品和医药,已有几千年的历史了。几乎一切原始部族都由含糖的果实贮藏时发酵而学会了酒精发酵。公元前 4000—前 3000 年,古埃及人熟悉了酒、醋的酿造方法;公元前 2000 年,古希腊人和古罗马人学会酿造葡萄酒;公元前 600 年,中国已有用发霉的豆腐治疗皮肤病的记载。此外,属于传统发酵的产品还有酱油、泡菜、面包、奶酪等。但那时人们并不认识和了解微生物,所以更不知道微生物与发酵的关系,因此很难人为控制发酵过程,生产上只能凭经验,口传心授,所以称这一时期为天然发酵时期,也称为自然发酵时期。

#### 2)第二阶段:第一代微生物技术——纯培养技术的建立

1675 年,荷兰人列文虎克(Antony Van Leeuwenhoek)发明了显微镜,首次观察到微生物体。19 世纪中叶,法国葡萄酒的酿造者在酿酒的过程中遇到了麻烦,他们酿造的美酒总是变酸,于是,纷纷祈求于正在对发酵作用机制进行研究的巴斯德(图4.1)。巴斯德不负众望,经过分析发现,这种变化是由乳酸杆菌使糖部分转化为乳酸引起的。同时,找到了后来被称为乳酸杆菌的生物体。

巴斯德提出,只要对糖液进行灭菌,就可以解决这个问题,这种灭菌方法就是流传至今的巴斯德灭菌法。巴斯德关于发酵作用的研究,从 1857—1876 年前后持续了 20 年,否定了当时盛行的所谓"自然发生说"。他认为,"一切发酵过程都是微生物作用的结果。发酵是没有空气的生命过程。微生物是引起化学变化的作用者"。巴斯德的发现不仅对以前的发酵食品加工过程给以科学的解释,也为以后新的发酵过程的发现提供了理论基础,促进了生物学和工程学的结合。因此,巴斯德被称为生物工程之父。1905 年,德国柯赫(Rober Koch)首先发明了固体培养基,得到了细菌纯培养物,建立了微生物纯培养技术,为发酵工程的建立起到关键作用。纯培养技术的建立,开创了人为控制发酵过程的时期。这一时期的产品有酵母、酒精、丁醇、有机酸、酶制剂等,主要是一些厌氧发酵和表面固体发酵产生的初级代谢产物。到 20 世纪初,人们发现某些梭菌能够引起丙酮丁醇的发酵,丙酮是制造炸药的原料,随着第一次世界大战的爆发,刺激了丙酮丁醇工业的极大发展。后来,战争虽然结束了,但丁

图 4.1 巴斯德·路易斯(1822—1895)
微生物奠基人,发酵学之父

醇作为汽车工业中硝基纤维素涂料的快干剂而大量使用,使这一工业经久不衰。虽然现在竞争力更强的新方法已逐步取代了昔日的发酵法,但它是第一个进行大规模工业生产的发酵过程,也是工业生产中首次采用大量纯培养技术的。这一工艺获得成功的重要因素是排除了培养体系中其他有害的微生物,这在 19 世纪末 20 世纪初是相当先进的生物技术。

**3)第三阶段:第二代微生物发酵技术——深层培养技术**

这个阶段是发酵工业大发展时期,青霉素工业化成功推动了发酵工业的发展。1929 年,英国科学家弗莱明在污染了霉菌的细菌培养平板上观察到了霉菌菌落的周围有一个细菌抑制圈,由于这种霉菌是青霉菌,所以弗莱明把这种抑制细菌生长的霉菌分泌物称为青霉素。可是它的提取精制,在当时无法做到,弗莱明只好忍痛割爱,放弃研究。10 年以后,第二次世界大战的战火越烧越旺,大量伤员急需抢救,英国的一些科学家恢复了弗莱明的工作,他竟戏剧性地获得了成功。当时,英国本土已经战火弥漫无法试制,美国承担了青霉素的试制任务。要生产这种药物,必须要有一种严格的、将不需要的微生物排除在生产体系之外的无菌操作技术,必须要有从外界通入大量的空气而又不污染杂菌的培养技术,还要想方设法从大量的培养液中提取这种当时产量极低的较纯的青霉素。美国的科学家和工程师齐心协力,攻克许多难关,到 1942 年终于正式实现了青霉素的工业化生产。这一伟大成就拯救了千千万万挣扎在战争死亡线上的人们。这是生物工程第一次划时代的飞跃。在这一飞跃中,作为生物技术核心的发酵技术已从昔日的以厌氧发酵为主的工艺跃入深层通风发酵为主的工艺。这种工艺不只是通通气,而是有与此相适应的一整套工程技术,如大量无菌空气的制备技术、中间无菌取样技术、设备的设计技术,等等。因此,这是发酵工程技术的一次划时代飞跃。尽管后来开发了许多新产品,链霉素、氯霉素、金霉素、土霉素、四环素等抗生素相继问世,形成了抗生素工业。伴随其兴起诞生的大型发酵罐,为发酵工程的发展提供了关键设备。

**4)第四阶段:第三代微生物发酵技术——微生物工程**

1953 年美国沃森(Watson)和英国克里克(Crick)共同提出了 DNA 的双螺旋结构模型。1973 年美国 Boyer 和 Cohen 首先在实验室实现了基因转移,为基因工程开启了通向现实的大门,此后很快在全世界各国的研究人员不但构建高产量的基因工程菌,还使微生物产生出它

们本身不能产生的一些外源蛋白质,而且很快形成了基因工程产品,如胰岛素、生长激素、细胞因子、疫苗、单克隆抗体等。值得一提的是,1973 年人类通过基因工程手段构建了第一个"工程菌",用它生产出了人生长激素释放抑制因子。进入 21 世纪,利用"工程菌"生产工业产品已成为微生物工程的主流发展方向。

### 4.1.3　发酵工程的内容

发酵工程内容涉及菌种的培养和选育、菌的代谢和调节、培养基灭菌、通气搅拌、溶氧、发酵条件的优化、发酵工程各种参数与动力学、发酵反应器的设计和自动控制、产品的分离纯化和精制等。

发酵工程就其发酵方式而言,可分为厌气发酵和通风发酵两大类。厌气发酵包括酒类发酵、丙酮丁醇发酵、乳酸发酵、甲烷发酵等;通风发酵有酵母培养、抗生素发酵、有机酸发酵、酶制剂生产和氨基酸发酵等。

发酵工程涉及的生产部门有食品工业(如调味品、食品添加剂、发酵食品等)、酶制剂、农产品加工、酒精和饮料酒工业、氨基酸工业、有机酸工业、医药工业(核苷酸、抗生素、激素等)、单细胞蛋白的生产、废物废水的处理、生物气体的产生等。

目前已知具有生产价值的发酵类型有以下五种。

**1)微生物菌体发酵**

这是以获得具有某种用途的菌体为目的的发酵。比较传统的菌体发酵工业,有用于面包制作的酵母发酵及用于人类或动物食品的微生物菌体蛋白发酵两种类型。新的菌体发酵可用来生产一些药用真菌,如香菇类、依赖虫蛹而生存的冬虫夏草菌、与天麻共生的密环菌,以及从多孔菌科的茯苓菌获得的名贵中药茯苓和担子真菌的灵芝等药用菌。这些药用真菌可以通过发酵培养的手段来生产出与天然产物具有同等疗效的产物。有的微生物菌体还可用作生物防治剂,如苏云金杆菌、蜡样芽孢杆菌和侧孢芽孢杆菌,其细胞中的伴孢晶体可毒杀鳞翅目、双翅目的害虫。丝状真菌的白僵菌、绿僵菌可防治松毛虫等。所以某些微生物的剂型产品,可制成新型的微生物杀虫剂,并用于农业生产中。因此菌体发酵工业还包括微生物杀虫剂的发酵。

**2)微生物的转化发酵**

微生物转化是利用微生物细胞的一种或多种酶,把一种化合物转变成结构相关的更有经济价值的产物。可进行的转化反应包括脱氢反应、氧化反应、脱水反应、缩合反应、脱羧反应、氨化反应、脱氨反应和异构化反应等。最古老的生物转化,就是利用菌体将乙醇转化成乙酸的醋酸发酵。生物转化还可用于把异丙醇转化成丙醇、甘油转化成二羟基丙酮、葡萄糖转化成葡萄糖酸,进而转化成 2-酮基葡萄糖酸或 5-酮基葡萄糖酸,以及将山梨醇转变成 L-山梨糖等。此外,微生物转化发酵还包括甾类转化和抗生素的生物转化等。

**3)微生物代谢产物发酵**

微生物在生长代谢过程中分泌的代谢产物有两种类型:初级代谢产物和次级代谢产物。前者是微生物在对数生长期所产生的产物,如氨基酸、核酸、类脂、糖类等;后者是在稳定期所产生的产物,如抗生素、生物碱植物生长因子。

（1）抗生素

工业化生产的微生物产物,最重要的就是抗生素。抗生素是微生物产生的化学物质,它能杀死或抑制其他微生物的生长,因此在医学应用上更具影响力。

抗生素是次级代谢产物。虽然在大多数工业发酵中,抗生素的产量相对较低,但由于其具有较好疗效和较高的工业价值,所以它们可由微生物发酵进行工业生产。许多抗生素也可以由化学合成,但由于抗生素化学性质复杂,并且进行化学合成的费用较大,所以与微生物发酵相比,化学合成可能性不大。

（2）维生素

维生素可作为人类食品和动物饲料的添加剂,在药物的销量排行中,维生素的生产仅次于抗生素而居第二,每年近1亿美元,多数维生素的生产是由化学合成的,但一些维生素,由于其生产工艺太复杂,以至于无法以较低的成本合成,但它们却可以通过微生物发酵的方法来生产,维生素 $B_{12}$ 和核黄素就属于这类维生素。

（3）氨基酸

氨基酸作为食品添加剂在食品工业中、在医学领域中以及作为原料在化学工业中都有广泛应用。最重要的是谷氨酸,一种增味剂,另外两种重要的氨基酸——天冬氨酸和苯丙氨酸是人造增甜剂 $\alpha$-L-天冬氨酸-L-苯丙氨酸甲酯的成分。而后者又是作为无糖产品出售的软饮料和其他食品的重要组成成分。赖氨酸是人体的必需氨基酸,工业上是由黄色短杆菌产生作为食品添加剂。

（4）酶

每种生物体都产生各种各样的酶,大多数仅以少量的形式产生,产于细胞过程,然而一些生物体可产生大量的特异性酶,这些酶并不在细胞内部,而是分泌到培养基中。胞外酶通常能够消化不溶性营养物质,如纤维素、蛋白质、淀粉,消化后产物运输到细胞中作为营养供细菌生长。一些胞外酶可用于食品加工、制药和纺织工业,它们可由微生物合成并大量生成。酶可以由细菌和真菌工业化生产,生产过程通常是好氧的,培养基类似于抗生素发酵中所用培养基。当培养基中存在适宜的诱导物时,能产生诱导酶。

## 4.1.4　发酵工程的应用及前景

在世界各国中,以美国发酵工业的规模最大,产值最高。目前大规模生产的发酵产品已有100多种。日本的发酵工业在近20年内有了迅速发展,在某些领域,如氨基酸、核酸发酵,固定化细胞生产有机酸方面占领先地位。

### 1）发酵工业的应用

我国的发酵工业有着悠久的历史。新中国成立后,我国的抗生素工业迅猛发展。目前全国生产抗生素的企业就有近千家,生产品种已达上千种。现在除了生产抗生素,还有维生素、人胰岛素、乙肝疫苗、干扰素、透明质酸等新药。

①在食品工业方面:用于微生物蛋白、氨基酸、新糖原、饮料、酒类和一些食品添加剂(柠檬酸、乳酸、天然色素等)的生产。

②在能源工业方面:通过微生物发酵,可将绿色植物的秸秆、木屑,工农业生产中的纤维素、半纤维素、木质素等废弃物转化为液体或气体燃料(酒精或沼气)。还可利用微生物产油、

产氢、产石油以及制成微生物电池。

③在化学工业方面:用于生产可降解的生物塑料、化工原料(乙醇、丙酮、丁醇、癸二酸等)和一些生物表面活性剂及生物凝集剂。

④在冶金工业方面:微生物可用于黄金开采和铜、铀等金属的浸提。

⑤在农、牧业方面:生物固氮、生物杀虫剂的应用和微生物饲料的生产,为农业和畜牧业的增产发挥了巨大作用。

⑥在环境保护方面:可用微生物来净化有毒的高分子化合物,降解海上浮油,清除有毒气体和恶臭物质以及处理有机废水、废渣,等等。

**2)发酵工业的发展前景**

①近代微生物工业发展速度较快,其特点是向大型发酵和连续化、自动化方向发展。搅拌、通气发酵罐的规模高达 500 m³,气升式发酵罐的容积上千立方米。

②在菌种选育方面,除继续使用传统的常规方法外,已成功地从经卫星搭载的菌种中分离出特性发生改变的菌株,有的孢子色素和发酵液颜色变浅,生长周期变短,微生物代谢产物分泌能力大幅度提高。另外,随着生物技术的研究发展,已成功开发了多种具有生物活性的"工程菌",为发酵工业开辟了新的领域。

③固定化细胞,可以代替游离细胞进行各种产品的发酵生产,具有降低能耗,缩短发酵周期,并可连续发酵生产,提高生产率等优点,在发酵生产中有广阔的发展前景。

④近代发酵工业正在从糖质原料转到利用石油、天然气、空气及纤维素资源。如目前已经可以利用正构石蜡发酵生产柠檬酸以及菌体蛋白。地球上蕴蓄的石油资源相当丰富,因此用石油代替粮食发酵有着一定的经济意义。另外,目前国内外对纤维废料作为发酵工业原料的研究取得进展,如用纤维废料发酵生产酒精和乙烯等能源物质已取得成功。发酵原料的转换也正推动着工业迅速发展。

⑤微生物酶反应生物合成和化学合成相结合的工程技术,使发酵产物通过化学修饰及化学结构进一步生产有实用价值的新产品开拓了一个新的领域。

# 4.2　生物反应器及发酵系统

## 4.2.1　概　述

如前所述,凡是利用微生物在有氧或无氧条件下的生命活动来制备微生物菌体或其代谢产物或其转化发酵的过程统称发酵。那么完成发酵过程的装置就称为微生物反应器(发酵罐),生物反应器是实现生物技术产品产业化的关键设备,是连接原料和产物的桥梁。广义的发酵罐是指为一个特定生物化学过程的操作提供良好而满意的环境的容器。工业发酵罐一般指进行微生物深层培养的设备。根据发酵过程中微生物代谢繁殖的好氧还是厌氧可以将发酵罐分为厌氧(嫌气)发酵罐和好氧(通气)发酵罐;根据发酵培养基的性质可以分固体发酵罐和液体发酵罐;根据发酵培养基的厚度可以分为浅层发酵和深层发酵;根据发酵工艺流程可以分为连续发酵设备和分批式发酵设备。

### 4.2.2 好氧发酵罐

大多数生物化学反应都是需氧的,根据物料的状态不同,分为好氧(通风)固体发酵和好氧(通风)液体发酵。

**1)好氧(通风)固体发酵设备**

好氧(通风)固体发酵是应用最古老的生物技术之一,其应用比液态发酵要早得多。好氧固体发酵是好氧微生物在有氧条件下,在湿的固体培养基上的生长、繁殖、代谢的发酵过程。好氧(通风)固体发酵其固态湿培养基含水量一般在50%左右,但也有的固体发酵培养基含水量在30%或70%等。

**(1)机械通风固体发酵设备**

机械通风固体发酵设备(图4.2)与自然通风固体发酵设备的区别主要是其使用了机械通风装置,因而强化了发酵系统的通风,使物料厚度大大增加,不仅使产品效率大大提高,而且便于控制物料发酵温度,提高了产品的质量。

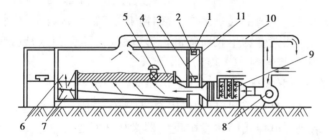

**图4.2 机械通风固体发酵设备**
1—输送带;2—高位料斗;3—送料小车;4—料室;5—进出料机;6—料斗;
7—输送带;8—鼓风机;9—空调室;10—循环风道;11—室闸门

机械通风固体发酵设备的料室多用长方形水泥池,宽约2 m,深1 m,长度则根据生产场地及产量等选取,不宜过长,以保持通风均匀;料室底部应比地面高,以便于排水,池底应有8°~10°的倾斜,以使通风均匀;池底上有一层筛板,发酵固体料置于筛板上,料层厚度为0.3~0.5 m;料池一端(池底较低端)与风道相连,其间设一风量调节闸门。料池通风常用单向通风操作,为了充分利用冷风或热量,一般把离开料层的排气部分经循环风道回到空调室,另吸入新鲜空气。据试验测试结果,空气湿度循环,可使进入固体料层空气的 $CO_2$ 浓度提高,减少霉菌过度呼吸,从而减少淀粉原料的无效损耗。当然废气只能部分循环,以维持与新鲜空气混合后 $CO_2$ 浓度在2%~5%最佳。通风量为400~1 000 $m^3/(m^2 \cdot h)$,视固体料层厚度和发酵使用菌株、发酵旺盛程度及气候条件等而定。

**(2)搅拌式固体发酵反应器**

搅拌式固体发酵反应器按形状结构分为立式和卧式(图4.3)两种形式。反应器主体静止不动,而反应器内的搅拌器搅拌固体基质颗粒处于间歇或连续运动状态;在反应器的一端设有空气进、出口,以及加料和取样口;由于固体基质颗粒的特性,对搅拌桨叶的设计有特殊要求。

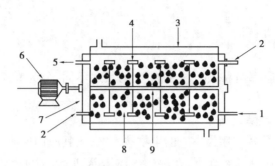

**图 4.3   卧式搅拌式固体发酵反应器**
1—空气进口;2—温度探针;3—水夹套;4—浆叶;5—空气出口;
6—搅拌电机;7—反应器;8—固体培养基;9—搅拌轴

卧式搅拌式固体发酵反应器的工作原理:固态物料从进料口进入罐体内,装于搅拌轴上的搅拌叶片带动物料翻动、疏松、混合。蒸汽从蒸汽及灭菌空气进口直接通入罐体内,对物料进行灭菌,之后由夹套通入水,无菌空气直接通入罐体内,对物料进行冷却降温,当物料冷却到发酵温度时,液体菌种从接种分配管喷入,随着搅拌轴的正转与反转,在搅拌叶片的作用下,菌种与物料均匀混合。无菌空气直接通入罐体内喷向物料,保证微生物生长所需的足够氧源,夹套内通保温水保证微生物生长所需的温度,根据需要无菌水从接种分配管喷入。微生物生长完毕直接由排料管卸料。

搅拌式固体发酵反应器的优点:物料在罐内蒸煮、灭菌、降温、罐内接种、罐内加湿、自动翻料、温湿度检测显示以及自动控制、自动进出料;易于保持固体培养基物性的均一性。缺点是菌丝体易受伤,易结块。搅拌式固体发酵反应器常用于单细胞蛋白、酶和生物杀虫剂的发酵生产。

**2)液体好氧发酵设备**

通风液态发酵设备的制造已进入专业生产,并实现了温度、pH、溶解氧、消泡等的计算机自动控制。工业生产用的发酵罐趋向大型化,谷氨酸生产罐已在 600 $m^3$ 以上,单细胞蛋白发酵罐的体积已达到 3 500 $m^3$。大型发酵罐具有简化管理,节省投资,降低成本以及利于自控等优点,并已实现了自动清洗。

目前常用的液体好氧发酵罐有机械搅拌式、气升式、自吸式等。

**(1)机械搅拌通风发酵罐**

机械搅拌通风发酵罐是发酵工厂中最常用的通风发酵罐,据不完全统计,它占了发酵罐总数的 70% ~80%,因此也称为通用式发酵罐。它是利用机械搅拌器的作用使通入的无菌空气和发酵液充分混合,促使氧在发酵液中溶解,满足微生物生长繁殖和发酵所需要的氧气,同时强化热量的传递。

机械搅拌通风发酵罐的基本结构如图 4.4 所示,主要包括罐体、搅拌器、挡板、轴封、空气分布器、传动装置、冷却装置、消泡器、人孔、视镜、温度计、pH 电极、溶氧电极等。

①机械搅拌通风发酵罐的基本要求:a. 发酵罐应具有适宜的径高比,其高度与直径之比为(2.5~5):1,罐身高,氧与液体表面接触时间长,利用溶氧。b. 发酵罐结构严密,轴封严密可靠,始终保持一定的压力,减少泄漏。c. 发酵罐应能承受一定的压力,经得起蒸汽的反复灭菌。内壁光滑,尽量减少死角,以利于灭菌彻底和减小金属离子对生物反应的影响。d. 有良

好的气-液-固接触和混合性能与高效的热量、质量、动量传递性能。发酵罐的搅拌通风装置应能使通入的气泡分散成细碎的小气泡,增加气液接表面积,并使气液充分混合,保证发酵液必需的溶解氧,提高氧的利用率。e. 在保持生物反应要求的前提下,降低能耗。f. 有良好的热量交换性能,以维持生物反应最适温度。发酵罐应具有良好的冷却装置。g. 有可行的管路比例和仪表控制,适用于灭菌操作和自动化控制。

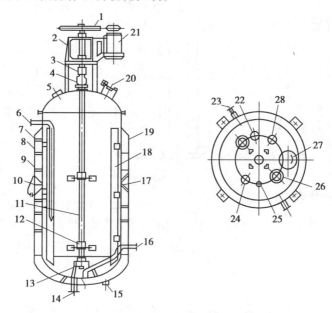

图 4.4　小型发酵罐图示

1—三角皮带转轴;2—轴承支柱;3—连轴节;4—轴封;5—窥镜;6—取样口;

7—冷却水出口;8—夹套;9—螺旋片;10—温度计;11—轴;12—搅拌器;13—底轴承;14—放料口;

15—冷水进口;16—通气管;17—热电偶接口;18—挡板;19—接压力表;20—人孔;21—电动机;

22. 排气口;23—取样口;24—进料口;25—压力表接口;26—窥镜;27—人孔;28—补料口

②机械搅拌通风密闭发酵罐的特点:a. 利用机械搅拌的作用使无菌空气与发酵液充分混合,提高了发酵液的溶氧量,特别适合于发热量大、需要气体含量比较高的发酵反应。b. 发酵过程容易控制,操作简便,适应广泛。c. 发酵罐内部结构复杂,操作不当,容易染菌。d. 机械搅拌动力消耗大,对于丝状细胞的培养与发酵不利。

③机械搅拌通风密闭发酵罐的几何尺寸及其比例

机械搅拌通风密闭发酵罐常见的几何尺寸及其比例(图 4.5)如下:

$$H/D_t = (2.5 \sim 4.0)/1; \qquad H_0/D_t = 2/1;$$

$$S/D_i = (2 \sim 5)/1; D_t/D_i = (2 \sim 3)/1(一般为 3/1)$$

$$C/D_i = (0.8 \sim 1.0)/1; \qquad D_t/B = (8 \sim 12)/1$$

式中　$H$——罐身高;

　　　$H_0$——罐高;

　　　$D_t$——罐径;

　　　$D_i$——搅拌叶轮直径;

　　　$S$——相邻搅拌叶轮间距;

$B$——挡板宽;

$C$——下搅拌叶轮与罐底距离。

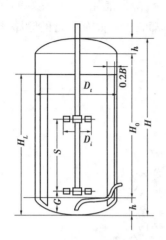

图4.5　机械搅拌发酵罐的尺寸

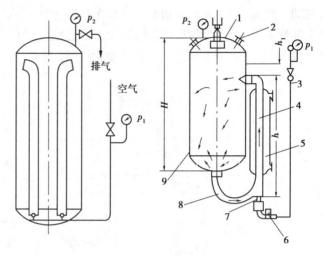

图4.6　气升式发酵罐

(a)内循环气升式发酵罐;(b)外循环气升式发酵罐

1—人孔;2—视镜;3—进气管;4—上升管;5—冷却加套;

6—单向阀门;7—空气喷嘴;8—带升管;9—罐体

（2）气升式发酵罐

气升式发酵罐(图4.6)也是应用最广泛的好氧发酵设备之一。它属于非机械搅拌发酵罐,是利用含气量高的发酵液密度小而向上升,而含气量低的发酵液密度大向下降,依靠发酵液密度不同而产生的压力差,推动发酵液在罐内循环的生物反应器。该发酵罐是20世纪70年代开始研究并应用的发酵罐。主要应用于微生物菌体细胞的高密度培养以及对溶氧要求不高的微生物的代谢反应。

气升式发酵罐包括罐体、进气管及空气喷嘴、上升管及冷却加套、带升管(下降管)以及辅助元件。其工作原理是在上升管的下部设置进气管及空气喷嘴,空气以250~300 m/s的高速喷入上升管,使气泡分散在上升管中的发酵液中,发酵液的密度下降而上升;罐内发酵液由于密度较大而下降进入上升管,从而形成发酵液的循环。

气升式发酵罐有两种类型:内循环气升式发酵罐和外循环气升式发酵罐。气升式发酵罐的特点有:反应溶液分布均匀,较高的溶氧速率和溶氧效率;因为没有搅拌叶片,剪切力小,降低了菌种的死亡率;设备传热良好,结构简单;设备操作和维修方便;罐的装料系数高等优点。

（3）自吸式发酵罐

自吸式发酵罐(图4.7)是一种不需要空气压缩机提供加压空气,而依靠特设的机械搅拌吸气装置或液体喷射吸气装置吸入无菌空气并同时实现混合搅拌与溶氧传质的发酵罐。该发酵罐自20世纪60年代开始研究并在联邦德国开始发展,1969年首先在美国取得专利。我国自20世纪60年代开始研制自吸式发酵罐,已应用于醋酸、酵母、蛋白酶、维生素C和利福霉素等发酵产品中。

与机械搅拌式通风发酵罐相比,自吸式发酵罐的优点有:节省了空气压缩系统,减少了设备投资约30%;溶氧系数高,吸入空气30%的氧被利用;能耗低,供给1 kg溶氧耗电仅为0.5 kW·h;应用范围广,便于实现自动化和连续化。其缺点是:进罐空气处于负压状态,容易增加杂菌侵入的机会,不适合无菌要求较高的发酵过程;装料系数较低,约40%;搅拌容易导致转速提高,有可能使某些微生物的菌丝被切断,影响细胞的正常生长。

自吸式发酵罐的工作原理是:转子由罐底主轴或罐顶主轴带动而旋转,空气则由通气管吸入。启动前,先用培养液浸没转子,然后启动马达使转子迅速旋转,液体或空气在离心力的作用下,被甩向叶轮外缘,此时,转子中心处形成负压,将罐外的空气通过过滤器和通气管吸到罐内。转子转速越大,转子中心处形成的负压也越大,吸气量也越大。转子的搅拌在液体中产生的剪切力又使吸入的无菌空气粉碎成细小的气泡,均匀分散在液体之中。

### 4.2.3 厌氧发酵罐

#### 1) 酒精发酵罐

酒精既可以在食品、医药等方面应用,又可以作为生物能源物质,作为酒精燃料。用生物技术生产酒精是今后发展的重要领域之一。酒精是酵母转化糖代谢而成的产物。相对于好氧发酵,在酵母代谢产酒精过程

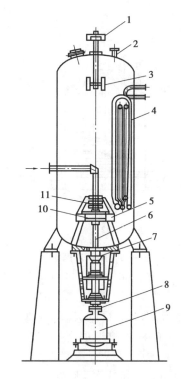

图4.7 机械搅拌自吸式发酵罐
1—皮带轮;2—排气管;3—消泡器;
4—冷却排管;5—定子;6—轴;
7—双端面轴封;8—联轴节;9—马达;
10—转子;11—端面轴封

中,对氧的需求不再是制约性因素,因此,酒精发酵罐是严格控制氧的通入。但是,作为一个优良的酒精发酵罐,仍然需要具有良好的传质和操作性能。在酒精发酵过程中,酵母的生长和代谢必然会产生一定数量的生物热。若不及时移走该热量,必将导致发酵体系温度升高,影响酵母的生长和酒精的形成,因此酒精发酵罐要有良好的换热性能。由于发酵过程中会产生大量的$CO_2$,从而对发酵液形成自搅拌作用,因此酒精发酵罐不需要设置专用的搅拌装置,但是需要设置能进行$CO_2$回收的装置。由于现代发酵罐向着大型化和自动化发展,酒精发酵罐还需要有自动清洗装置。相对于好氧发酵罐,酒精发酵罐的结构要简单得多。

不同规模的生产企业采用不同的酒精发酵设备。中小型酒精生产企业一般采用传统的500 m³以下的立式圆柱碟形或锥形发酵罐。大型酒精生产企业一般采用新型的500 m³以上的立式圆柱斜底形发酵罐。500 m³以上的发酵罐是20世纪90年代之后才逐渐发展起来的。目前,美国最大的立式圆柱斜底形发酵罐,容积已达4 200 m³。而卧式圆柱形发酵罐正在推广应用之中。

立式圆柱碟形或锥形发酵罐,如图4.8所示;罐顶装有人孔窥镜、$CO_2$回收管、进料管和接种管、压力表、喷淋洗涤水入口等。罐底装有发酵液和污水排出口、喷淋水收集槽和喷淋水出口。罐身上、下部装有取样口和温度计接口。对于大型发酵罐,为了便于维修和清洗,往往在近罐底装有人孔。

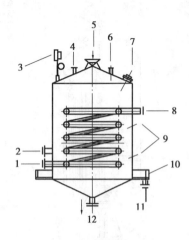

图 4.8　酒精发酵罐

1—冷却水入口；2—取样口；

3—压力表；4—$CO_2$ 气体出口；

5—喷淋水；6—料液及酒母入口；

7—人孔；8—冷却水出口；9—温度计；

10—喷淋水收集槽；11—喷淋水出口；

12—发酵液及污水排出口

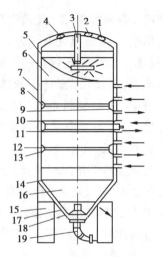

图 4.9　圆筒体锥底发酵罐

1—视镜；2—$CO_2$ 排出管；3—自动洗涤器；4—人孔；

5—封头；6—罐身；7—冷却夹套；8—保温层；

9—冷媒排出口；10—冷媒进入口；11—中间酒液排出管；

12—取样管；13—温度计；14—支脚；15—基柱；

16—锥底；17—锥底冷却夹套；18—底部酒液排出口；

19—麦汁进口、酒液进口、酵母排放口

**2）啤酒发酵罐**

20 世纪 50 年代以来，啤酒发酵装置像其他发酵罐的发展一样，向大型化、连续化、联合化和自动化的方向快速发展。迄今为止，使用的大型发酵罐容量已达 1 500 $m^3$。原来的开放式发酵槽已逐步被淘汰，不锈钢结构的密闭新型联合罐取得了长足进步和广泛应用，并且密闭罐也由原来的卧式圆筒形罐发展为立式圆筒体锥底发酵罐。

（1）圆筒体锥底发酵罐

圆筒体锥底发酵罐又叫奈坦罐（图 4.9），我国 1984 年后全面推广应用，已广泛用于啤酒生产。奈坦罐可以单独用于前发酵或后发酵，也可以将前发酵和后发酵合并在一罐中进行。它具有良好的适应性，还可以有效降低发酵时间，提高发酵效率，在国内外的啤酒发酵工厂得到了广泛使用。

奈坦罐罐体径高比一般为 1：（1.5 ～ 6），锥底内角一般为 60°～ 75°，排污时可使酵母顺利滑出。其罐身用不锈钢板或炭钢制作，用炭钢材料时，需要涂料作为保护层。罐的上部封头设有人孔、视镜、安全阀、压力表、$CO_2$ 排出口、真空阀等，人孔用于观察和维修罐内部，罐身还装有取样管和中、下两个温度计接管。已灭菌的新鲜麦芽汁和酵母由罐底部进入罐内，发酵过程中罐体通过冷却夹套维持适宜温度的发酵温度。冷却夹套可分为 2 ～ 4 段，视罐的径高比而定，罐锥体部分可设一段冷却夹套，锥形罐冷却夹套的形式有扣槽钢、扣角钢、扣半管、罐外缠无缝管、冷却夹套内加导向板及长形薄夹层螺旋环形冷却带等，效果较理想的是冷却夹套内加导向板和长形薄夹层螺旋环形冷却带。冷却夹套总传热面积与罐内发酵液体积之比，可使冷媒种类及冷却夹套的形式取 0.2 ～ 0.5 $m^2/m^3$。冷媒多采用乙二醇或乙醇溶液。

为了减少冷、热耗量，罐体一般加保温层，常用的保温材料为聚氨酯泡沫塑料、脲醛泡沫塑料、聚苯乙烯泡沫塑料或膨胀珍珠岩矿棉等,厚度根据当地的气候选定。如果采用聚氨酯泡沫塑料作保温材料,可以采用直接喷涂后,外层用水泥涂平。为了罐形美观和牢固,保温层外部可以加薄铝板外套,或镀锌铁板保护,外涂银粉。大型发酵罐和贮酒设备的洗涤,现在普遍使用自动清洗系统。该系统设有碱液罐、热水罐、甲醛溶液罐和循环用的管道和泵。

主发酵结束后沉积于锥底的酵母,可通过开启锥底阀门(一般为蝶阀)将酵母排出罐外,部分留作下次发酵使用,为了在后发酵过程中饱和 $CO_2$,罐底设有净化 $CO_2$ 充气管。为了回收发酵过程中微生物排出的 $CO_2$,罐应设计为密封的耐压罐,罐内最高工作压力视其用于前、后发酵而不同,在 $0.09 \sim 0.15$ MPa,设计压力为工作压力的 $1.33$ 倍,实际试压为工作压力的 $1.55$ 倍。

大型发酵罐在发酵完毕后放料速度很快,可能会形成一定的负压。另外,放罐后罐内可能留有一定的 $CO_2$ 气体,当对罐进行清洗时,清洗溶液中碱性物质能与 $CO_2$ 起反应而除去 $CO_2$ 气体,也会造成罐内真空。所以锥形罐应设有防止真空的真空安全阀。

(2)朝日罐

朝日罐是由日本(Asahi)啤酒公司于 1927 年试制成功的前发酵和后发酵合一的大型露天发酵罐,结构如图 4.10 所示,它采用了一种新的生产工艺,解决了沉淀困难,大大缩短了贮藏啤酒的成熟期。

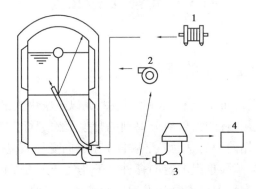

**图 4.10 朝日罐系统图示**
1—薄板换热器;2—循环泵;3—酵母离心;4—酵母;5—朝日罐

朝日罐为一罐底倾斜的平底柱形罐,用厚 $4 \sim 6$ mm 的不锈钢板制成,其直径与高度之比为 $1 : (1 \sim 2)$。罐身外部设有两段冷却夹套,底部也有冷却夹套,用乙醇溶液或液氨为冷媒。罐内设有可转动的不锈钢出酒管,可以使放出的酒液中 $CO_2$ 含量比较均匀。朝日罐发酵法的优点有:进行一罐法生产时,可以加速啤酒的成熟,提高设备的利用率,使罐容利用系数达到96% 左右;在发酵液循环时酵母分离,发酵液循环损失很少;可以减少罐的清洗工作,设备投资和生产费用比传统法要低。缺点是动力、冷冻能力消耗大。

## 4.2.4 生物反应器工程及应用前景

20 世纪初,出现了 200 $m^3$ 的钢质发酵罐,在面包酵母发酵中开始使用空气分布器和机械搅拌装置。1944 年,第一个大规模工业化生产青霉素的工厂投产,发酵罐体积 54 $m^3$,标志着发酵工业进入一个新的阶段。随后,机械搅拌、通气、无菌操作、纯种培养等一系列技术逐渐完善起来,并出现了耐高温在线连续测定的 pH 电极和溶氧电极,开始利用计算机进行发酵过程控制。1960—1979 年,机械搅拌通气发酵罐的容积增大到 80～150 $m^3$,由于大规模生产单细胞蛋白的需要,出现了压力循环和压力喷射型发酵罐,计算机开始在发酵工业中得到广泛应用。1979 年后,随着生物工程技术的迅猛发展,大规模细胞培养发酵罐应运而生。胰岛素、干扰素等基因工程的产品商品化,对发酵罐的严密性、运行可靠性的要求越来越高。发酵过程的计算机控制和自动化应用已十分普遍。pH 电极、溶氧电极、溶解 $CO_2$ 电极等在线检测在国外已相当成熟。

实验室研究型发酵罐一般为 1～50 L,其中 1.2～10 L 的实验室小型发酵罐可由玻璃制成。10 L 以上发酵罐由不锈钢材料制成。中试规模发酵罐一般为 50～5 000 L。生产规模发酵罐趋于大型化,例如废水处理 2 700 $m^3$ 发酵罐,单细胞蛋白 1 500 $m^3$ 发酵罐,啤酒 600 $m^3$ 发酵罐,柠檬酸 200 $m^3$ 发酵罐。

总之,高效发酵罐的特点有:设备简单,不易染菌;电耗少,单位时间单位体积的生产能力高;操作控制维修方便,生产安全;有良好的传质、传热和动量传递性能;检测功能全面,自动化程度高。

# 4.3　发酵工程工艺

## 4.3.1　发酵工业生产中的菌种

微生物资源非常丰富,广布于土壤、水和空气中,尤以土壤中为最多。有的微生物从自然界中分离出来就能够被利用,有的需要对分离到的野生菌株进行人工诱变,得到突变株才能被利用。当前发酵工业所用菌种的总趋势是从野生菌转向变异菌,从自然选育转向代谢控制育种,从诱发基因突变转向基因重组的定向育种。工业生产上常用的微生物主要是细菌、放线菌、酵母菌和霉菌,由于发酵工程本身的发展以及遗传工程的介入,藻类、病毒等也正在逐步地变为工业生产用的微生物。

### 1) 细菌

细菌是自然界中分布最广、数量最多的一类微生物,属单细胞原核生物,以较典型的二分分裂方式繁殖。细胞生长时,单环 DNA 染色质体被复制,细胞内的蛋白质等组分同时增加一倍,然后在细胞中部产生一横断间隔,染色质体分开,继而间隔分裂形成细胞壁,最后形成两个相同的子细胞。如果间隔不完全分裂就形成链状细胞。工业生产中常用的细菌有枯草芽孢杆菌、乳酸杆菌、醋酸杆菌、棒状杆菌、短杆菌等,用于生产淀粉酶、乳酸、醋酸、氨基酸和肌苷酸,等等。

### 2) 放线菌

放线菌以菌落呈放射状而得名,是呈菌丝状生长、主要以孢子繁殖和陆生性强的原核生物。放线菌一般分布在含水量较低、有机物丰富和呈微碱性的土壤环境中。泥土特有的"泥腥味"主要是由放线菌产生的。放线菌与人类的关系极为密切。根据 1978 年的统计,在当时已发现的 5 128 种抗生素中,有 3 165 种由放线菌所产生(占总数的 61.7%),链霉菌属又占放线菌中的首位(占放线菌产生的抗生素的 90% 以上)。常用的抗生素除青霉素和头孢霉素类外,绝大多数都是放线菌的产物。此外,放线菌还是酶类(葡萄糖异构酶、蛋白酶等)和维生素 $B_{12}$ 的产生菌。由于放线菌有很强的分解纤维素、石蜡、琼脂、角蛋白和橡胶等复杂有机物的能力,故它们在自然界物质循环和提高土壤肥力等方面有着重要的作用。

放线菌的菌体由菌丝体构成。菌丝体有两型:一型为基内菌丝体,又称营养菌丝体,长在培养基内或表面,其主要功能是吸收水分和营养物质。另一型为气生菌丝体,这是由基内菌丝分枝向培养基上空伸展的二级菌丝,气生菌丝体发育到一定阶段,在它上面形成孢子丝,然后形成孢子。放线菌虽然有良好的菌丝体,但无横隔,为单细胞。菌丝和孢子内不具有完整的核,没有核膜、核仁、线粒体等。因此,放线菌属于原核微生物。放线菌以无性方式繁殖,主要是形成孢子,也可通过菌丝断裂繁殖。放线菌生长到一定阶段,一部分气生菌丝分化为孢子丝,孢子丝成熟便形成许多孢子。发酵工业中常用的放线菌主要用于生产抗生素。如龟裂链霉菌产土霉素,金霉素链霉菌产四环素,灰色链霉菌产链霉素,红霉素链霉菌产红霉素。

### 3) 酵母菌

酵母菌为单细胞真核生物,在自然界中普遍存在,主要分布于含糖质较多的偏酸性环境中,如水果、蔬菜、花蜜和植物叶子上,以及果园土壤中。石油酵母较多地分布在油田周围的土壤中。酵母菌大多为腐生,常以单个细胞存在,以发芽形式进行繁殖。母细胞体积长到一定程度时就开始发芽,芽长大的同时母细胞缩小,在母子细胞间形成隔膜,最后形成同样大小的母子细胞。如果子芽不与母细胞脱离就形成链状细胞,称为假菌丝。工业上常用的酵母菌有啤酒酵母、假丝酵母、类酵母等,用于酿酒、制造面包、制造低凝固点石油、生产脂肪酶,以及生产可食用、药用和饲料用的酵母菌体蛋白等。

### 4) 霉菌

凡生长在营养基质上形成绒毛状、网状或絮状菌丝的真菌统称为霉菌。霉菌在自然界分布很广,大量存在于土壤、空气、水和生物体内外等处。它喜欢偏酸性环境,大多数为好氧性,多腐生,少数寄生。霉菌的繁殖能力很强,它以无性孢子和有性孢子进行繁殖,大多数以无性孢子繁殖为主。其生长方式是菌丝末端的伸长和顶端分枝,彼此交错呈网状。菌丝的长度既受遗传性的控制,又受环境的影响,其分枝数量取决于环境条件。菌丝或呈分散生长,或呈菌丝团状生长。工业上常用的霉菌有藻状菌纲的根霉、毛霉、犁头霉,子囊菌纲的红曲霉,半知菌类的曲霉、青霉等;用于生产多种酶制剂、抗生素、有机酸及甾体激素等。

### 5) 其他微生物

#### (1) 担子菌

所谓的担子菌,就是人们通常所说的菇类微生物。担子菌资源的利用正愈来愈引起人们的重视,如多糖、橡胶物质和抗癌药物的开发。近几年来,日本、美国的一些科学家对香菇的抗癌作用进行了深入的研究,发现香菇中的"β-糖苷酶"及两种糖类物质具有抗癌作用。

#### (2) 藻类

藻类是自然界分布极广的一大群自养微生物资源,许多国家已把它用作人类保健食品和饲料。培养螺旋藻,按干重计算每公顷可收获 60 t,而种植大豆每公顷才可获 4 t;从蛋白质产率看,螺旋藻是大豆的 28 倍。培养珊列藻,从蛋白质产率计算,每公顷珊列藻所得蛋白质是小麦的 20 ~ 35 倍。此外,还可通过藻类将 $CO_2$ 转变为石油,培养单胞藻或其他藻类而获得的石油,可占细胞干重的35%~50%,合成的油与重油相同,加工后可转变为汽油、煤油和其他产品。有的国家已建立培植单胞藻的农场,每年每公顷地培植的单胞藻按35%干物质为碳氢化合物(石油)计算,可得60 t石油燃料。此项技术的应用,还可减轻因工业生产而大量排放$CO_2$造成的温室效应。国外还有从"藻类农场"获取氢能的报道,大量培养藻类,利用其光合放氢作用来取得氢能。

### 4.3.2 培养基

培养基是提供微生物生长繁殖和生物合成各种代谢产物所需要的,按一定比例配制的多种营养物质的混合物。它的组成对于微生物生长繁殖、代谢合成、酶的活性及产量都有直接的影响。

**1)培养基的营养成分及功能**

微生物为了生长、繁殖需要从外界不断地吸收营养物质加以利用,从中获得能量并合成新的细胞物质,同时排出废物。我们研究微生物的营养,主要是为了了解微生物的营养特性和培养条件,以便进一步控制和利用它们,更好地为工业生产服务。微生物的营养活动,是依靠向外界分泌大量的酶,将周围环境中大分子的蛋白质、糖类、脂肪等营养物质分解成小分子化合物,再借助细胞膜的渗透作用,吸收这些小分子营养来实现的。因此,微生物所需要的营养物质主要是碳源、氮源、无机元素、生长因子及水、能源。

(1)水

水是培养基的主要组成成分。它既是构成菌体细胞的主要成分,又是一切营养物质传递的介质;而且,它还直接参与许多代谢反应。由于水是许多化学物质的良好溶剂,不同的水,如深井水、自来水、地表水所溶解的物质可能不同,这些物质将对发酵产生影响。因此水的质和量对微生物的生长繁殖和产物合成有着很重要的作用。生产中使用的水有深井水、自来水和地表水。

(2)碳源

碳源是作为微生物菌体成分和微生物代谢产物分子中碳元素来源的重要培养基成分,是用来供给产生菌体生命活动所需要的能量和构成菌体细胞以及各种代谢产物的物质基础。碳在细胞的干物质中约占50%,所以微生物对碳的需求最大。作为微生物营养的碳源物质种类很多,从简单的无机物($CO_2$、碳酸盐)到复杂的有机含碳化合物(糖、糖的衍生物、脂类、醇类、有机酸、芳香化合物及各种含碳化合物等)。但不同微生物利用碳源的能力不同,假单胞菌属可利用90种以上的碳源,甲烷氧化菌仅利用两种有机物,即甲烷和甲醇,某些纤维素分解菌只能利用纤维素。大多数微生物是异养型,以有机化合物为碳源。能够利用的碳源种类很多,其中糖类是最好的碳源。异养微生物将碳源在体内经一系列复杂的化学反应,最终用于构成细胞物质,或为机体提供生理活动所需的能量。所以,碳源往往也是能源物质。自养菌以$CO_2$、碳酸盐为唯一或主要的碳源。$CO_2$是被彻底氧化的物质,其转化成细胞成分是一个还原过程。因此,这类微生物同时需要从光或其他无机物氧化获得能量。这类微生物的碳源和能源分别属于不同物质。

(3)氮源

凡是构成微生物细胞的物质或代谢产物中氮元素来源的营养物质,称为氮源。细胞干物质中氮的含量仅次于碳和氧。氮是组成核酸和蛋白质的重要元素,氮对微生物的生长发育有着重要作用。从分子态的 $N_2$ 到复杂的含氮化合物都能够被不同微生物所利用,而不同类型的微生物能够利用的氮源差异较大。

固氮微生物能利用分子态 $N_2$ 合成自己需要的氨基酸和蛋白质,也能利用无机氮和有机氮化物,但在这种情况下,它们便失去了固氮能力。此外,有些光合细菌、蓝藻和真菌也有固氮作用。许多腐生细菌和动植物的病原菌不能固氮,一般利用铵盐或其他含氮盐作氮源。硝酸盐必须先还原为 $NH_4^+$ 后,才能用于生物合成。以无机氮化物为唯一氮源的微生物都能利用铵盐,但它们并不都能利用硝酸盐。有机氮源有蛋白胨、牛肉膏、酵母膏、玉米浆等,工业上能够用黄豆饼粉、花生饼粉和鱼粉等作为氮源。有机氮源中的氮往往是蛋白质或其降解产物。氮源一般只提供合成细胞质和细胞中其他结构的原料,不作为能源。只有少数细菌,如硝化细菌利用铵盐、硝酸盐作氮源和能源。

(4)无机盐

无机盐也是微生物生长所不可缺少的营养物质。其主要功能是:构成细胞的组成成分;作为酶的组成成分;维持酶的活性;调节细胞的渗透压、氢离子浓度和氧化还原电位;作为某些自养菌的能源。磷、硫、钾、钠、钙、镁等盐参与细胞结构组成,并与能量转移、细胞透性调节功能有关。微生物对它们的需求量较大( $10^{-4} \sim 10^{-3}$ mol/L),称为"宏量元素"。没有它们,微生物就无法生长。铁、锰、铜、钴、锌、钼等盐一般是酶的辅因子,需求量不大( $10^{-8} \sim 10^{-6}$ mol/L),称为"微量元素"。不同微生物对以上各种元素的需求量各不相同。铁元素介于宏量和微量元素之间。在配制培养基时,可通过添加有关化学试剂来补充宏量元素,其中首选是 $K_2HPO_4$ 和 $MgSO_4$,它们可提供需要量很大的元素:K、P、S 和 Mg。微量元素在一些化学试剂、天然水和天然培养基组分中都以杂质等状态存在,在玻璃器皿等实验用品上也有少量存在,所以,不必另行加入。

(5)生长因子

一些异养型微生物在一般碳源、氮源和无机盐的培养基中培养不能生长或生长较差。当在培养基中加入某些组织(或细胞)提取液时,这些微生物就生长良好,说明这些组织或细胞中含有这些微生物生长所必需的营养因子,这些因子称为生长因子。生长因子可定义为:某些微生物本身不能从普通的碳源、氮源合成,需要额外少量加入才能满足需要的有机物质,包括氨基酸、维生素、嘌呤、嘧啶及其衍生物,有时也包括一些脂肪酸及其他膜成分。各种微生物所需的生长因子不同,有的需要多种,有的仅需要一种,有的则不需要。一种微生物所需的生长因子也会随培养条件的变化而变化,如在培养基中是否有前体物质、通气条件、pH 和温度等条件,都会影响微生物对生长因子的需求。从自然界直接分离的任何微生物,在其发生营养缺陷突变前的菌株,均称为该微生物的野生型。绝大多数野生型菌株只需简单的碳源和氮源等就能生长,不需要添加生长因子;经人工诱变后,常会丧失合成某种营养物质的能力,在这些菌株生长的培养基中,必须添加某种氨基酸、嘌呤、嘧啶或维生素等生长因子。

(6)产物形成的诱导物、前体和促进剂

许多胞外酶的合成需要适当的诱导物存在。而前体是指被菌体直接用于产物合成而自身结构无显著改变的物质,如合成青霉素 G 的苯乙酸、合成红霉素的丙酸等。当前体物质的合成是产物合成的限制因素时,添加前体能增加这些产物的产量,并在某种程度上控制生物合成的方向。在有些发酵过程中,添加某些促进剂能刺激菌株的生长,提高发酵产量,缩短发酵周期。如四环素发酵中加入溴化钠和 M-促进剂(2-巯基苯骈噻唑),能抑制金霉素的生物合成,同时增加四环素产量。

**2)培养基的种类**

培养基的种类很多,可根据不同的依据来进行划分。

(1)根据培养基的营养来源划分

①天然培养基:采用天然的动植物原料配制而成,其化学成分不明确。用于异养型微生物的常规培养。

②合成培养基:用化学成分十分明确的物质配制而成。适合定量工作的研究。

③综合培养基:在合成培养基中加入某些天然成分的物质配制而成,是实验室中常用的培养基。

(2)根据培养基原物质状态划分

①液体培养基:在常温下呈液体状态的培养基。常用于摇瓶培养,观察微生物的生理生化和生长形式,也可以用于大规模生产,使微生物均匀弥散于液体中。

②固体培养基:在液体培养基中加入凝固剂或直接采用固体材料(如马铃薯等)与水和盐混合制成,还可以用能提供固体表面的滤膜制成。一般用于纯种分离、鉴定、计数、观察菌落形态、选种、育种、保藏菌种等方面。

(3)根据培养基用途划分

①基础培养基:可满足一般微生物野生型菌株最低营养要求而制成的培养基。

②增殖培养基(加富培养基):在基础培养基中加入额外的营养物质,促进某一类菌生长,抑制其他菌生长的培养基。主要用于培养某种或某类对营养要求苛刻的异养微生物。

③鉴别培养基:在基础培养基中加入某种物质(如指示剂)后就可以分出不同微生物类型的培养基。

④选择培养基:在基础培养基内加入某种杀菌作用的物质(如染色剂、抗生素等)后就可使某类微生物生长而其他微生物不能生长,使用这类培养基可以把某种或某类微生物从混杂的微生物群体中分离出来。

⑤活体培养基:是指用某些活的动植物体或离体的生活细胞来作为培养基,一般用于寄生菌的培养。

(4)根据生产目的来划分

①孢子培养基:孢子培养基是供制备孢子用的。要求此种培养基能使形成大量的优质孢子,但不能引起菌种变异。一般来说,孢子培养基中的基质浓度(特别是有机氮源)要低些,否则影响孢子的形成。无机盐的浓度要适量,否则影响孢子的数量和质量。孢子培养基的组成因菌种不同而异。生产中常用的孢子培养基有麸皮培养基,大(小)米培养基,由葡萄糖(或淀粉)、无机盐、蛋白胨等配制的琼脂斜面培养基等。

②种子培养基:种子培养基是供孢子发芽和菌体生长繁殖用的培养基。营养成分应是易被菌体吸收利用的,同时要比较丰富与完整。其中氮源和维生素的含量应略高些,但总浓度以略稀薄为宜,以便菌体的生长繁殖。常用的原料有葡萄糖、糊精、蛋白胨、玉米浆、酵母粉、硫酸铵、尿素、硫酸镁、磷酸盐等。培养基的组成随菌种而改变。发酵中种子质量对发酵水平

的影响很大,为使培养的种子能较快适应发酵罐内的环境,在设计种子培养基时要考虑与发酵培养基组成的内在联系。

③发酵培养基:发酵培养基是供菌体生长繁殖和合成大量代谢产物用的。要求此种培养基的组成丰富完整,营养成分浓度和黏度适中,利于菌体的生长,进而合成大量的代谢产物。发酵培养基的组成要考虑菌体在发酵过程中的各种生化代谢的协调,在产物合成期,使发酵液 pH 不出现大的波动。

### 4.3.3 发酵工艺

生物发酵工艺多种多样,但基本上包括菌种制备、种子培养、发酵和提取精制等下游处理几个过程。典型的发酵过程如图 4.11 所示。下面以霉菌发酵为例加以说明。

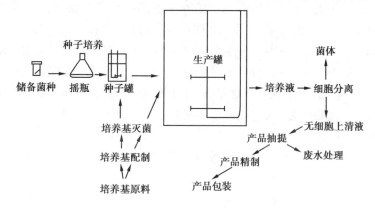

图 4.11 典型发酵基本过程示意图

**1)菌种**

在进行发酵生产之前,首先必须从自然界分离得到能产生所需产物的菌种,并经分离、纯化及选育后或是经基因工程改造后的"工程菌",才能供给发酵使用。为了能保持和获得稳定的高产菌株,还需要定期进行菌种纯化和育种,筛选出高产量和高质量的优良菌株。

**2)种子扩大培养**

种子扩大培养是指将保存在砂土管、冷冻干燥管或冰箱中处于休眠状态的生产菌种,接入试管斜面活化后,再经过茄子瓶或摇瓶及种子罐逐级扩大培养而获得一定数量和质量的纯种的过程。这些纯种培养物称为种子。发酵产物的产量与成品的质量,与菌种性能以及孢子和种子的制备情况密切相关。先将贮存的菌种进行生长繁殖,以获得良好的孢子,再用所得的孢子制备足够量的菌丝体,供发酵罐发酵使用。种子制备有不同的方式,有的从摇瓶培养开始,将所得摇瓶种子液接入种子罐进行逐级扩大培养,称为菌丝进罐培养;有的将孢子直接接入种子罐进行扩大培养,称为孢子进罐培养。采用哪种方式和多少培养级数,取决于菌种的性质、生产规模的大小和生产工艺的特点。种子制备一般使用种子罐,扩大培养级数通常为二级。种子制备的工艺流程如图 4.12 所示。对于不产孢子的菌种,经试管培养直接得到菌体,再经摇瓶培养后即可作为种子罐种子。

**3)发酵**

发酵是微生物合成大量产物的过程,是整个发酵工程的中心环节。它是在无菌状态下进

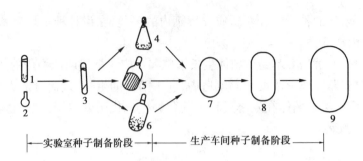

图 4.12　种子扩大培养流程图

1—砂土孢子;2—冷冻干燥孢子;3—斜面孢子;4—摇瓶液体培养(菌丝体);
5—茄子瓶斜面培养;6—固体培养基培养;7、8—种子罐培养;9—发酵罐

行纯种培养的过程。因此,所用的培养基和培养设备都必须经过灭菌,通入的空气或中途的补料都是无菌的,转移种子也要采用无菌接种技术。通常利用饱和蒸汽对培养基进行灭菌,灭菌条件是在 120 ℃(约 0.1 MPa 表压)维持 20～30 min。空气除菌则采用介质过滤的方法,可用定期灭菌的干燥介质来阻截流过的空气中所含的微生物,从而制得无菌空气。发酵罐内部的代谢变化(菌丝形态、菌浓、糖、氮含量、pH、溶氧浓度和产物浓度等)是比较复杂的,特别是次级代谢产物发酵就更为复杂,它受许多因素控制。

**4)下游处理**

发酵结束后,要对发酵液或生物细胞进行分离和提取精制,将发酵产物制成合乎要求的成品。

## 4.3.4　发酵操作方式

根据操作方式的不同,发酵过程主要有分批发酵、连续发酵和补料分批发酵三种类型。

**1)分批发酵**

分批发酵指的是一次性投入料液,经过培养基灭菌、接种后,在后续发酵过程中不再补入料液。传统的生物产品发酵多用此过程,它除了控制温度和 pH 及通气以外,不进行任何其他控制,操作简单。但从细胞所处的环境来看,则明显改变,发酵初期营养物过多可能抑制微生物的生长,而发酵的中后期可能又因为营养物减少而降低培养效率,从细胞的增殖来说,初期细胞浓度低,增长慢,后期细胞浓度虽高,但营养物浓度过低也长不快,总的生产能力不是很高。其优点是:对温度的要求低,工艺操作简单;比较容易解决杂菌污染和菌种退化等问题;对营养物的利用效率较高,产物浓度也比连续发酵要高。缺点是:人力、物力、动力消耗较大;生产周期较长,由于分批发酵时菌体有一定的生长规律,都要经历延滞期、对数生长期、稳定期和衰亡期,而且每批发酵都要经菌种扩大发酵、设备冲洗、灭菌等阶段;生产效率低,生产上常以体积生产率(以每小时每升发酵物中代谢产物的克数来表示)来计算效率,在分批发酵过程中,必须计算全过程的生产率,即时间不仅包括发酵时间,而且也包括放料、洗罐、加料、灭菌等时间。

分批发酵的具体操作如图 4.13 所示。首先是种子培养系统开始工作,即对种子罐用高压蒸汽进行空罐灭菌(空消),之后投入培养基再通高压蒸汽进行实罐灭菌(实消);然后接种,即接入用摇瓶等预先培养好的种子,进行培养。在种子罐开始培养的同时,以同样程序进行主培养罐的准备工作。对于大型发酵罐,一般不在罐内对培养基灭菌,而是利用专门的灭菌装置对培养基进行连续灭菌(连消)。种子培养达到一定菌体量时,即转移到主发酵罐中。发酵过程中要控制温度和pH,对于需氧微生物还要进行搅拌和通气。主罐发酵结束即将发酵液送往提取、精制工段进行后处理。根据不同发酵类型,每批发酵需要十几小时到几周时间。其全过程包括空罐灭菌、加入灭过菌的培养基、接种、培养的诱导期、发酵过程、放罐和洗罐,所需时间的总和为一个发酵周期。

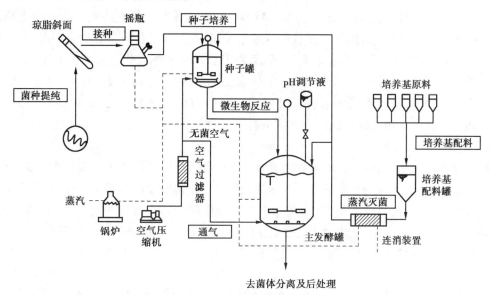

图4.13 典型的分批发酵工艺流程图

在分批培养条件下,随着细胞浓度和代谢物浓度的不断变化,微生物的生长过程可分为四个不同的阶段,即延迟期、指数生长期、稳定期和衰亡期。图4.14以细胞数目的对数值或生长速度为纵坐标,培养时间为横坐标所得的生长曲线。从曲线中,我们可以观察到生长繁殖过程的四个阶段。

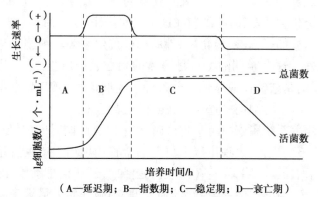

(A—延迟期;B—指数期;C—稳定期;D—衰亡期)

图4.14 微生物菌体生长的四个阶段

(1)延迟期

延迟期又称调整期,微生物培养的最初阶段,微生物刚接入新鲜培养液,细胞内各种酶系有一个适应过程。开始时菌体不裂殖,菌数不增加。经过一定时期,到了停滞期的后期时,酶系有了一定适应性,菌体生长发育到了一定程度,便开始进行细胞分裂,微生物的生长速度开始增长。这个时期的特点:生长速率常数为0;细胞变大或增长;RNA 含量增高,原生质呈嗜碱性;分裂迟缓、合成代谢活跃;对外界不良条件敏感。延迟期的长短与菌种、菌龄、培养条件有密切的关系。一般而言,细菌、酵母菌的延迟期较短,霉菌次之,放线菌最长。

(2)指数期

指数期又称生长旺盛期。细胞经过停滞期调整适应后,以最快的速度进行裂殖,细胞生长进入旺盛期,细菌以几何级数增加。细菌数的对数和培养时间成直线关系。细菌生长速度 $d(\lg B)/dt=k$ 为一个常数,故对数期也称等速生长期。在该期间内,营养物质丰富,生物体的生长、繁殖不受底物限制,生长速度最大,死菌数相对较小(实际工作中可略去不计)。这个时期的细胞代谢旺盛,生长迅速,个体形态、化学组成、生理特性等均较典型。对数期的细胞是发酵生产良好种子,研究细菌的形状最好选用此时期的细胞,病原菌此时期的致病力最强。对数期还是某些微生物初级代谢产物产生的时期。

(3)稳定期

稳定期又称平衡期,由于营养物质消耗及比例失调,代谢产物积累和 pH 等环境变化,逐步不适宜细菌生长,导致生长速率降低直至零(即细菌分裂增加的数量等于细菌死亡数量),结束对数生长期,进入稳定生长期,变菌体生长期为代谢产物合成期。稳定期的细胞从代谢活跃转为代谢活力钝化,主要生命大分子如 RNA、蛋白质的合成缓慢,细胞的形态开始发生改变。稳定期是发酵过程积累代谢产物的重要阶段,某些放线菌抗生素的大量合成也是在这个时期。

稳定期的长短与菌种和外界环境条件有关,生产上常常通过补料、调节 pH、调整稳定等措施,延长稳定期,以积累更多的代谢产物。

(4)衰亡期

稳定期后,营养物质近乎耗尽,细菌只能利用菌体内贮存物质或以死菌体作为养料,进行内源呼吸,维持生命,故也称内源呼吸期。此间,活细胞数目急剧下降,只有少数细胞能继续分裂,大多数细胞出现自溶现象并死亡。死亡速度超过分裂速度,生长曲线显著下降。在细菌形态方面,此时呈退化型较多,有些细菌在这个时期往往产生芽孢。细菌衰老并出现自溶,产生或释放出一些产物,如氨基酸、转化酶、外肽酶或抗生素等。细胞呈现多种形态,有时产生畸形,细胞大小悬殊。这个时期的特点是菌体的死亡大于出生,分解代谢多于合成代谢。细菌的生长曲线表明的是细菌在液体纯培养条件下的群体生长规律,掌握细菌生长曲线,不仅对发酵生产有指导作用,对细菌检查和控制也有重要意义。

综上所述,分批培养系统属于封闭系统,只能在一段有限的时间内维持微生物的增殖,微生物处在限制性条件下的生长,表现出以上典型的生长周期(图 4.14):培养基接种后,在一段时间内细胞浓度的增加常不明显,这一阶段为延滞期,延滞期是细胞在新的培养环境中表现出来的一个适应阶段。接着是一个短暂的加速期,细胞开始大量繁殖,很快到达指数生长期。在指数生长期,由于培养基中的营养物质比较充足,有害代谢物很少,所以细胞的生长不受限制,细胞浓度随培养时间呈指数增长,也称对数生长期。随着细胞的大量繁殖,培养基中的营养物质迅速消耗,加上有害代谢物的积累,细胞的生长速率逐渐下降,进入减速期。因营养物质耗尽或有害物质的大量积累,使细胞浓度不再增大,这一阶段为静止期或稳定期。在静止期,细胞的浓度达到最大值。最后由于环境恶化,细胞开始死亡,活细胞浓度不断下降,这一阶段为衰亡期。大多数分批发酵在到达衰亡期前就结束了。迄今为止,分批培养是常用的培养方法,广泛用于多种发酵过程。

2)连续发酵

连续发酵是在特定的发酵设备中进行的,在连续不断地输入新鲜无菌料液的同时,也连续不断地放出发酵液,从而使培养系统内培养液的量维持恒定,使微生物细胞能在近似恒定状态下生长的微生物发酵培养方式,连续发酵又称连续培养(图4.15)。它与封闭系统中的分批发酵方式相反,是在连续流加的系统中进行的培养方式。在连续发酵过程中,微生物细胞所处的环境条件,如营养物质的浓度、产物的浓度、pH以及微生物细胞的浓度、比生长速度等可以自始至终基本保持不变,甚至还可以根据需要来调节微生物细胞的生长速率。因此,连续发酵的最大特点是微生物细胞的生长速率、产物代谢均处于恒定状态,可以达到稳定、高速培养微生物细胞或产生大量代谢产物的目的(图4.16)。此外,对于细胞的生理或代谢规律的研究,连续发酵是一种重要的发酵手段。

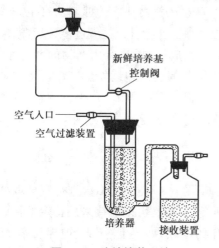

图4.15 连续培养系统

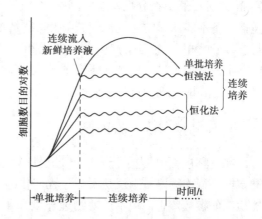

图4.16 分批发酵与连续发酵

连续发酵的方式和发酵罐的类型也是多种多样。主要是具有菌体再循环或不循环的单罐(级)连续发酵,与具有菌体再循环或不循环的多罐(级)连续发酵(图4.17)。连续发酵的优点:连续发酵的主要优势是简化了菌种的扩大培养、发酵罐的多次灭菌、清洗、出料,缩短了

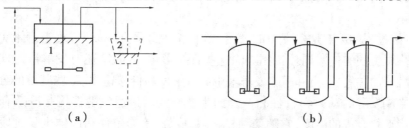

图4.17 搅拌罐式连续发酵系统

(a)单罐连续发酵;(b)多罐串联连续发酵

1—发酵罐;2—细胞分离器

(a)图中虚线部分表示带循环系统的流程

发酵周期,提高了设备利用率,降低了人力、物力的消耗,增加了生产效率,使产品更具有商业性竞争力。缺点:由于是开放系统,加上发酵周期长,容易造成杂菌污染。在长周期连续发酵中,微生物容易发生变异。对设备、仪器及控制元器件的技术要求较高。黏性丝状菌的菌体容易附着在器壁上生长和在发酵液内结团,给连续发酵操作带来困难。

**3)补料分批发酵**

补料分批发酵是介于分批培养和连续培养之间的操作方法,在发酵过程中一次或多次补入含有一种或多种营养成分的新鲜料液,以达到延长产物合成周期,提高产量的目的。补料在发酵过程中的应用,是发酵技术上的一个划时代的进步。补料技术本身也由少次多量、少量多次,逐步改为流加方式,近年来又实现了流加补料的微机控制。但是,发酵过程中的补料量或补料率在生产中还只是凭经验确定,带有一定的盲目性,很难同步满足微生物生长和产物合成的需要,也不可能完全避免基质的调控反应。因而,现在的研究重点在于如何实现补料的优化控制。

补料分批发酵作为分批发酵向连续发酵的过渡,兼有两者之优点,而且克服了两者之缺点。同传统的分批发酵相比,它的优越性是明显的:可以解除营养物基质的抑制。对于好氧发酵,它可以避免在分批发酵中因一次性投入糖过多造成细胞大量生长,耗氧过多,以致通风搅拌设备不能匹配的状况,还可以在某些情况下减少菌体生成量,提高有用产物的转化率。与连续发酵相比,它不会产生菌种老化和变异问题,其适用范围也比连续发酵广泛。运用补料分批发酵技术进行生产和研究的范围十分广泛,包括单细胞蛋白、氨基酸、生长激素、抗生素、维生素、酶制剂、有机溶剂、有机酸、核苷酸、高聚物等,几乎遍及整个发酵行业。

## 4.3.5 发酵工艺控制

在发酵过程中,为了能对生产过程进行必要的控制,需要对有关工艺参数进行定期取样测定或进行连续测量。反映发酵过程变化的参数可分两类:一类是可以直接采用特定的传感器检测的参数。它们包括反映物理环境和化学环境变化的参数,如温度、压力、搅拌功率、转速、泡沫、发酵液黏度、浊度、pH、离子浓度、溶解氧、基质浓度等,称为直接参数;另一类是至今尚难于用传感器来检测的参数,包括细胞生长速率、产物合成速率和呼吸熵等。这些参数需要根据一些直接检测出来的参数,借助于电脑计算和特定的数学模型才能得到。因此,这类参数被称为间接参数。上述参数中,对发酵过程影响较大的有温度、pH、溶解氧浓度、泡沫等。

**1)温度**

温度对发酵过程的影响是多方面的,它会影响各种酶反应的速率,改变菌体代谢产物的合成方向,影响微生物的代谢调控机制。除这些直接影响外,温度还对发酵液的理化性质产生影响,如发酵液的黏度、基质和氧在发酵液中的溶解度和传递速率、某些基质的分解和吸收速率等,进而影响发酵的动力学特性和产物的生物合成。最适发酵温度是既适合菌体的生长,又适合代谢产物合成的温度,它随菌种、培养基成分、培养条件和菌体生长阶段不同而改变。理论上,整个发酵过程中不应只选一个培养温度,而应根据发酵的不同阶段,选择不同的培养温度。在生长阶段,应选择最适生长温度,在产物分泌阶段,应选择最适生产温度。但实际生产中,由于发酵液的体积很大,升降温度都比较困难,所以在整个发酵过程中,往往采用一个比较适合的培养温度,使得到的产物产量最高,或者在可能的条件下进行适当的调整。

发酵温度可通过温度计或自动记录仪表进行检测,通过向发酵罐的夹套或蛇形管中通入冷水、热水或蒸汽进行调节。工业生产上,所用的大发酵罐在发酵过程中一般不需要加热,因发酵中释放了大量的发酵热,在这种情况下通常还需要加以冷却,利用自动控制或手动调整的阀门,将冷却水通入夹套或蛇形管中,通过热交换来降温,保持恒温发酵。

2)pH

pH对微生物的生长繁殖和产物合成的影响有以下几个方面:影响酶的活性,当pH抑制菌体中某些酶的活性时,会阻碍菌体的新陈代谢;影响微生物细胞膜所带电荷的状态,改变细胞膜的通透性,影响微生物对营养物质的吸收及代谢产物的排泄;影响培养基中某些组分和中间代谢产物的解离,从而影响微生物对这些物质的利用;pH不同,往往引起菌体代谢过程的不同,使代谢产物的质量和比例发生改变;另外,pH还会影响某些霉菌的形态。

发酵过程中,pH的变化取决于所用的菌种、培养基的成分和培养条件。培养基中营养物质的代谢,是引起pH变化的重要原因,发酵液的pH变化乃是菌体产酸和产碱代谢反应的综合结果。每一类微生物都有其最适的和能耐受的pH范围,大多数细菌生长的最适pH为$6.3\sim7.5$,霉菌和酵母菌为$3\sim6$,放线菌为$7\sim8$,而且微生物生长阶段和产物合成阶段的最适pH往往不一样,需要根据实验结果来确定。为了确保发酵的顺利进行,必须使各个阶段处于最适pH范围,这就需要在发酵过程中不断地调节和控制pH的变化。

首先需要考虑和试验发酵培养基的基础配方,使它们有适当的配比,使发酵过程中的pH变化在合适的范围内。如果达不到要求,还可在发酵过程中补加酸或碱。过去是直接加入酸(如$H_2SO_4$)或碱(如NaOH)来控制,现在常用的是以生理酸性物质$(NH_4)_2SO_4$和生理碱性物质氨水来控制,它们不仅可以调节pH,还可以补充氮源。当发酵液的pH和氨氮含量都偏低时,补加氨水,就可达到调节pH和补充氨氮的目的;反之,pH较高,氨氮含量又低时,就补加$(NH_4)_2SO_4$。此外,用补料的方式来调节pH也比较有效。这种方法,既可以达到稳定pH的目的,又可以不断补充营养物质。最成功的例子就是青霉素发酵的补料工艺,利用控制葡萄糖的补加速率来控制pH的变化,其青霉素产量比用恒定的加糖速率和加酸或碱来控制pH的产量高25%。目前已试制成功适合于发酵过程监测pH的电极,能连续测定并记录pH的变化,将信号输入pH控制器来指令加糖、加酸或加碱,使发酵液的pH控制在预定的数值。

3)**溶解氧**

对于好氧发酵,溶解氧浓度是最重要的参数之一。好氧性微生物深层培养时,需要适量的溶解氧以维持其呼吸代谢和某些产物的合成,氧的不足会造成代谢异常,产量降低。微生物发酵的最适氧浓度与临界氧浓度是不同的。前者是指溶解氧浓度对生长或合成有一最适的浓度范围,后者一般指不影响菌体呼吸所允许的最低氧浓度。为了避免生物合成处在氧限制的条件下,需要考察每一发酵过程的临界氧浓度和最适氧浓度,并使其保持在最适氧浓度范围。现在已可采用复膜氧电极来检测发酵液中的溶解氧浓度。要维持一定的溶氧水平,需从供氧和需氧两方面着手。在供氧方面,主要是设法提高氧传递的推动力和氧传递系数,可以通过调节搅拌转速或通气速率来控制。同时要有适当的工艺条件来控制需氧量,使菌体的生长和产物形成对氧的需求量不超过设备的供氧能力。已知发酵液的需氧量,受菌体浓度、基质的种类和浓度以及培养条件等因素的影响,其中以菌体浓度的影响最为明显。发酵液的摄氧率随菌体浓度增大而增大,但氧的传递速率随菌体浓度的对数关系而减少。因此可以控制菌的比生长速率比临界值略高一点,达到最适菌体浓度。这样既能保证产物的比生产速率维持在最大值,又不会使需氧大于供氧。这可以通过控制基质的浓度来实现,如控制补糖速率。除控制补料速度外,在工业上,还可采用调节温度(降低培养温度可提高溶氧浓度)、液化培养基、中间补水、添加表面活性剂等工艺措施,来改善溶氧水平。

### 4)泡沫

在发酵过程中,通气搅拌、微生物的代谢过程及培养基中某些成分的分解等,都有可能产生泡沫。发酵过程中产生一定数量的泡沫是正常现象,但过多的持久性泡沫对发酵是不利的。因为泡沫会占据发酵罐的容积,影响通气和搅拌的正常进行,甚至导致代谢异常,因而必须消除泡沫。常用的消泡沫措施有两类:一类是安装消泡沫挡板,通过强烈的机械振荡,促使泡沫破裂;另一类是使用消泡沫剂。发酵过程中各参数的控制很重要,目前发酵工艺控制的方向是转向自动化控制,因而希望能开发出更多更有效的传感器用于过程参数的检测。此外,对于发酵终点的判断也同样重要。生产不能只单纯追求高生产力而不顾及产品的成本,必须把二者结合起来。合理的放罐时间是由实验来确定的,根据不同的发酵时间所得的产物产量计算出发酵罐的生产力和产品成本,采用生产力高而成本又低的时间,作为放罐时间。确定放罐的指标有:产物的产量、过滤速度、氨基氮的含量、菌丝形态、pH、发酵液的外观和黏度等。发酵终点的确定,需要综合考虑这些因素。

## 4.4　发酵产物的获得

从发酵液中分离、精制有关产品的过程称为发酵生产的下游加工过程。这一工序的目的是用适当的方法和手段将含量较低的产物从反应液中提取出来(细胞外的产物)或从细胞中提取出来(指细胞内的产物),并加以精制以达到规定的质量要求。

### 4.4.1　发酵液的特征与发酵产物的分类

#### 1)发酵液的特征

发酵液是含有细胞、代谢产物和剩余培养基等多组分的多相系统,黏度很大,它的流体力学性质和一般典型溶液明显不同,不服从牛顿力学规律,所以被称为非牛顿流体,同时发酵液中往往有一些无机盐和非蛋白质分子的杂质以及色素、热源等有机杂质,除去杂质往往都很困难;再者发酵液中大部分是水,发酵产品在发酵液中浓度很低,除了酒精、柠檬酸等发酵产物的浓度在10%以上,其他均在10%以下,抗生素浓度在1%以下,并且常常与代谢产物、营养物质等大量杂质共存于细胞内或细胞外,形成复杂的混合物;而对于某些发酵产物而言,其具有很强的生物活性,遇热、极端pH、有机溶剂等会发生分解或失活,选择提取方案及提取溶剂时应慎重考虑;分批发酵时,生物菌种的变异大,各批发酵液中的成分也不尽相同,下游提取工序不能千篇一律,应有一定弹性。特别是对染菌的批号要酌情处理,以减少生产中的损失。

#### 2)发酵产物的分类

由于菌种、培养基以及发酵工艺不同,发酵产物各不一样,但从目前的发酵工业来看,目前所得到发酵产物大致分为 3 类。

①菌体细胞:这类发酵产物的类型是微生物菌体,比如各种酵母。

②代谢产物:发酵产物为发酵菌的代谢产物,包括抗生素、维生素、氨基酸、色素、有机酸等。基本上 90% 的氨基酸均通过发酵生产得到,应用于食品与医药工业;抗生素和甾体激素都是目前重要的医药品。

③酶:发酵产物为酶制剂,包括胞外酶和胞内酶。如各种淀粉酶、蛋白酶、脂肪酶等,这些酶在食品和轻工业以及药品等方面发挥了巨大的作用。

### 4.4.2 下游加工的一般流程和单元操作

**1)获得发酵产物的一般流程**

下游按生产过程的顺序分为四大框架步骤:发酵液的预处理和过滤、提取、精制、成品加工(图 4.18)。

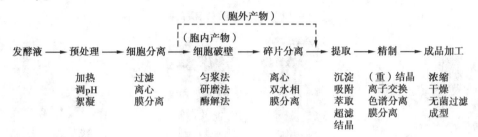

图 4.18 发酵液处理的流程

对发酵产品的要求不同,分离提纯的方法也相应有些区别。利用发酵工程生产的产品有菌种本身(如酵母菌和细菌)和菌种代谢产物两大类。如果产品是菌种,分离方法一般是通过过滤、沉淀从培养液中将菌种分离出;如果产品是代谢产物,则采用蒸馏、萃取、离子交换等方法提取;如果产物是菌体本身,则可以用离心沉淀或板框压滤法使菌体与发酵液分开,也可以用喷雾干燥法直接做成粉剂。若发酵的最后产品纯度要求高,则下游加工过程会成为许多发酵生产中最重要而成本费用最高的环节,如抗生素、乙醇、柠檬酸等分离和精制占整个工厂投资的 60% 左右。发酵生产中因缺乏合适的、经济的下游处理方法而不能投入生产的例子是很多的,因此下游加工技术越来越受到人们的重视。

**2)获得发酵产物的主要步骤**

**(1)发酵液预处理和固液分离**

发酵液的预处理和固液分离是下游加工的第一步。若所需的产物在发酵液中,则可以直接用过滤和离心的方法除去菌体和杂质。若所需的产物在发酵液中,则可以直接用过滤和离心的方法除去菌体和杂质;若提取的产物存在于细胞内,还需先对细胞进行破碎。细胞破碎的方法有机械法、生物法和化学法,大规模生产中的细胞破碎方法常用高压匀浆器和球磨机。

①发酵液预处理:预处理的目的是改善发酵液的性质,以利于固液分离,常用酸化、加热、加絮凝剂等方法。

②固液分离:常用到过滤、离心等方法。其设备有单、多袋过滤机(图 4.19、图 4.20)和高速固液分离机(图 4.21)。

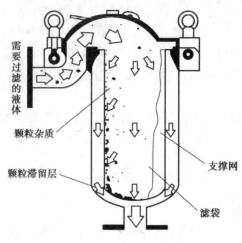

图4.19 袋式过滤系统横剖面

图4.20 单、多袋过滤机

图4.21 高速固液分离机

（2）提取

经上述步骤处理后，活性物质存在于滤液中，滤液体积很大，浓度很低，则需进行提取，提取目的主要是浓缩，也有一些纯化作用。常用的方法有以下几种。

①吸附法：对于抗生素等小分子物质可用吸附法，常用活性炭、白土、氧化铝、树脂等作为吸附剂，由于吸附性能不稳定，往往要求新型的吸附材料。现在常用的吸附剂为大网格聚合物。

②离子交换法：离子交换法也主要用于小分子的提取。一般极性化合物则可用离子交换法提取，如链霉素是强碱性物质，可用弱酸性树脂来提取。该法亦可用于精制。

③沉淀法：沉淀法是工业发酵中最常用和最简单的一种提取方法，是利用某些发酵产品能和某些酸、碱或盐形成不溶性的盐或复合物从发酵滤液或浓缩滤液中沉淀下来或结晶析出的一类提炼方法。目前广泛用于蛋白质、氨基酸、酶制剂及抗生素发酵的提取。常用盐析、等电点沉淀、有机溶剂沉淀和非离子型聚合物沉淀等方法。沉淀法也用于些小分子物质的提取。

④萃取法：萃取法是提取过程中的一种重要方法，包括溶剂萃取、两水相萃取、超临界流体萃取、逆胶束萃取等方法，其中溶剂萃取法仅用于抗生素等小分子生物物质而不能用于蛋

白质的提取,而两水相萃取则仅适用于蛋白质的提取,小分子物质不适用。

⑤膜过滤法:包括微滤、超滤、纳滤、反渗透四种方法。超滤法是利用一定截断分子量的超滤膜进行溶质的分离或浓缩,可用于小分子提取中去除大分子杂质和大分子提取中的脱盐浓缩等。

(3)精制

经初步纯化后,滤液体积大大缩小,但纯度提高不多,需要进一步精制。初步纯化中的某些操作,如沉淀、超滤等也可应用于精制中。大分子(蛋白质)精制依赖于层析分离,小分子物质的精制常利用结晶方法。

①层析分离:利用物质在固定相和移动相之间分配情况不同,进而在层析中的运动速度不同,而达到分离的目的。根据分配机理不同,分为凝胶层析、离子交换层析、聚焦层析、疏水层析、亲和层析等几种类型。层析分离中的主要困难之一是层析介质的机械强度差,研究生产优质层析介质是下游加工的重要任务之一。

②结晶:先决条件是溶液要达到过饱和。要达到过饱和可以通过调 pH、溶剂蒸发或溶液冷却等方法实现。结晶主要应用于低分子质量的纯化,如抗生素、柠檬酸、氨基酸、核苷酸以及酶制剂等。

(4)成品加工

经提取和精制后,一般根据产品应用的要求,最后还需要浓缩、无菌过滤和去热源、干燥、加稳定剂等加工步骤。随着膜质量的改进和膜装置性能的改善,下游加工过程各个阶段,将会越来越多地使用膜技术。浓缩可采用升膜或降膜式的薄膜蒸发,对热敏感性物质,可用离心薄膜蒸发,对大分子溶液的浓缩可用超滤膜,小分子溶液的浓缩可用反渗透膜。如果最后要求的是结晶性产品,则上述浓缩、无菌过滤等步骤应放于结晶之前。

干燥则通常是固体产品加工的最后一道工序。干燥方法根据物料性质、物料状况及当地具体条件而定,可选用真空干燥、沸腾干燥、气流干燥、喷雾干燥和冷冻干燥等方法。

## 4.5 固态发酵

某些微生物生长需水很少,可利用疏松而含有必需营养物的固体培养基进行发酵生产,称为固体发酵。我国传统的酿酒、制酱及天培(大豆发酵食品)的生产等均为固体发酵。另外,固体发酵还用于蘑菇的生产,奶酪、泡菜的制作以及动植物废料的堆肥等(表4.1)。固体发酵所用原料一般为经济易得、富含营养物质的工农业副、废产品,如麸皮、薯粉、大豆饼粉、高粱、玉米粉等。根据需要有的还对原料进行粉碎、蒸煮等预加工以促进营养物吸收,改善发酵生产条件,有的需加入尿素、硫酸铵及一些无机酸、碱等辅料。

表4.1　固体发酵实例

| 例　子 | 原　料 | 所用微生物 |
|---|---|---|
| 蘑菇生产 | 麦秆、粪肥 | 双孢蘑菇、埃杜香菇等 |
| 酱油 | 黄豆、小麦 | 米曲霉 |
| 大豆发酵食品 | 大豆 | 寡孢根霉 |
| 干酪 | 凝乳 | 娄格法尔特氏青霉 |
| 堆肥 | 混合有机材料 | 真菌、细菌、放线菌 |
| 花生饼素 | 花生饼 | 嗜食链孢霉 |
| 酶 | 麦麸等 | 黑曲霉 |

　　固体发酵一般都是开放式,因而不是纯培养,无菌要求不高,它的一般过程为:将原料预加工后再经蒸煮灭菌,然后制成含一定水分的固体物料,接入预先培养好的菌种,进行发酵。发酵成熟后要适时出料,并进行适当处理,或进行产物的提取。根据培养基的厚薄可分为薄层和厚层发酵,用到的设备有帘子、曲盘和曲箱等。薄层固体发酵是利用木盘或苇帘,在上面铺1~2 cm厚的物料,接种后在曲室内进行发酵;厚层固体发酵是利用深槽(或池),在其上部架设竹帘,帘上铺一尺多厚的物料,接种后在深槽下部给予通气进行发酵。

　　固体发酵所需设备简单,操作容易,并可因陋就简、因地制宜地利用一些来源丰富的工农业副产品,因此至今仍在某些产品的生产上不同程度地沿用。但是这种方法又有许多缺点,如劳动强度大、不便于机械化操作、微生物品种少、生长慢、产品有限等。因此目前主要的发酵生产多为液体发酵。

**• 本章小结 •**

　　发酵工程是一门具有悠久历史,又融合了现代科学的技术,是现代生物技术的组成部分。本章主要介绍发酵工程的基本内容和基本原理,重点介绍了工业用的微生物资源、发酵培养基的组成、发酵产物类型、发酵的一般过程、发酵过程的操作类型及工艺控制、常用发酵设备以及发酵产物的提取和精制过程等。

**复习思考题**

1. 简述发酵工程应用及发展前景。
2. 发酵培养基由哪些成分组成?
3. 比较分批发酵、连续发酵和补料分批发酵的优缺点。
4. 发酵产品处理过程分为哪几个步骤? 相应的分离方法有哪些?
5. 影响发酵的主要因素有哪些?

# 第 5 章

# 酶工程

📖【知识目标】
- 了解酶工程技术的研究意义及发展现状；
- 了解酶发酵生产的菌种选育环节；
- 掌握酶分子的修饰的概念及其类型。

📖【技能目标】
- 了解酶的基础知识和酶工程的概念；
- 掌握酶发酵生产的菌种选育、酶发酵生产工艺技术；
- 了解酶的修饰改造、酶反应器和生物传感器的原理及应用等。

# 5.1 概　述

## 5.1.1　酶的概念及酶的研究意义

酶是一种生物催化剂。它具有作用专一性强、催化效率高等特点,能在常温常压和低浓度条件下进行复杂的生化反应。按照化学组成,可以分为蛋白质类酶(P 酶)和核酸类酶(R 酶)。蛋白质类酶主要由蛋白质组成,核酸类酶主要由核糖核酸(RNA)组成。

酶是由细胞产生的具有催化作用的生物大分子物质,大部分存在于细胞体内,少部分可分泌到细胞外。一切生物的生命活动都是以新陈代谢为基础,而代谢中的各种化学反应是由各种酶的催化来实现的。没有酶,代谢就全部停止,生命也就终止。

在生命活动过程中,个别酶的缺乏或者酶活性受到抑制,就会使新陈代谢受阻或紊乱,从而引起疾病。例如,某些儿童由于缺少苯丙氨酸羟化酶而产生严重的苯基酮尿症。这是因为苯丙氨酸羟化酶的缺乏,使苯丙氨酸正常的降解途径受阻,而改变成为另一条降解途径,即苯丙氨酸与 $\gamma$ 酮戊二酸发生转氨反应,产生苯丙酮酸。此物质积累在血液中,最后由尿排出体外。血液中过量的苯丙酮酸妨碍儿童大脑的正常发育,造成严重的智力迟钝。又如,有机磷农药能抑制胆碱酯酶活性,具有能杀死害虫的作用,同样也可使人畜中毒死亡。因此,研究酶的结构与功能以及动力学,对于阐明生命的本质和活动规律,阐明发病机制以及诊断治疗,具有极其重要的意义。

1970 年,美国学者史密斯(Smith)等从细菌中分离出能识别特定核苷酸序列,且切点专一的限制性内切酶,命名为 *Hind* Ⅱ。用该酶降解病毒 SV40 DNA(脱氧核糖核酸),排序绘制了酶切图谱。从此,*Hind* Ⅱ成为分子克隆技术中不可缺少的工具酶,史密斯等因此荣获 1979 年诺贝尔生理学或医学奖。限制性内切酶、DNA 聚合酶、DNA 连接酶等的发现和应用促进了DNA 重组技术的诞生,推动了基因工程的发展。

生物工程又称生物技术或生物工艺学,是 20 世纪 70 年代发展起来的一门新的综合性技术学科。它综合性地运用生物学、化学和工程学的技术,改造现有物种,创造新物种,分离和改造生物体中的某些组分(如酶、蛋白质、核酸、细胞器等),利用生物体的某些特殊功能(如酶的催化功能、抗体的免疫功能等),从而为工农业生产以及医疗卫生服务。

生物技术的发展,将促进工农业生产的根本变革,对人类生产和生活将产生深远的影响。世界各国都在大力开展生物技术研究,我国也将其列为国家重点研究课题。现在,用生物技术手段生产的贵重生化药物,如人胰岛素、干扰素、乙肝疫苗、生长激素等已经上市,并产生了巨大的经济效益和社会效益。

通常,把生物工程主要分为发酵工程(微生物工程)、酶工程、基因工程和细胞工程四个分支,它们相互依存,相互渗透,相互促进。酶工程已成为生物工程的重要组成部分。

酶和酶工程的研究已深刻影响生物化学以至整个生物学领域,有力地推动了工业、农业、医药、食品、能源、环保等多个行业的发展。

### 5.1.2 酶的研究简史

据有关资料记载,我国早在 4 000 多年前就已经掌握了酿酒技术,在 3 000 多年前就会制造饴糖、食酱等食品,在 2 500 多年前就能利用曲治疗消化不良等疾病。我们的祖先在生产和生活过程中就已经无意识地利用酶的催化作用来制造食品和治疗疾病。但人类真正认识酶和有目的地利用酶是从 19 世纪 30 年代开始的。100 多年来,人类对酶的认识和利用经历了一个不断发展、逐步深入的过程。

1833 年,佩恩(Payen)和帕索兹(Persoz)从麦芽的水抽提物中,用乙醇沉淀得到一种可使淀粉水解生成可溶性糖的物质,称为淀粉酶(diastase)。并指出了它的热不稳定性,初步触及了酶的一些本质问题,所以,佩恩和帕索兹被认为是酶的发现者。

1878 年德国昆尼(Kuhne)首先将酵母中进行乙醇发酵的物质称为 Enzyme。Enzyme 来自希腊文,意为"在酵母中",中文译为酶。

1896 年,德国学者巴克纳(Buchner)兄弟发现酵母的无细胞抽提液也能将糖发酵成乙醇。这就表明酶不仅在细胞内,而且在细胞外也可以在一定的条件下进行催化作用。其后,不少科技工作者对酶的催化特性和催化作用的理论进行了广泛的研究。巴克纳兄弟被认为是酶学研究的开创者。

1902 年,亨利(Henri)根据蔗糖酶催化蔗糖水解的实验结果,提出中间产物学说,认为底物在转化成产物之前,必须首先与酶形成中间复合物,然后再转变为产物,并重新释放出游离态的酶,即

$$E+S \underset{k_{-1}}{\overset{k_1}{\rightleftharpoons}} ES \overset{k_2}{\Longrightarrow} E+P$$

1913 年,米彻利斯(Michaelis)和曼吞(Menton)根据中间产物学说,推导出酶催化反应的基本动力学方程——米氏方程:

$$V = \frac{V_m[S]}{K_m+[S]}$$

在这近 100 年中,人们认识到"酶是生物体产生的具有生物催化功能的物质",但是尚未搞清楚究竟是哪一类物质。1920 年,德国化学家威尔斯塔特(Willstater)将过氧化物酶纯化 12 000 倍,酶活性很高,但是检测不到蛋白质,所以认为酶不是蛋白质。这是由于当时的检测技术较为落后所致。

1926 年,萨姆纳(Sumner)首次从刀豆提取液中分离纯化得到脲酶结晶,并证明它具有蛋白质的性质。后来对一系列酶的研究,都证实酶的化学本质是蛋白质。在此后的 50 多年中,人们普遍接受了"酶是具有生物催化功能的蛋白质"这一概念。

1960 年,雅各布(Jacob)和莫诺德(Monod)提出操纵子学说,阐明了酶生物合成的基本调节机制;1963 年,牛胰核糖核酸酶 A 的一级结构被确定;1965 年,蛋清溶菌酶的空间结构被阐明;1969 年,核糖核酸酶的人工合成取得成功。这一系列成果推动了酶学的迅速发展。

1982 年,切赫(Cech)等发现四膜虫细胞的 26S rRNA 前体具有自我剪接功能。该 RNA 前体约有 6 400 个核苷酸,含有 1 个内含子(或称为间隔序列)和 2 个外显子,在成熟过程中,通过自我催化作用,将间隔序列切除(内含子),并使 2 个外显子连接成成熟的 RNA,这个过

程称为剪接。这种剪接不需要蛋白质存在,但必须有鸟苷或 5′–GMP 和镁离子参与。切赫将之称为自我剪接反应,认为 RNA 亦具有催化活性,并将这种具有催化活性的 RNA 称为核酸类酶(ribozyme)。

1983 年,阿尔特曼(Altman)等发现核糖核酸酶 P 的 RNA 部分 M1 RNA 具有核糖核酸酶 P 的催化活性,可以在高浓度镁离子的存在条件下,单独催化 tRNA 前体从 5′端切除某些核苷酸片段成为成熟的 tRNA,而该酶的蛋白质部分 $C_5$ 蛋白却没有酶活性。RNA 具有生物催化活性这一发现,改变了有关酶的概念,被认为是最近 20 多年来生物科学领域最令人鼓舞的发现之一。为此,切赫和阿尔特曼共同获得 1989 年诺贝尔化学奖。

20 多年来,新发现的核酸类酶越来越多。现在知道,核酸类酶具有自我剪接、自我剪切和催化分子间反应等多种功能,作用底物有 RNA、DNA、糖类、氨基酸酯等。研究表明,核酸类酶具有完整的空间结构和活性中心,有独特的催化机制,具有很高的底物专一性,其反应动力学符合米氏方程的规律。可见,核酸类酶具有生物催化剂的所有特性,是一类由 RNA 组成的酶。由此引出"酶是具有生物催化功能的生物大分子(蛋白质或 RNA)"的新概念。即酶有两大类别:一类主要由蛋白质组成,称为蛋白质类酶(P 酶);另一类主要由核糖核酸组成,称为核酸类酶(R 酶)。

1986 年,斯可特斯(Schultz)和雷尼尔(Learner)两个研究小组报道,用事先设计好的过渡态类似物作半抗原,按标准单克隆抗体制备法获得了具有催化活性的抗体,即抗体酶(abzyme)。这一重要突破为酶的结构与功能研究、抗体与酶的应用开辟了新的研究领域。

迄今,人类已发现生物体内存在的酶有近 8 000 种,而且每年都有新酶发现。其中有数百种酶已纯化达到均一纯度,有 200 多种酶得到了结晶。弄清了溶菌酶(129 个氨基酸残基)、胰凝乳蛋白酶(245 氨基酸残基)、羧肽酶(307 氨基酸残基)、多元淀粉酶 A(460 氨基酸残基)等的结构和作用机制。

### 5.1.3　酶工程技术

所谓酶工程,就是在一定的生物反应器中,利用酶的催化作用,将相应的原料转化成有用物质的技术。酶工程在生物工程中占极其重要的地位,没有酶的作用,任何生物工程技术都不能实现。概括地说,酶工程包括酶制剂的生产和应用两个方面。

虽然已知酶的种类有 7 000 多种,但实际已被运用于工业生产的仅 10 余种。已经能够实现工业化生产的酶有淀粉酶、糖化酶、蛋白酶、葡萄糖异构酶等,其中碱性蛋白酶用于加酶洗涤剂,占酶销售额的首位,青霉素固化用于医疗,占世界用量的第二位。

初期酶制剂主要来源于动植物材料,现在酶的来源主要来自微生物。生产酶制剂的过程包括酶的产生、提取、纯化和固定化等步骤。

**1)酶的产生、提取和纯化**

**(1)酶的产生**

酶普遍存在于动物、植物和微生物体内。人们最早是从动植物的器官和组织中提取的。例如,从胰脏中提取蛋白酶,从麦芽中提取淀粉酶;现在,酶大都来自微生物发酵生产,这是因为同植物和动物相比,微生物具有容易培养、繁殖速度快和便于大规模生产等优点。只要提供必要的条件,就可以利用微生物发酵来生产酶。

（2）酶的提取和纯化

从微生物、动植物细胞中得到含有多种酶的提取液后，为了从混合液中获得所需要的某一种酶，必须将提取液中的其他物质分离，以获得纯化酶的目的。

2）酶的固定化

酶固定化技术是先将纯化的酶连接到一定的载体上，使用时将被固定的酶投放到反应溶液中，催化反应结束后又能将被固定的酶回收。

固定化酶的技术于1969年在日本首先研制成功，现在该方法已经应用到多种酶的生产中。固定化酶一般是呈膜状、颗粒状或粉状的酶制剂，它在一定的空间范围内催化底物反应。

3）固定化细胞

利用胞内酶制作固定化酶时，先要把细胞打碎，才能将里面的酶提取出来，这就增加了酶制剂生产的工序和成本。直接固定细胞同样可以提供所需的酶（胞内酶），因此固定化细胞同样可以代替酶进行催化反应。例如，将酵母细胞吸附到多孔塑料的表面上或包埋在琼脂中，制成的固定化酵母细胞，可用于酒类的发酵生产。

### 5.1.4 酶制剂的应用

自19世纪末德国生物学家毕希纳（Edward Buchner）证明酵母无细胞提取液能使糖发酵产生酒精（1896年巴克纳兄弟），第一次提出酶（1878年昆尼首先把这种物质称为酶）的名称以来，人类已经发现并鉴定出数千种酶。酶作为一种生物催化剂，已经被广泛地应用于工农业的各个生产领域。近几十年来，随着酶工程的迅猛发展，酶在生物工程、生物传感器、环境保护、生物制药、食品加工、生物能源等方面的应用也日益扩大。

1）酶制剂在食品方面的应用

酶在食品工业中最大的用途是淀粉加工，其次是乳品加工、果汁加工、烘烤食品及啤酒发酵。与之有关的各种酶如淀粉酶、葡萄糖异构酶、乳糖酶、凝乳酶、蛋白酶等占酶制剂市场的一半以上。酶在食品工业中的应用见表5.1。

表5.1 酶在食品工业中的应用

| 酶 名 | 来 源 | 主要用途 |
|---|---|---|
| α-淀粉酶 | 枯草杆菌、米曲霉、黑曲霉 | 淀粉液化，制造糊精、葡萄糖、饴糖、果葡糖浆 |
| β-淀粉酶 | 麦芽、巨大芽孢杆菌、多黏芽孢杆菌 | 制造麦芽，啤酒酿造 |
| 糖化酶 | 根霉、黑曲霉、红曲霉、内孢霉 | 淀粉糖化，制造葡萄糖、果葡糖浆 |
| 异淀粉酶 | 气杆菌、假单胞杆菌 | 制造直链淀粉、麦芽糖 |
| 蛋白酶 | 胰脏、木瓜、枯草杆菌、霉菌 | 啤酒澄清，水解蛋白质、多肽、氨基酸 |
| 右旋糖酐酶 | 霉菌 | 糖果生产 |
| 果胶酶 | 霉菌 | 果汁、果酒的澄清 |
| 葡萄糖异构酶 | 放线菌、细菌 | 制造果葡糖浆、果糖 |
| 葡萄糖氧化酶 | 黑曲霉、青霉 | 蛋白质加工、食品保鲜 |
| 柑苷酶 | 黑曲霉 | 水果加工，去除橘汁苦味 |

续表

| 酶　名 | 来　源 | 主要用途 |
|---|---|---|
| 橙皮苷酶 | 黑曲霉 | 防止柑橘罐头及橘汁出现浑浊 |
| 氨基酰化酶 | 霉菌、细菌 | 由 DL-氨基酸生产 L-氨基酸 |
| 天冬氨酸酶 | 大肠杆菌、假单胞杆菌 | 由反丁烯二酸制造天冬氨酸 |
| 磷酸二酯酶 | 橘青霉、米曲霉 | 降解 RNA,生产单核苷酸用作食品增味剂 |
| 色氨酸合成酶 | 细菌 | 生产色氨酸 |
| 核苷磷酸化酶 | 酵母 | 生产 ATP |
| 纤维素酶 | 木霉、青霉 | 生产葡萄糖 |
| 溶菌酶 | 蛋清、微生物 | 食品杀菌保鲜 |

目前,帮助和促进食物消化的酶制剂已成为食品加工市场发展的主要方向,包括促进蛋白质消化的酶(菠萝蛋白酶、胃蛋白酶、胰蛋白酶等),促进纤维素消化的酶(纤维素酶、聚糖酶等),促进乳糖消化的酶(乳糖酶)和促进脂肪消化的酶(脂肪酶、酯酶)等。

**2) 酶在轻化工业方面的应用**

酶在轻化工业中的用途主要包括:洗涤剂制造(增强去垢能力)、毛皮工业、明胶制造、胶原纤维制造(黏结剂)、牙膏和化妆品的生产、造纸、感光材料生产、废水废物处理和饲料加工等。在洗涤剂工业、纺织工业、制革工业中应用的酶见表5.2。

表5.2　酶在轻化工业中的应用

| 应用领域 | 使用的酶 | 用途及注意事项 |
|---|---|---|
| 洗涤剂工业(加酶洗衣粉等) | 碱性蛋白酶类 | 易于洗去衣物上的血渍、奶渍等污渍,加酶洗衣粉不能用于丝、毛等天然蛋白质纤维类织品的洗涤 |
| | 淀粉酶类 | 餐厅洗碗机的洗涤剂,用于去除难溶的淀粉残迹等 |
| 纺织工业 | 淀粉酶 | 广泛应用于纺织品的褪浆,其中细菌淀粉酶能忍受 $100 \sim 110$ ℃ 的高温操作条件 |
| | 纤维素酶 | 代替沙石洗工艺处理制作牛仔服的棉布,提高牛仔服质量 |
| 制革工业 | 胰蛋白酶类 | 除去毛皮中特定蛋白质使皮革软化,也可用于皮革脱毛 |

**3) 酶在医学方面的应用**

重组 DNA 技术促进了各种有医疗价值的酶的大规模生产,用于临床的各类酶品种逐渐增加。酶除了用作常规治疗外,还可作为医学工程的某些组成部分而发挥医疗作用。如在体外循环装置中,利用酶清除血液废物,防止血栓形成和体内酶控药物释放系统等;另外,酶作为临床体外检测试剂,可以快速、灵敏、准确地测定体内某些代谢产物,也将是酶在医疗上的一个重要应用。

**4) 酶在环境保护方面的应用**

以物理、化学法为主要的环境监测手段的传统方法在样品的快速取样处理、对被污染环境底物及生物样品的即时分析等方面有着明显的局限性,如实验成本高,检测速度慢等原因,限制了对一些需要即时分析及有预算限制样品的分析。环境生物传感器是以酶、微生物、DNA、抗原或抗体等具有生物活性的生物材料作分子识别元件,将外界对其理化性质的影响转化成电磁信号的装置,可用于快速、精确、简便地检测特定环境污染物。

当前在各个领域中使用的各种高分子材料,绝大多数都是非生物降解或不完全生物降解的材料,这些材料已经成为人们生活的必需品。但是,它们被使用后给人们的日常生活及社会带来了诸多的不便和危害,如外科手术的拆线、塑料的环境污染等。一般认为,除了一些天然高分子化合物(纤维素、淀粉)外,只含有碳原子链的高分子(如聚乙烯醇)是可生物降解的。另外,聚环氧乙烷、聚乳酸和聚己内酯以及脂肪族的多羧酸和多功能基醇所形成的聚合物也是可生物降解的,这里包括聚酯类和聚糖类高分子。

#### 5) 酶在生物技术领域中的应用

几丁质酶作用于几丁质催化,水解成 N-乙酰-D-葡萄糖胺,广泛存在于微生物、植物和昆虫等生物体内。因许多病原菌和昆虫以几丁质作为基本结构成分,故利用产几丁质酶的微生物对许多植物致病菌有很强的控制能力。有研究表明,几丁质酶与昆虫或甲壳动物的蜕皮也有密切关系,利用几丁质酶抑制剂对昆虫外壳的形成有抑制作用能使昆虫或甲壳动物致杀。几丁质酶在害虫防治中的应用,主要是作为 Bt 制剂和昆虫病毒制剂的添加剂,如将环状芽孢杆菌几丁质酶粗制剂加入 BtK 制剂,提高对小菜蛾的毒杀能力;淡紫拟青霉几丁质酶则是一种对植物线虫有生防活性的酶。

1972 年,伯格把两种病毒的 DNA 用同一种限制性内切酶切割后,再用 DNA 连接酶把这两种 DNA 分子连接起来,于是产生了一种新的重组 DNA 分子,首次实现两种不同生物的 DNA 体外连接,获得了第一批重组 DNA 分子,这标志着基因工程技术的诞生。伯格因此获得了 1980 年诺贝尔化学奖。

限制性核酸内切酶是一类在特定的位点上,催化双链 DNA 水解的磷酸二酯酶。至今为止已发现的核酸内切酶有 300 多种,已成为基因工程中必不可缺的常用工具酶。限制性核酸内切酶具有高度的专一性。表现在它能够识别双链 DNA 中的某段碱基的排列顺序,并且只能在某个特定位点上将 DNA 分子切开。表 5.3 是部分限制性核酸内切酶的来源与作用位点。

表 5.3 一些限制性核酸内切酶的来源与作用位点

| 酶 | 识别序列与作用位点 5′——→3′ | 来源 |
|---|---|---|
| Alu I | AG↓CT | Arthrobacter luteus |
| | AG↓CT | |
| | C↓PyCGPuG | |
| Ava I | C↓PyCGPuG | Anabaena vayiabilis |
| BamH I | G↓GATCC | Bacillus amyloliquefaciens |
| Bgl II | A↓GATCT | Bacillu globigii |
| EcoR I | G↓AATTC | Escherichia coli Rye13 |

续表

| 酶 | 识别序列与作用位点 5′——→3′ | 来　源 |
|---|---|---|
| Hae Ⅲ | G↓GCC | Hacmophilus aegyptius |
| Hind Ⅲ | A↓AGCTT | Haemophilus influenzae |
| Hpa Ⅰ | GTT↓AAC | Hacmophilus parainfluenzae |
| Kpn Ⅰ | GGTAC↓C | Klebsiella pneumoniae |
| Pst Ⅰ | CTGCA↓G | Providencia stuartii |
| Sal Ⅰ | G↓TCGAC | Streptomyces albus |
| Sma Ⅰ | CCC↓GGG | Serratia marcens |
| Xba Ⅰ | T↓CTAGA | Xanthomonas badrii |
| Xho Ⅰ | C↓TCGAG | Xanthomonas holicola |

# 5.2　酶的发酵生产

　　早期酶制剂的生产,多是从动物脏器和植物原料中提取。例如,从动物胰脏中提取胰酶,从小牛胃黏膜中提取胰凝乳蛋白酶,从猪胃黏膜中提取胃蛋白酶,从菠萝中提取菠萝蛋白酶,从木瓜汁液中提取木瓜蛋白酶,等等。但是随着酶制剂应用范围的日益扩大,单纯依赖动植物来源的酶,已不能满足生产需求。这就迫使人们开辟新的酶源,并把注意力集中到微生物界。

　　近十多年来,动植物组织培养和细胞培养技术也取得了很大的进步。目前通过植物细胞培养技术,已成功地生产出几十种次生代谢物,而且产量高于整体植物,有的已经或正在过渡到工业化生产。在不久的将来会出现利用动植物细胞培养生产酶的新技术工业。

　　一方面新开发的酶、新剂型、新用途,正在迅速开拓扩展;另一方面,酶的分离纯化结晶新技术的工业化应用,酶工业生产的机械设备,仪表控制及自动化技术,也随着电子技术、自动化控制理论和技术的进步而迅速发展。因此,可以预期,酶制剂生产工业,势必迅速发展,它将成为一个重要的产业部门。

## 5.2.1　产酶优良菌种的筛选

　　微生物菌种是发酵工业生产的重要基础和条件,优良菌种不仅能提高发酵产品的产量、质量及原料的利用率,而且还能增加产品种类,缩短生产周期,改进生产工艺条件等。筛选中应重视以下几点:

　　①选种问题:要挑选出符合生产需要的菌种,一方面可以向有关单位或菌种保藏机构购买;另一方面根据所需菌种的形态、生理、生态和工艺特点的要求,从自然界特定生态环境中分离出新菌株。

②育种工作:根据菌种的遗传特点,改良现有菌株的生产性能,使产品产量、质量不断提高。

③菌种提纯复壮:当菌种的生产性能下降时,通过菌种提纯复壮程序和方法恢复其性能。

④优良菌种应与先进工艺条件相结合:优良菌种要有合适的工艺条件和合理先进的设备与之配合,使菌种的优良性能充分发挥。

优良的产酶菌种是提高酶产量的关键,筛选符合生产需要的菌种是发酵生产酶的首要环节。一个优良的产酶菌种应具备以下几点:繁殖快、产酶量高、有利于缩短生产周期;能在便宜的底物上生长良好;产酶性能稳定、菌株不易退化、不易受噬菌体侵袭;产生的酶易分离纯化;不是致病菌及产生有毒物质和其他生理活性物质的微生物,确保酶生产和应用的安全。

产酶菌种的筛选方法与发酵工程中微生物的筛选方法一致,主要包括以下几个步骤:含菌样品的采集、菌种分离、产酶性能测定及复筛等。对于胞外酶的产酶菌株,经常采用分离与定性和半定量测定产酶性能相结合的方法,使之在培养皿中分离时就能大致了解菌株的产酶性能。具体操作如下:将酶的底物和培养基混合倒入培养皿中制成平板,然后涂布含菌的样品,如果长出的菌落周围底物发生变化,即证明它产酶。

如果是胞内酶,则可采用固体培养法或液体培养法来确定。固体培养法是把菌种接入固体培养基中,保温数天,用水或缓冲液将酶抽提,测定酶活力,这种方法主要适用于霉菌;液体培养法是将菌种接入液体培养基后,静置或在摇床上振荡培养一段时间(视菌种而异),再测定培养物中酶的活力,通过比较,筛选出产酶性能较高的菌种供复筛使用。

## 5.2.2 基因工程菌株

基因工程技术又称基因操作、DNA 重组技术,是一个将目的基因 DNA 片段经体外操作与载体相连,转入一个受体细胞并使之扩增、表达的过程。因此比其他育种方法更具有目的性和方向性,育种效率更高。其全部过程大致分为以下六个步骤:目的基因的获取→载体的选择→目的基因 DNA 片段与载体形成重组载体→将重组载体导入宿主细胞进行复制、扩增→筛选出带有目的基因的转化细胞→鉴定外源基因的表达产物。

目的基因的获得一般有四条途径:从生物细胞中提取并纯化染色体 DNA,再经适当的限制性内切酶部分酶切;经反转录酶的作用由 mRNA 在体外合成互补 DNA(cDNA),主要用于真核微生物及动植物细胞中特定基因的克隆;化学合成,主要用于那些结构简单、核苷酸顺序清楚的基因的克隆;从基因库中筛选、扩增获得,这是目前取得任何目的基因的最好和最有效的方法。

基因工程中所用的载体系统主要有细菌质粒、黏性质粒、酵母菌质粒、噬菌体、动物病毒等。载体一般为环状 DNA,能在体外经限制性内切酶及 DNA 连接酶的作用同目的基因结合成环状 DNA(即重组),然后经转化进入受体细胞大量复制和表达。

DNA 体外重组是将目的基因用 DNA 连接酶连接到合适的载体 DNA 上,可采用黏末端连接法和平末端连接法。

经重组 DNA 的转化与鉴定,得到符合原定"设计蓝图"的工程菌。

### 5.2.3　微生物酶的发酵生产

微生物酶发酵生产是指在人工控制条件下,有目的地利用微生物培养来生产所需的酶。酶的发酵生产是当今大多数酶生产的主要方法。这是因为微生物的研究历史较长,而且微生物具有种类多、繁殖快、易培养、代谢能力强等特点。

微生物发酵产酶是以获得大量所需酶为目的。因此,除选择优良的产酶菌种外,还应控制好菌体细胞生长、繁殖和发酵产酶的各种工艺条件,以得到高的产酶量和酶活力。其技术包括培养基和发酵方式的选择及发酵条件的控制管理等方面的内容。

**1)培养基**

(1)碳源

碳源是微生物细胞生命活动的基础,是合成酶的主要原料之一。工业生产上应考虑原料的价格及来源,通常使用各种淀粉及它们的水解物如糊精、葡萄糖等作为碳源。在微生物发酵中,为减少葡萄糖所引起的分解代谢物的阻遏作用,采用淀粉质材料或它们的不完全水解物比葡萄糖更有利。一些特殊的产酶菌需要特殊的碳源才能产酶,如利用黄青霉生产葡萄糖氧化酶时,以甜菜糖蜜作碳源时不产生目的酶,而以蔗糖为碳源时产酶量显著提高。

(2)氮源

氮源可分为有机氮和无机氮。选用何种氮源因微生物或酶种类的不同而不同,如用于生产蛋白酶、淀粉酶的发酵培养基,多数以豆饼粉、花生饼粉等为氮源,因为这些高分子有机氮对蛋白酶的形成有一定程度上的诱导作用;而利用绿木霉生产纤维素酶时,应选用无机氮为氮源,因为有机氮会促进菌体的生长繁殖,对酶的合成不利。

(3)无机盐类

有些金属离子是酶的组成成分,如钙离子是淀粉酶的成分之一,也是芽孢形成所必需的。无机盐一般在低浓度情况下有利于酶产量的提高,而高浓度则容易产生抑制。

(4)生长因子

生长因子是指细胞生长必需的微生物的微量有机物,如维生素、氨基酸、嘌呤碱、嘧啶碱等。有些氨基酸还可以诱导或阻碍酶的合成,如在培养基中添加大豆的酒精提取物,米曲霉的蛋白酶产量可提高约2倍。

(5)pH

一般情况下,多数细菌、放线菌生长的最适 pH 为中性至微碱性,而霉菌、酵母则偏好微酸性。培养基的 pH 不仅影响微生物的生长和产酶,而且对酶的分泌也有作用。pH 在配制培养基时应根据微生物的需要调 pH,如用米曲霉生产 α-淀粉酶,当培养基的 pH 由酸性向碱性偏移时,胞外酶的合成减少,而胞内酶的合成增多。

**2)酶的发酵生产方式**

酶的发酵生产方式有两种:一种是固体发酵;另一种是液体深层发酵。固体发酵法用于真菌的酶生产,其中用米曲霉生产淀粉酶,以及用曲霉和毛霉生产蛋白酶在我国已有悠久的历史。这种培养方法虽然简单,但是操作条件不容易控制。随着微生物发酵工业的发展,现在大多数的酶是通过液体深层发酵培养生产的。液体深层培养应注意控制以下条件。

（1）温度

温度不仅影响微生物的繁殖,而且也明显影响酶和其他代谢产物的形成和分泌。一般情况下产酶温度低于生长温度,例如,酱油曲霉蛋白合成酶合成的最适温度为 28 ℃,而其生长的最佳温度为 40 ℃。

（2）通气和搅拌

需氧菌的呼吸作用要消耗氧气,如果氧气供应不足,将影响微生物的生长发育和酶的产生。为提高氧气的溶解度,应对培养液加以通气和搅拌。但是通气和搅拌应适当,以能满足微生物对氧的需求为妥,过度通气对有些酶(如青霉素酰化酶)的生产会有明显的抑制作用,而且在剧烈搅拌和通气下容易引起酶蛋白发生变性失活。

（3）pH 的控制

在发酵过程中要密切注意控制培养基 pH 的变化。有些微生物能同时产生几种酶,可以通过控制培养基的 pH 以影响各种酶之间的比例。例如,当利用米曲霉生产蛋白酶时,提高 pH 有利于碱性蛋白酶的形成,降低 pH 则主要产生酸性蛋白酶。

**3) 提高酶产量的措施**

在酶的发酵生产过程中,为了提高酶的产量,除了选育优良的产酶菌株外,还可以采用其他措施,如添加诱导物、控制阻遏物浓度等。

（1）添加诱导物

在发酵培养基中添加诱导物能使酶的产量显著增加。诱导物一般可分为三类:酶的作用底物,如青霉素是青霉素酰化酶的诱导物;酶的反应产物,如纤维素二糖可诱导纤维素酶的产生;酶的底物类似物,如异丙基-β-D-硫代半乳糖苷(IPTG)对 β 半乳糖苷酶的诱导效果比乳糖高几百倍。使用最广泛的诱导物是不参与反应的底物类似物。

（2）降低阻遏物浓度

微生物酶的生产会受到代谢末端产物的阻遏和分解代谢物阻遏的调节。为避免分解代谢物的阻遏作用,可采用难于利用的碳源,或采用分次添加碳源的方法使培养基中的碳源保持在不至于引起分解代谢物阻遏的浓度。例如,在 β 半乳糖苷酶的生产中,只有在培养基中不含葡萄糖时,才能大量诱导产酶。对于受末端产物阻遏的酶,可通过控制末端产物的浓度使阻遏解除。例如,在组氨酸的合成途径中,10 种酶的生物合成受到组氨酸的反馈阻遏,若在培养基中添加组氨酸类似物,如 2-噻唑丙氨酸,可使这 10 种酶的产量增加 10 倍。

（3）表面活性剂

在发酵生产中,非离子型的表面活性剂常被用作产酶促进剂,但它的作用机制尚未搞清;可能是由于它的作用改变了细胞的通透性,使更多的酶从细胞内透过细胞膜泄漏出来,从而打破胞内酶合成的反馈平衡,提高了酶的产量。此外,有些表面活性剂对酶分子有一定的稳定作用,可以提高酶的活力。例如,利用霉菌发酵生产纤维素酶,添加 1% 的吐温可使纤维素酶的产量提高几倍到几十倍。

（4）添加产酶促进剂

产酶促进剂是指那些能提高酶产量但作用机制尚未阐明的物质,它可能是酶的激活剂或稳定剂,也可能是产酶微生物的生长因子,或有害金属的螯合剂,例如添加植物钙可使多种霉菌的蛋白酶和橘青霉的 5′-磷酸二酯酶的产量提高 2~20 倍。

# 5.3　酶的提取与分离技术

酶的种类繁多,存在于不同生物体的不同部位。除了动植物体液中的酶和微生物胞外酶之外,大多数酶都存在于细胞内部。为了获得细胞内的酶,首先要收集组织、细胞并进行细胞或组织破碎,使细胞结构破坏,然后进行酶的提取和分离纯化。

## 5.3.1　细胞破碎

各类生物组织的细胞有着不同的特点,在考虑破碎细胞方法时,要根据细胞性质和处理量,采用合适的方法,以达到预期效果。细胞破碎方法可分为机械破碎法、物理破碎法、化学破碎法和酶促破碎法等。

### 1)机械破碎法

通过机械运动产生的剪切力作用,使细胞破碎的方法称为机械破碎法。常用的破碎机械有组织捣碎机、细胞研磨器、匀浆器等。

### 2)物理破碎法

通过温度、压力、声波等各种物理因素的作用,使组织细胞破碎的方法,称为物理破碎法。常见的物理破碎法有超声波破碎法、渗透压法和冻融法。

（1）超声波法

利用超声波发生器所发出的超声波的作用,使细胞膜产生空穴作用而使细胞破碎的方法称为超声波破碎法。一般认为超声波破碎的机理是:在超声波作用下液体发生空穴作用,空穴的形成、增大和闭合产生极大的冲击波和剪切力,使细胞破碎。

超声波破碎法是很强烈的破碎方法,适用于多数微生物细胞的破碎。超声波破碎法的有效能量利用率极低,操作过程产生大量的热,易引起酶失活变性,因此,超声波处理的时间应尽可能短,操作需要在冰水或有外部冷却设备的容器中进行,尽量减少热效应引起的酶失活。

（2）渗透压法

渗透压法是破碎细胞最温和的方法之一。细胞在低渗溶液中由于渗透压的作用,膨胀破碎。如红细胞在纯水中发生破壁溶血现象。但这种方法对具有坚韧的多糖细胞壁的细胞,如植物、细菌和霉菌不太适用,除非用其他方法先除去这些细胞外层坚韧的细胞壁。

（3）冻融法

生物组织经冰冻后,细胞液结成冰晶,使细胞壁胀破,细胞结构破坏。冻融法所需设备简单,普通家用冰箱的冷冻室即可进行冻融。该法简单易行,但效率不高,需反复几次才能达到预期的破壁效果。如果冻融操作时间过长,应注意胞内蛋白酶作用引起的后果。一般需在冻融液中加入蛋白酶抑制剂,如 PMSF(苯甲基磺酰氟)、配合剂 EDTA、还原剂 DTT(二硫苏糖醇)等以防破坏目的酶。

### 3)化学破碎法

化学破碎法是采用各种化学试剂与细胞膜作用,使细胞膜的结构改变或破坏的方法。常用的化学试剂可分为有机溶剂和表面活性剂两大类。

(1)有机溶剂处理

有机溶剂可使细胞膜的磷脂结构破坏,从而改变细胞膜的透过性,再经提取可使膜结合酶或胞内酶等释放出胞外。为了防止酶变性失活,操作时应在低温条件下进行。常见的有机溶剂有甲苯、丙酮、丁醇、氯仿等。

(2)表面活性剂处理

表面活性剂可以和细胞膜中的磷脂及脂蛋白相互作用,使细胞膜结构破坏,增加膜的透过性。表面活性剂有离子型和非离子型之分,离子型表面活性剂对细胞的破碎效果较好,但是会破坏酶的空间结构,引起酶的变性失活。因此,在酶的提取方面一般采用非离子型表面活性剂,如吐温(Tween)、特里顿(Triton)等试剂。

**4)酶促破碎法**

通过细胞本身的酶系或外加酶制剂的催化作用,使细胞外层结构受到破坏,而达到细胞破碎的方法称为酶促破碎法。

(1)自溶法

将细胞在一定的 pH 和温度条件下保温一段时间,利用细胞本身酶系的作用,破坏细胞结构,使细胞内容物质释放出的方法,称为自溶法。影响细胞自溶的因素有温度、时间、离子强度、pH 等。为了防止其他微生物在自溶细胞液中生长,必要时可以添加少量的甲苯、氯仿、叠氮钠等防腐剂。微生物细胞的自溶常采用加热法或干燥法。例如,谷氨酸产生菌,可加入由 0.028 mol/L $Na_2CO_3$ 和 0.018 mol/L $NaHCO_3$ 组成的 pH 为 10 的缓冲溶液,制成 3% 的悬浮液,加热至 70 ℃,保温搅拌 20 min,菌体即自溶。又如,酵母细胞的自溶需要在 45 ~ 50 ℃下保持 17 ~ 24 h。

(2)外加酶处理

根据细胞外层结构的特点,选用适当的酶作用于细胞,使细胞壁破坏,并在低渗压的溶液中使细胞破裂。常用的酶有溶菌酶、蛋白酶、核酸酶、脂肪酶、透明质酸酶等。溶菌酶主要对细菌类有作用,其他酶对酵母作用显著。

## 5.3.2 酶的提取

酶的提取是在一定的温度条件下,用适当的溶剂或溶液来处理含酶原料,使酶充分溶解到溶剂或溶液中的过程,称为酶的提取。

酶提取时首先应根据酶的结构和溶解性质,选择适当的溶剂。一般来说,极性物质易溶于极性溶剂中,非极性物质易溶于非极性溶剂中,酸性物质易溶于碱性溶剂中,碱性物质易溶于酸性溶剂中。根据酶提取时采用的溶剂或溶液的不同,酶的提取方法主要有盐溶液提取法、酸溶液提取法、碱溶液提取法和有机溶剂提取法。

**1)盐溶液提取法**

大多数酶溶于水,在低浓度盐存在条件下,酶的溶解度随盐浓度的升高而增加,这种现象称为盐溶现象。而在盐浓度达到某一界限后,酶的溶解度随盐浓度升高而降低,这种现象称为盐析。所以一般采用稀盐溶液进行酶的提取,盐的浓度控制在 0.02 ~ 0.5 mol/L。例如,固体发酵产生的麸曲中的淀粉酶、蛋白酶等胞外酶,用 0.15 mol/L 的氯化钠溶液提取;酵母醇脱氢酶用 0.5 ~ 0.6 mol/L 的磷酸氢二钠碱性溶液提取。有少数酶,如霉菌脂肪酶,用不含盐的清水提取效果较好。

**2)酸溶液提取法**

有些酶在酸性条件下溶解度较大,且稳定性较好,宜用酸溶液提取。例如,胰蛋白酶可用 0.12 mol/L 的硫酸溶液提取。

**3)碱溶液提取法**

有些酶在碱性条件下溶解度较大且稳定性好,宜用碱溶液提取。例如,细菌 L-天冬酰胺酶的提取是将含酶菌体悬浮在 pH 11~12.5 的碱性溶液中,振荡 20 min,即达到显著的提取效果。

**4)有机溶剂提取法**

有些与脂质结合比较牢固或分子中含有非极性基团较多的酶,不溶或难溶于水、稀酸、稀碱和稀盐溶液中,需用有机溶剂提取。常用的有机溶剂是与水能够互溶的乙醇、丙酮、丁醇,其中丁醇对脂蛋白质的解离能力较强,提取效果较好,已成功地用于琥珀酸脱氢酶、细菌色素氧化酶、胆碱酯酶等的提取。

### 5.3.3 沉淀分离

沉淀分离是通过改变某些条件或添加某些物质,使酶的溶解度降低,从溶液中沉淀析出而与其他溶质分离的过程。沉淀分离的方法主要有:有机溶剂沉淀法、等电点沉淀法、盐析沉淀法、热沉淀法、选择性变性沉淀法等。

**1)有机溶剂沉淀法**

(1)有机溶剂沉淀法原理

不同的蛋白质需要加入不同的有机溶剂才能使它们分别从溶液中沉淀析出。有机溶剂在这个过程中的主要作用是降低溶液的介电常数,因为分子间的静电引力和溶液的介电常数成反比,加入有机溶剂,蛋白质分子间的引力增加,溶解度降低,从而凝聚和沉淀。同等电点沉淀一样,有机溶剂沉淀也是利用同种分子间的相互作用。因此,在低离子强度和等电点附近,沉淀易于生成,或者说所需有机溶剂的量较少。一般来说,蛋白质的分子量越大,有机溶剂沉淀越容易,所需加入的有机溶剂量也越少。有机溶剂的另一作用可能是部分地引起蛋白质脱水而沉淀。

(2)影响有机溶剂沉淀的因素

①温度:这是最重要的因素,因为大多数蛋白质遇到有机溶剂很不稳定,特别是温度较高(如室温)的情况下,极易变性失活,故操作应在 0 ℃ 以下进行。有机溶剂必须预先冷却到 -20~-15 ℃,并在搅拌下缓慢加入。沉淀析出后应尽快在低温下离心分离,获得的沉淀还应立即用缓冲溶液溶解,以降低有机溶剂的浓度。个别酶对有机溶剂相对不敏感,比较稳定,此时可在较高温度(室温)下进行操作。

②pH:由于蛋白质处于等电点时溶解度最低,故有机溶剂沉淀也多选在靠近目的酶的等电点条件下进行。pH 调整通常选用 0.05 mol/L 的缓冲溶液。

③离子和离子强度:中性盐在多数情况下能增大蛋白质的溶解度,并能减少变性影响。在进行有机溶剂的分级沉淀时,如果适当地添加某些中性盐,例如,5%~10% 的硫酸铵,往往有助于提高分离效果。但盐的浓度一般不宜超过 0.05 mol/L,否则沉淀不好,甚至沉淀消失,

同时有机溶剂消耗也多。

④有机溶剂:用于蛋白质沉淀的有机溶剂应与水互溶,且不与蛋白质发生作用。常用的有机溶剂有甲醇、乙醇、异丙醇和丙酮等。其中丙酮的效果最好,引起酶失活的情况也较少。有机溶剂沉淀法的优点是分辨率高,易于离心或过滤分离。缺点是酶在有机溶剂中一般不稳定,易引起变性失活。

### 2) 等电点沉淀法

利用两性电解质在等电点时溶解度最低,以及不同的两性电解质有不同的等电点这一特性,通过调节溶液的 pH,使酶或杂质沉淀析出,从而使酶与杂质分离的方法称为等电点沉淀法。

在溶液的 pH 等于溶液中某两性电解质的等电点时,该两性电解质分子的净电荷为零,分子间的静电排斥力最小,使分子能聚集在一起而沉淀下来。

等电点沉淀的操作条件是:低离子强度,pH 接近等电点。因此,等电点沉淀操作需在较低离子强度下调整溶液 pH 至等电点,或在等电点的 pH 下利用透析等方法降低离子强度,使蛋白质沉淀。由于一般蛋白质的等电点多在偏酸性范围内,故等电点沉淀操作中,多通过加入无机酸(如盐酸、磷酸和硫酸等)调节 pH。

等电点沉淀法一般适用于疏水性较大的蛋白质(如酪蛋白),而对于亲水性很强的蛋白质(明胶),由于在水中溶解度大,在等电点的 pH 下不易产生沉淀。所以,等电点沉淀法不如盐析沉淀法应用广泛。但该法仍不失为有效的蛋白质初级分离手段。例如,从猪胰脏中提取胰蛋白酶原(pI=8.9)时,可先在 pH 3.0 左右进行等电点沉淀,除去共存的许多酸性蛋白质(pI=3.0)。工业上生产胰岛素(pI=5.3)时,先调节 pH 至 8.0 除去碱性蛋白质,再调至 pH 至3.0除去酸性蛋白质(同时加入一定浓度的有机溶剂以提高沉淀效果)。

与盐析法相比,等电点沉淀的优点是无须后续的脱盐操作。但是,如果沉淀操作的 pH 过低,容易引起目标酶的变性。

### 3) 热沉淀法

在较高温度下,热稳定性差的蛋白质将发生变性沉淀,利用这一现象,可根据蛋白质间热稳定性的差别进行蛋白质的热沉淀,分离纯化热稳定性高的目标产物。

热沉淀法是一种变性分离法,带有一定的冒险性,使用时需对目标产物和共存杂质蛋白质的热稳定性有充分的了解。

### 4) 共沉淀法

这是利用离子型表面活性剂如 SDS(十二烷基磺酸钠)、非离子型聚合物如聚乙二醇、聚乙烯亚胺以及丹宁酸、硫酸链霉素等,在一定条件下能与蛋白质直接或间接地形成络合物,使蛋白质沉淀析出,然后再用适当方法使需要的酶溶解出来,除去杂质蛋白和沉淀剂,从而达到纯化目的产物的方法。

### 5) 选择性沉淀法

某些多聚电解质如聚丙烯酸、硫酸糊精以及磷、砷、硅、钨、钼、钒等的杂多酸常能在极大的浓度条件下,选择性地和某类酶结合成沉淀析出。以聚丙烯酸(PAA)纯化溶菌酶为例,相对分子量近 9 000 或近 3 000 000 的 PAA 聚合对某些蛋白酶、磷酸酯酶和溶菌酶等有选择性沉淀效果,故可用于这些酶的纯化。沉淀过程可简单用下式表示:

$$PAA+酶 = PAA-酶\downarrow, PAA-酶+Ca^{2+} = PAA-Ca^{2+}\downarrow+酶, PAA-Ca^{2+}+SO_4^{2-} = CaSO_4\downarrow+PAA$$

### 5.3.4　离心分离

离心分离是借助离心机旋转所产生的离心力,使不同大小、不同密度的物质分离的技术过程。按照离心机转速的不同,可分为常速离心机、高速离心机和超速离心机。

**1)常速离心机**

常速离心机又称低速离心机,其最大转速在 8 000 r/min 以内,相对离心力在 $10^4$ g 以下。在酶的分离纯化过程中,主要用于细胞、细胞碎片、酶的结晶等较大颗粒的分离。

**2)高速离心机**

高速离心机的最大转速为 $1\times10^4 \sim 2.5\times10^4$ r/min,相对离心力达 $1\times10^4 \sim 1\times10^5$ g。在酶的分离中主要用于沉淀、细胞碎片和细胞器等的分离。为了防止高速离心过程中温度升高造成酶的变性失活,有些高速离心机装有冷冻装置,这种离心机叫高速冷冻离心机。

**3)超速离心机**

超速离心机的最大转速为 $2.5\times10^4 \sim 12\times10^4$ r/min,相对离心力可达 $5\times10^5$ g。超速离心机主要用于 DNA、RNA、蛋白质、细胞器、病毒等的分离纯化,样品纯度的检测,沉降系数和相对分子质量的测定等。超速离心机都有冷冻系统、温度控制系统和真空系统,此外还有一系列安全保护系统、制动系统以及各种指示仪表。

### 5.3.5　过滤与膜分离

膜分离是利用具有一定选择透过特性的过滤介质进行物质的分离纯化。膜在分离过程中具有如下功能:物质的识别与透过、界面、反应场。物质的识别与透过是使混合物中每个组分之间实现分离的内在因素;作为界面,膜将透过液和保留液(料液)分为互不混合的两相;作为反应场,膜表面及孔内表面含有与特定溶质具有相互作用能力的官能团,通过物理作用、化学反应或生化反应提高膜分离的选择性和分离速度。

生物分离过程中采用的膜分离法主要是利用物质之间透过性的差别,而膜材料上固定特殊活性基团,使溶质与膜材料发生某种相互作用来提高膜分离性能。生物分离领域应用的膜分离包括微滤、超滤、反渗透、透析等。

### 5.3.6　层析分离

层析分离是利用混合液中各组分的物理化学性质(分子的大小和形状、分子极性、吸附力、分子亲和力、分配系数等)的不同,使各组分在互不混溶的两相之间进行分配,引起移动速度的不同而进行分离的方法。典型的层析分离设备如图 5.1 所示。

其中一个相是固定的,称为固定相;另一个相是流动的,称为流动相。固定相填充于柱中,在柱的顶端(入口)加入一定量的料液后,连续输入流动相,料液中的溶质在流动相和固定相之间发生扩散,产生分配平衡。分配系数大的溶质在固定相上存在的概率大,随流动相移动的速度小。这样,溶质之间由于移动速度的不同而得到分离,在层析柱出口处各个溶质的浓度变化如图 5.2 所示。

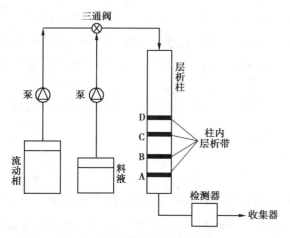

图 5.1　柱层析设备和操作示意图

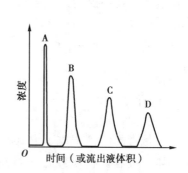

图 5.2　层析柱出口处溶质浓度变化

　　酶可以采用不同的层析方法进行分离纯化,常用的有吸附层析、分配层析、离子交换层析、凝胶层析和亲和层析等。

### 5.3.7　电泳分离

　　带电粒子在电场中向着与其本身所带电荷相反的电极移动的过程称为电泳。自从 1937 年 Tiselius 利用 U 形玻管进行血清蛋白质分离以来,电泳技术先后得到了飞速发展,随后陆续出现了区带电泳、琼脂凝胶电泳、聚丙烯酰胺凝胶电泳等。电泳分离技术已成为蛋白质、核酸和酶等生物大分子分离、鉴定的重要手段。

　　不同的物质由于其带电性质及其颗粒大小和形状不同,在一定的电场中他们的移动方向和移动速度也不同,因此可使他们分离。物质颗粒在电场中的移动方向,决定于它们所带电荷的种类,带正电荷的颗粒向电场的阴极移动;带负电荷的颗粒则向阳极移动;净电荷为零的颗粒在电场中不移动。

### 5.3.8　萃取分离

　　萃取分离是利用物质在两相中的溶解度不同而使其分离的技术。萃取分离中的两相一般为互不相溶的两个液相。按照两相的组成不同,萃取可以分为反萃取、双水相萃取、超临界萃取和有机溶剂萃取等。

　　萃取是利用液体或超临界流体为溶剂提取原料中目标产物的分离纯化操作。所以,萃取操作中至少有一相为流体,一般称该流体为萃取剂。以液体为萃取剂时,如果含有目标产物的原料也为液体,则称此操作为液液萃取;如果含有目标产物的原料为固体,则称此操作为液固萃取或浸取。以超临界液体为萃取剂时,含有目标产物的原料可以是液体,也可以是固体,称此操作为超临界流体萃取。

### 5.3.9　结晶

　　结晶是溶质以晶体形式从溶液中析出的过程。酶的结晶是酶分离纯化的一种手段。酶在结晶之前,酶液必须经过纯化达到一定纯度和浓度。通常在 50% 以上的纯度才能结晶,纯度越高越容易结晶;同样浓度也是结晶的一个很重要的因素,浓度过低无法析出结晶。此外,在结晶过程中还要控制好温度、pH、离子强度等结晶条件,才能得到结构完整、大小均一的晶体。

结晶的方法有很多,主要由盐析结晶法、有机溶剂结晶法、透析平衡结晶法和等电结晶法等方法。

### 5.3.10　干燥

干燥是将固体、半固体或浓缩液中的水分或其他溶剂除去一部分,以获得含水分较少的固体物质的过程。物质经过干燥后,可以提高产品的稳定性,有利于产品的贮存、运输和使用。

干燥过程中溶剂首先从物料的表面蒸发,随后物料内部的水分子扩散到物料表面继续蒸发。因此干燥速率与蒸发表面积成正比。增大蒸发面积,可以显著提高蒸发速率。此外,在不影响物料稳定性的前提下,适当升高温度、降低压力、加快空气流通等可以提高干燥速度。

在实际干燥过程中,干燥速度要控制在一定的范围内,因为干燥速度过快时,表面水分迅速蒸发,可使物料表面黏结形成一层硬壳,阻碍内部水分子扩散到表面,反而影响蒸发效果。

在固体酶制剂生产过程中,为了提高酶的稳定性,便于保存、运输和使用,一般都必须进行干燥。常用的干燥方法有真空干燥、冷冻干燥和喷雾干燥等。

# 5.4　酶分子修饰

酶分子是具有完整的化学结构和空间结构的生物大分子。酶的结构决定了酶的性质和功能。当酶分子的结构发生改变时,将引起酶的性质和功能的改变。

酶分子完整的空间结构给予酶分子的生物催化功能,使其具有催化高效性、作用专一性和反应条件温和性等特点。另一方面,也是因为酶的分子结构使酶具有稳定性差、活性不高和可能具有抗原性等弱点,限制了酶的应用。因此人们需要进行酶分子修饰的研究。

所谓酶分子修饰,就是通过各种方法使酶分子结构发生某些改变,从而改变酶的某些特性和功能的技术。酶分子修饰的方法多种多样。归纳起来,酶分子修饰主要包括金属离子置换修饰、大分子结合修饰、侧链基团修饰、肽链有限水解修饰、核苷酸链有限水解修饰、氨基酸置换修饰和酶分子物理修饰等。

下面介绍金属离子置换修饰、大分子结合修饰、侧链基团修饰。

### 5.4.1　金属离子置换修饰

将酶分子中的金属离子置换成另一种金属离子,使酶的特性和功能发生改变的修饰方法称为金属离子置换修饰。

通过金属离子置换修饰,可以了解各种金属离子在酶催化过程中的作用,阐明酶分子的催化作用机制,提高酶活力,增强稳定性,甚至改变酶的某些动力学性质。有些酶分子中的金属离子,往往是酶活性中心的组成部分,对酶的催化功能起到非常重要的作用。如过氧化氢酶分子中的 $Fe^{2+}$,超氧化物歧化分子中的 $Cu^{2+}$、$Zn^{2+}$ 等。

若从酶分子中除去所含的金属离子,酶往往会丧失其催化活性,如果重新加入原有的金属离子,酶的催化活性可以恢复或者部分恢复。若用另一种金属离子进行置换,则可使酶呈现出不同的特性。有的可使酶的活性降低甚至丧失,有的可以使酶的活性提高或者增加酶的稳定性。如 α-淀粉酶分子中大多数含有钙离子,有些含有镁离子或者锌离子。若将镁离子、锌离子置换为钙离子,则结晶的钙型 α-淀粉酶活力比一般结晶的杂型 α-淀粉酶活力提高 3 倍以上。

## 5.4.2　大分子的结合修饰

采用水溶性大分子与酶的侧链基团共价结合,使酶分子的空间构象发生改变,从而改变酶的特性与功能的方法称为大分子结合修饰。

大分子结合修饰具有以下作用。

**1) 通过修饰提高酶活力**

水溶性大分子与酶的侧链基团通过共价结合后,可使酶的空间构象发生改变,使酶活性中心更有利于与底物结合,并形成准确的催化部位,从而提高酶的活力。例如,每分子胰凝乳蛋白酶与 11 分子右旋糖酐结合,酶的活力提高 5.1 倍。

**2) 通过修饰增强酶的稳定性**

酶的稳定性可以用酶的半衰期表示。酶的半衰期长,说明酶的稳定性好,反之则差。不同的酶具有不同的半衰期。如超氧化物歧化酶在人体血浆中的半衰期只有 6～30 min。而通过聚乙二醇修饰后,半衰期提高到 35 h。

**3) 消除酶蛋白的抗原性**

对人体来讲,来源于动植物或者微生物细胞的酶是一种外源蛋白,往往具有抗原性。进入人体会刺激产生抗体。抗体与抗原结合会使酶失去催化功能。通过酶分子结构修饰,可以降低甚至消除抗原性。如具有抗癌作用的精氨酸酶经过聚乙二醇结合修饰,生成聚乙二醇-精氨酸酶后其抗原性消失,使精氨酸酶很好地发挥了抗癌效能。

## 5.4.3　侧链基因修饰

采用一定的化学方法使酶分子的侧链基团发生改变,从而改变酶分子的特性和功能的修饰方法称为侧链基团修饰。酶的侧链基团修饰可以用于研究酶分子的结构与功能。如侧链基团对酶分子活力与稳定性的影响;对酶的功能的贡献及测定某一基团在酶分子中的数量。

酶的侧链基团修饰方法很多,主要有氨基修饰、羧基修饰、巯基修饰、胍基修饰、酚基修饰等。

# 5.5　酶的固定化

随着酶工程的不断发展,酶也在医药、食品、轻工、化工、环境保护和科学研究等方面得到广泛应用。

酶的催化作用虽具有专一性强,催化效率高和作用条件温和等显著优点,但酶的化学本质是一种生物大分子,与无机催化剂相比,在使用上也存在一些不足之处:

①酶的稳定性较差:除了少数酶($\alpha$-淀粉酶、Taq 酶、胃蛋白酶等)可以耐受高温和较低pH 条件以外,大多数酶在高温、强酸、强碱和重金属离子存在条件下都容易变性失活。

②酶一般不能重复使用:酶一般都是在溶液中与底物反应,在反应系统中与底物和产物混在一起,反应结束后,一般很难回收再利用,使生产成本提高,也不利于连续化生产。

③反应产物不易分离纯化:反应完成后酶成为杂质与产物混在一起,无疑给产物的进一步分离纯化带来一定的困难。

针对酶催化的不足之处,人们不断研究寻求酶高效利用的方法。目前研究和应用最多的方法是酶的固定化技术。

## 5.5.1　固定化的优势

酶的固定化技术是指将酶固定在一定载体上并在一定的空间范围内进行催化反应的技术。固定化酶既保持了酶的催化特性,又克服了游离酶的不足之处,具有增加稳定性,可重复或连续使用,易于和反应产物分离等显著优点。

在固定化酶的研究制备过程中,起初都是用分离纯化的酶进行固定化。随着固定化技术的发展,也可采用含酶菌体或菌体碎片进行固定化,直接应用菌体或菌体碎片中的酶或酶系进行催化反应,称为固定化菌体或固定化死细胞。1973 年,日本首次在工业上成功地应用固定化大肠杆菌菌体中的天冬氨酸酶,由反丁烯二酸连续生产获得 L-天冬氨酸。

固定化酶和固定化菌体技术的研究及其在工业化生产中的应用,进一步推动了固定化技术的发展。20 世纪 70 年代后期出现了固定化细胞技术。固定化细胞是指固定在载体上并在一定的空间范围内进行生命活动的细胞,也称为固定化活细胞或固定化增殖细胞。1976 年,法国首次用固定化酵母细胞生产啤酒和酒精;1978 年,日本利用固定化枯草杆菌细胞生产$\alpha$-淀粉酶;1984 年,我国的郭勇等在国内首次进行固定化细胞生产 $\alpha$-淀粉酶、糖化酶和果胶酶等研究,取得良好效果。

20 世纪 70 年代中期以来,动物细胞和植物细胞培养技术迅速发展。动物细胞培养主要用于生产疫苗、抗体、多肽药物、酶等功能蛋白质,其中大多数动物细胞具有贴壁生长的特性,采用固定化动物细胞培养技术,更具有重要意义。植物细胞培养主要用于生产色素、香精、药物、酶等次级代谢物,植物细胞也可以采用固定化技术进行培养。

固定化细胞通常只能用于胞外酶等胞外产物的生产,对于细胞内的产物,如果采用固定化细胞生产,将不利于产物的分离和纯化。1982 年,日本首次研究用固定化原生质体生产谷氨酸,取得进展。这说明细胞制备成原生质体后,由于解除了细胞壁这一扩散障碍,有利于胞内物质的分泌。原生质体固定化后,由于有载体的保护作用,稳定性较好,可以反复使用或者连续使用。

1986 年开始,郭勇等采用固定化原生质体技术进行胞内酶的生产研究。用固定化枯草杆菌原生质体生产细胞间质中存在的碱性磷酸酶,用固定化黑曲霉原生质体生产葡萄糖氧化酶,用谷氨酸杆菌原生质体生产谷氨酸脱氢酶等的研究,均取得可喜成果,为胞内酶生产技术路线的变革提供了新的方法。

固定化细胞和固定化原生质体以酶等各种代谢产物的生产为目的,它们可以代替游离细胞进行酶的发酵生产,具有提高产酶率,缩短发酵周期,并可连续发酵生产等优点。在酶的发酵生产中有广阔的应用前景。

## 5.5.2 固定化的几种类型

将酶和含酶菌体或菌体碎片固定化的方法很多。主要有吸附法、包埋法、结合法、交联法和热处理法等。

### 1) 吸附法

利用各种固体吸附剂将酶或含酶菌体吸附在其表面上,使酶固定化的方法称为物理吸附法,简称吸附法。

物理吸附法常用的固体吸附剂有活性炭、氧化铝、硅藻土、多孔陶瓷、多孔玻璃、硅胶、羟基磷灰石等。可依据酶的特点、载体来源和价格、固定化技术的难度、固定化酶的使用要求等进行选择。

采用吸附法制备固定化酶或固定化菌体,操作简便,条件温和,不会引起酶变性失活,载体廉价易得,而且可反复使用。但由于靠物理吸附作用,结合力较弱,酶与载体结合不牢固而容易脱落,所以使用受到一定的限制。

### 2) 包埋法

将酶或含酶菌体包埋在各种多孔载体中,使酶固定化的方法称为包埋法。包埋法使用的多孔载体主要有琼脂、琼脂糖、海藻酸钠、角叉菜胶、明胶、聚丙烯酰胺、光交联树脂、聚酰胺、火棉胶等。

包埋法制备固定化酶或固定化菌体时,根据载体材料和方法的不同,可分为凝胶包埋法和半透膜包埋法两大类。

#### (1)凝胶包埋法

凝胶包埋法是将酶或含酶菌体包埋在各种凝胶内部的微孔中,制成一定形状的固定化酶或固定化含酶菌体。大多数为球状或片状,也可按需要制成其他形状。

常用的凝胶有琼脂凝胶、海藻酸钙凝胶、角叉菜胶、明胶等天然凝胶以及聚丙烯酰胺凝胶、光交联树脂等合成凝胶。天然凝胶在包埋时条件温和,操作简便,对酶活性影响较小,但强度较差。而合成凝胶的强度高,对温度、pH 变化的耐受性强,但需要在一定的条件下进行聚合反应,才能把酶包埋起来。在聚合反应过程中往往会引起部分酶的变性失活,应严格控制好包埋条件。

酶分子的直径一般只有几十埃,为防止包埋固定化后酶从凝胶中泄漏出来,凝胶的孔径应控制在小于酶分子直径的范围内,这样对于大分子底物的进入和大分子产物的扩散都是不利的。所以凝胶包埋法不适用于那些底物或产物分子很大的酶类的固定化。

（2）半透膜包埋法

半透膜包埋法是指将酶包埋在由各种高分子聚合物制成的小球内，制成固定化酶。常用于制备固定化酶的半透膜有聚酰胺膜、火棉胶膜等。

半透膜的孔径为几埃至几十埃，比一般酶分子的直径小些，固定化的酶不会从小球中泄漏出来。但只有小于半透膜孔径的小分子底物和小分子产物可以自由通过半透膜，而大于半透膜孔径的大分子底物或大分子产物却无法进出。因此，半透膜包埋法适用于底物和产物都是小分子物质的酶的固定化。例如，脲酶、天冬酰胺酶、尿酸氧化酶、过氧化氢酶等。

半透膜包埋法制成的固定化酶小球，直径一般只有几微米至几百微米，称为微胶囊。制备时，一般是将酶液滴分散在与水互不相溶的有机溶剂中，再在酶液滴表面形成半透膜，将酶包埋在微胶囊之中。例如，将欲固定化的酶及亲水性单体（如己二胺等）溶于水制成水溶液，另外将疏水性单体（如癸二酰氯等）溶于与水不相混溶的有机溶剂中，然后将这两种不相溶的液体混合在一起，加入乳化剂进行乳化，使酶液分散成小液滴，此时亲水性的己二胺与疏水性的癸二酰氯就在两相的界面上聚合成半透膜，将酶包埋在小球之内。再加进吐温-20（Tween-20），使乳化破坏，用离心分离即可得到用半透膜包埋的微胶囊型的固定化酶。

### 3）结合法

选择适宜的载体，使之通过共价键或离子键与酶结合在一起的固定化方法称为结合法。根据酶与载体结合的化学键不同，结合法可分为离子键结合法和共价键结合法。

（1）离子键结合法

通过离子键使酶与载体结合的固定化方法称为离子键结合法。离子键结合法所使用的载体是某些不溶于水的离子交换剂。常用的有 DEAE-纤维素、TEAE-纤维素、DEAE-葡聚糖凝胶等。

（2）共价键结合法

通过共价键将酶与载体结合的固定化方法称为共价键结合法。共价键结合法所采用的载体主要有纤维素、琼脂糖凝胶、葡聚糖凝胶、甲壳质、氨基酸共聚物、甲基丙烯醇共聚物等。酶分子中可以形成共价键的基团主要有氨基、羧基、巯基、羟基、酚基和咪唑基等。

### 4）交联法

借助双功能试剂使酶分子之间发生交联作用，制成网状结构的固定化酶的方法称为交联法。交联法也可用于含酶菌体或菌体碎片的固定化。常用的双功能试剂有戊二醛、己二胺、顺丁烯二酸酐、双偶氮苯等。其中应用最广泛的是戊二醛。

$$\cdots\!-\!CH\!=\!N\!-\!E\!-\!N\!=\!CH\!-\!(CH_2)_3\!-\!CH\!=\!N\!-\!E\!-\!N\!=\!CH\!-\!\cdots$$

$$NOHC(CH_2)_3CHO+nE$$

戊二醛有 2 个醛基，这 2 个醛基都可与酶或蛋白质的游离氨基反应，形成席夫（Schiff）碱，而使酶或菌体蛋白交联，制成固定化酶或固定化菌体。

用戊二醛交联时采用的 pH 一般与被交联的酶或蛋白质的等电点相同。

交联法制备的固定化酶或固定化菌体结合牢固，可以长时间使用。但由于交联反应条件较激烈,酶分子的多个基团被交联,致使酶活力损失较大,而且制备成的固定化酶或固定化菌体的颗粒较小,给使用带来不便。为此,可将交联法与吸附法或包埋法联合使用,以取长补短。例如,将酶先用凝胶包埋后再用戊二醛交联,或先将酶用硅胶等吸附后再进行交联等。这种固定化方法称为双重固定法。双重固定法已在酶和菌体固定化方面广泛应用,可制备出酶活性高、强度高的固定化酶或固定化菌体。

#### 5)热处理法

将含酶细胞在一定温度下加热处理一段时间,使酶固定在菌体内,而制备得到固定化菌体。热处理法只适用于那些热稳定性较好的酶的固定化,在加热处理时,要严格控制好加热温度和时间,以免引起酶的变性失活。例如,将培养好的含葡萄糖异构酶的链霉菌细胞在 $60 \sim 65$ ℃的温度下处理 15 min,葡萄糖异构酶全部固定在菌体内。热处理也可与交联法或其他固定化法联合使用,进行双重固定化。

以上对各种固定化方法作了简介,其中以共价键结合法的研究最为深入,离子吸附法较为实用,包埋法及交联法可以并用。在实际工作中,应对各种不同方法进行比较,以便对一种酶的固定化方法作出合理选择。

### 5.5.3　固定化酶应用存在的问题

固定化技术在微生物工业方面的应用。经以往 20 多年的研究开发,其优势越来越强,应用面越来越广。固定化酶由于研究开发较早,而且较易控制,比固定化细胞的应用更为广泛和深入。但固定化细胞应用于工业化生产与我们的期望还有距离,因此还需要不断拓宽应用范围和改进固定化技术。存在的主要问题有以下几种。

①对好氧反应的影响:好氧反应需要充足的氧气,固定化后的细胞壁和细胞膜造成了底物或产物进、出的障碍和通气困难,往往严重影响反应速率,产量低下。

②细胞(酶)与载体的稳定问题:有的固定化细胞容易自溶或污染,或固定化颗粒机械强度差,或细胞(酶)容易从载体脱落或细胞(酶)的活性很快被抑制,使反复利用次数少,产品质量和数量不稳定。

③基础条件问题:固定化酶(细胞)反应动力学及其有关机理、专用设备研究缺乏,也阻碍了该技术的应用。

上述存在的问题,随着深入的研究开发,特别是加强分子生物学技术的手段,新材料的采用,先进化工工艺的借鉴,计算机的利用,将会使问题得以解决,给微生物工业带来巨大的变革。我国利用固定化细胞发酵生产酒精和啤酒已取得了很好的经济效益,给了我们充分的信心。

## 5.6　生物传感器

从 20 世纪 60 年代 Clark 和 Lyon 提出生物传感器的设想开始,生物传感器的发展距今已有 40 多年的历史了。作为一门在生命科学和信息科学之间发展起来的交叉学科,生物传感器在发酵工艺、环境监测、食品工程、临床医学、军事及军事医学等方面得到了高度重视和发展。随着社会信息化进程的进一步加快,生物传感器必将获得越来越广泛的应用。

### 5.6.1　生物传感器的定义

生物传感器是使用固定化的生物分子结合换能器,用来侦测生物体内或生物体外的环境化学物质或与之起特异性交互作用后产生响应的一种装置。生物最基本特征之一就是能够对外界的各种刺激作出反应。首先是由于生物体能感受外界的各类刺激信号,并将这些信号转换成体内信息系统所能接收并处理的信号。例如,人能通过眼、耳、鼻、舌、身等感觉器官将外界的光、声、温度及其他各种化学和物理信号转换成人体内神经信息系统能够接收和处理的信号并采取应对措施。现代和未来的信息社会中,信息处理系统要对自然和社会的各种变化作出反应,首先需要通过传感器对外界各种信息的感应并转换成信息系统中的信息处理单元(即计算机)能够接收和处理的信号。生物传感器的诞生是酶技术与信息技术结合的产物。

### 5.6.2　生物传感器的结构与分类

生物传感器的主要关键部分有两个。一是来自生物体分子、组织部分或个体细胞的分子辨认组件,这一部分是生物传感器的信号产生或接收部分;另一部分属于硬件仪器组件部分,主要用于物理信号的相互转换。

生物传感器可以根据其感受器中所采用的生命物质而分为组织传感器、细胞传感器、酶传感器、微生物传感器等,也可根据所监测的物理量、化学量或生物量而命名为热传感器、光传感器、胰岛素传感器等,还可根据其用途统称为免疫传感器、药物传感器等(图5.3)。

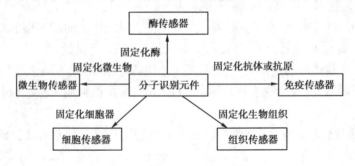

图5.3　生物传感器种类

### 5.6.3　生物传感器主要应用领域

**1)应用于发酵工业**

因为发酵过程中常存在酶的干扰物质,并且发酵液往往不是清澈透明的,不适用于光谱等方法测定。而应用微生物传感器则极有可能消除干扰,并且不受发酵液浑浊程度的限制。同时,由于发酵工业是大规模的生产,微生物传感器成本低、设备简单、能够排除干扰的特点使其具有极大的优势,所以微生物传感器在发酵工业中得到了广泛的应用。具体表现在下列几个方面。

**(1)原材料及代谢产物的测定**

微生物传感器可用于原材料如糖蜜、乙酸等的测定,代谢产物如头孢霉素、谷氨酸、甲酸、甲烷、醇类、青霉素、乳酸等的测定。测量的原理基本上都是用适合的微生物电极与氧电极组成,利用微生物的同化作用耗氧,通过测量氧电极电流的变化量来测量氧气的减少量,从而达到测量底物浓度的目的。

(2)微生物细胞总数的测定

在发酵控制方面,一直需要直接测定细胞数目的简单而连续的方法。人们发现在阳极表面,细菌可以直接被氧化并产生电流。这种电化学系统已应用于细胞数目的测定,其结果与传统的菌斑计数法测细胞数是相同的。

(3)代谢试验的鉴定

传统的微生物代谢类型的鉴定都是根据微生物在某种培养基上的生长情况进行的。这些实验方法需要较长的培养时间和专门的技术。微生物对底物的同化作用可以通过其呼吸活性进行测定。用氧电极可以直接测量微生物的呼吸活性。因此,可以用微生物传感器来测定微生物的代谢特征。这个系统已用于微生物的简单鉴定、微生物培养基的选择、微生物酶活性的测定、废水处理的微生物选择、活性污泥的同化作用试验、生物降解物的确定、微生物的保存方法选择等。

2)应用于食品工业

生物感应器是最早用于食品成分和品质检测的生物检测方法,也应用得较为广泛。生物传感器可以用来检测食品中营养成分和有害成分的含量、食品的新鲜度与成熟度等,食品中毒素的检测,食品添加剂分析,农药残留、重金属分析等。

3)应用于医学领域

生物传感器在医学领域也发挥着越来越大的作用:临床上用免疫传感器等生物传感器来检测体液中的各种化学成分,为医生的诊断提供依据;在军事医学中,对生物毒素的及时快速检测是防御生物武器的有效措施。生物传感器已应用于监测多种细菌、病毒及其毒素。生物传感器还可以用来测量乙酸、乳酸、乳糖、尿酸、尿素、抗生素、谷氨酸等各种氨基酸以及各种致癌和致突变物质。

4)应用于环境监测

环保问题已经引起了全球性的广泛关注,用于环境监测的专业仪器市场也越来越大,如生化需氧量(BOD 值)的测定、各种污染物(常用的重要污染指标有氨、亚硝酸盐、硫化物、磷酸盐、致癌物质与致突变物质、重金属离子、酚类化合物)浓度的测定等都已经成功采用了生物传感器进行检测。

## 5.6.4 展望

生物传感器是一个多学科交叉的高技术领域,伴随着生物科学、信息科学和材料学等相关学科的高速发展,生物传感器的发展将会有以下新特点。

1)功能更加全面,朝微型化方向发展

未来的生物传感器将进一步涉及医疗保健、食品检测、环境监测、发酵工业的各个领域。当前生物传感器研究中的重要内容之一就是研究能代替生物视觉、听觉和触觉等感觉器官的生物传感器,即仿生传感器。而且随着微加工技术和纳米技术的进步,生物传感器将不断地朝着微型化方向发展,各种便携式生物传感器将不断地出现在人们面前。

### 2)自动化程度更高

未来的生物传感器将会和计算机完美紧密地结合,能够自动采集、处理数据,可以更科学、更准确地提供检测结果,最终实现采样、进样、检测的自动化系统。同时,芯片技术将越来越多地进入传感器领域,实现检测系统的集成化、一体化。

酶工程就是将酶或者微生物细胞、动植物细胞、细胞器等在一定的生物反应装置中,利用酶所具有的生物催化功能,借助工程手段将相应的原料转化成有用物质并应用于社会生活的一门科学技术。

---

### · 本章小结 ·

酶工程是酶的开发生产和应用的一门高技术学科。酶是一种特异性很强的生物催化剂,可在温和条件下以极高的转化率行使功能。大多数重要的商业用酶是用有限种类的微生物生产的。在工业上,微生物酶采用液体深层发酵法和固体发酵法生产,通过培养和遗传操作加以控制。酶制剂制备的一般流程是破碎细胞、溶剂抽提、离心、过滤、浓缩、干燥。对于分析和医药用酶,还需进一步进行纯化。酶的使用形态有游离态和固定化状态两种。固定化酶有利于酶的反复使用,并且有利于酶与产物的分离。酶的固定化方法有载体结合法、交联法及包埋法。目前固定化酶仅在工业中得到较为广泛的应用,在医学和分析方面也将会有进一步的应用。细胞的固定化,避免了冗繁的酶纯化手续,更有利于多酶反应。用于固定化的细胞可以是活跃生长的细胞,也可以是死细胞或静止细胞。酶分子的修饰和改造可改变天然酶的酶学性质,使其更稳定,更能适应温度、pH的变化,并具有更好的抗蛋白水解酶活性。利用基因工程的方法可提高酶产量和改造酶,使得稀有酶生产变得更容易。固定化酶和细胞最通用的反应器是填充床反应器和流化床反应器。自20世纪60年代酶电极出现以来,生物传感器已取得了巨大的发展,目前正朝微型化和智能化方向发展。迄今已分离的酶有2000多种,但具有商业价值的酶只有20多种,而且大多数是水解酶。因此,酶的应用潜力很大,前景十分诱人。

---

### 复习思考题

1. 名词解释:酶、酶工程、固定化酶、生物传感器。
2. 如何获得优良的产酶菌株?
3. 酶分离纯化的主要技术措施有哪些?
4. 酶分子修饰的含义是什么?
5. 简述酶工程技术在食品工业、医药工业、环保行业等各领域的应用。
6. 什么是生物传感器?其工作原理是什么?
7. 谈谈酶工程技术与生物技术各个学科之间的关系。

# 第 6 章

# 蛋白质工程

【知识目标】

- 了解蛋白质工程的概念、蛋白质结构；
- 了解蛋白质分子设计和蛋白质修饰和表达等的基本原理；
- 掌握蛋白质结构与功能的关系。

【技能目标】

- 了解蛋白质设计技术与方法；
- 了解如何利用蛋白质工程技术获得符合人类需求的蛋白质；
- 了解改变蛋白质结构的方法。

# 6.1 概　述

蛋白质是构成机体组织、器官的重要组成部分,是对生命至关重要的一类生物大分子,人体各组织无一不含蛋白质,在人体的瘦组织中,如肌肉组织和心、肝、肾等器官均含有大量蛋白质,骨骼、牙齿,乃至指、趾也含有大量蛋白质。在细胞中,除了水分之外,蛋白质约占细胞内物质的80%,因此构成机体组织、器官的成分是蛋白质最重要的生理功能。另外,各种生命功能、生命现象、生命活动也都和蛋白质有关。蛋白质工程就是以蛋白质结构和功能的研究为基础,运用遗传工程的方法,借助计算机信息处理技术的支持,从改变或合成基因入手,定向地改造天然蛋白质或设计全新的人工蛋白质分子,使之具有特定的结构、性质和功能,能更好地为人类服务的一种生物技术。

蛋白质的最佳状态是其在生物体内自然存在的天然正常构象,它既能高效地发挥催化、运动、结构、识别和调节等功能,又能便于机体的正常调控,因而极易失活而中止作用。但在生物体外,特别是在大工业化的粗放生产条件下,这种可被灵敏调节的特性就表现为酶分子性质的极不稳定性,导致难以持续发挥原有的功能,成为限制其推广应用的主要原因。如温度、压力、重金属、有机溶剂、氧化剂以及极端 pH 等都会对酶分子的稳定性产生影响。蛋白质工程技术就是针对这一现状,对天然蛋白质进行改造改良或是做出全新的设计模拟,使目的蛋白质具有特殊的结构和性质,能够抵御外界的不良环境,即使在极端恶劣的条件下也照样能继续发挥其应有的作用,因而蛋白质工程具有广阔的应用前景。

## 6.1.1　蛋白质的研究

蛋白质工程是在基因工程冲击下应运而生的。基因工程的研究与开发是以遗传基因,即脱氧核糖核酸为内容的。这种生物大分子的研究与开发诱发了另一个生物大分子蛋白质的研究与开发。通过基因工程手段,人们已经能够大规模地生产出生物体内微量存在的活性物质,并借助转基因技术改变动植物性状,从而在人类医疗保健中进行基因诊断和基因治疗。然而在广泛利用自然界中各种蛋白质时,人们发现这些自然存在的蛋白质只适应于生物体自身的需求,不适合进行产业化开发,必须加以改造后方能利用,这就是蛋白质工程的由来。它是对目的蛋白质进行结构和功能上的设计与改造,以满足人们特定条件下的需要。

以蛋白质结构与功能的研究为基础,掌握蛋白质活性中心的结构,包括催化中心和调节中心的空间构象,了解构成中心的各氨基酸残基及其侧链基团的位置,再借助计算机图像与处理系统的模拟进行分子辅助设计,提出对目的蛋白质的改建或构建方案,确定活性中心的氨基酸残基组成,并辅助设计和预测其结构功能的变化。以蛋白质的结构及其功能为基础,通过基因修饰和基因合成对现存蛋白质加以改造,组建成新型蛋白质的现代生物技术。这种新型蛋白质必须是更符合人类的需要。因此,有学者称,蛋白质工程是第二代基因工程。其基本实施目标是运用基因工程的 DNA 重组技术,将克隆后的基因编码加以改造,或者人工组装成新的基因,再将上述基因通过载体引入挑选的宿主系统内进行表达,从而产生符合人类设计需要的"突变型"蛋白质分子。这种蛋白质分子只有表达了人类需要的性状,才算是实现了蛋白质工程的目标。

蛋白质工程的研究,一方面根据需要合成具有特定氨基酸序列和空间结构的蛋白质;另一方面是确定蛋白质化学组成、空间结构与生物功能之间的关系。在此基础上,实现从氨基酸序列预测蛋白质的空间结构和生物功能,设计合成具有特定生物功能的全新蛋白质,并且生产出性能比自然界存在的蛋白质更加优良、更加符合人类社会需求的新型蛋白质。即根据人类的需要改造天然蛋白质或设计创作自然界没有的新蛋白质,提高其开发利用价值,是蛋白质工程最根本的目标之一。

## 6.1.2 蛋白质工程的定义

1983 年,K. Ulmer 首次提出了蛋白质工程概念,蛋白质工程是指按照特定的需要,对蛋白质进行分子设计和改造的工程。自此以后,蛋白质工程迅速发展,在实际应用中,蛋白质工程的概念也有了新的诠释。

广义的蛋白质工程是指以蛋白质分子的结构规律及其与生物功能的关系作为基础,通过基因修饰或基因合成,对现有蛋白质进行改造,或制造一种新的蛋白质,以满足人类生产和生活的需求。狭义的蛋白质工程就是通过对蛋白质已知结构和功能的了解,借助计算机辅助设计,利用基因定点诱变等技术,特异性地对蛋白质结构基因进行改造,通过重组技术将改造后的基因克隆到特定的载体上,并使之在宿主中表达,从而获得具有特定生物功能的蛋白质,并深入研究这些蛋白质的结构与功能的关系。所以,蛋白质工程包括蛋白质的分离纯化,蛋白质结构、功能的分析、设计和预测,通过基因重组或其他手段改造或创造蛋白质。蛋白质工程是在基因工程的基础上,延伸出来的第二代基因工程,是包含多学科的综合科技工程领域。

## 6.1.3 蛋白质工程研究的基本原理

蛋白质工程的目标是根据人们对蛋白质功能的特定需求,对蛋白质的结构进行分子设计。其基本途径是从预期的蛋白质功能出发→设计预期的蛋白质结构→推测应有的氨基酸序列→找到相对应的脱氧核苷酸序列(基因)。其流程图如下:

(1)蛋白质放大扩增系统

由组织提取的少量纯化的蛋白质,通常只有 0.1 ~ 1.0 mg。作为出发蛋白质分子,先解析部分肽段的一级结构,根据遗传密码设计并合成相应的同位素标记寡聚核苷酸片段,再由此从基因文库中调出该蛋白质的克隆化基因,转入 DNA 序列分析系统测定 DNA 序列并克隆化,最后通过表达载体系统扩增蛋白质的量,达到能够分析出发蛋白质结构功能的水平。通常需要蛋白质量为 0.1 ~ 1.0 g。

(2)蛋白质结构功能分析及分子设计系统

由上一系统获得足量的出发蛋白质后,通过目前已经具备的蛋白质结构分析方法,分析蛋白质的一级结构和空间结构。X 射线衍射分析晶体蛋白质的结构,而三维核磁共振法研究

溶液中的蛋白质结构,同时研究该蛋白质结构与功能的关系,并将结果输入计算机图像处理系统和结构处理系统,根据生物物理学原理以及已知蛋白质结构功能数据库的基本规律,从结构与功能研究出发,进行分子结构分析与模拟,进一步辅助设计和功能预测,提出分子的预期性质、改造或构建方案,完成突变蛋白质的分子设计或构建过程。

（3）突变蛋白质的合成表达系统

将突变方案通过分子遗传学方法实施即蛋白质的定点突变技术,改造或构建方案通过合成突变寡聚核苷酸,引入定位突变,或采用其他方法引入突变,并进入克隆系统分离出突变DNA,以此作为模板,引入载体表达系统,扩增表达获得大量的突变蛋白质。对获得的突变蛋白质进行结构、性质和功能的分析、测试与判定,如符合分子设计的要求,则获得目的蛋白质;如不能满足实际要求,则再由分子设计系统重新指导设计,进入新一轮循环,最终获得满足人们要求的目的蛋白质。

## 6.1.4 蛋白质工程的研究内容

蛋白质工程的内容主要有两方面:一是根据需要设计具有特定氨基酸序列和空间结构的蛋白质;二是确定蛋白质的化学组成及空间结构与生物功能之间的关系。在此基础上,实现从氨基酸序列预测蛋白质的空间结构和生理功能,设计合成具有特定生理功能的全新蛋白质,而氨基酸排序由基因决定,所以还需要改造控制蛋白质合成的相应基因中脱氧核苷酸序列或人工合成所需要的自然界原本不存在的基因片段,用于蛋白质工程。

### 1）蛋白质的结构与功能

蛋白质工程是以蛋白质的结构与功能的关系为基础,了解蛋白质的一级结构以及由此而形成的不同的结构层次是关键。蛋白质一般由若干条多肽链组成,每条多肽链由 20 种氨基酸按一定顺序连接而成,蛋白质的二级结构是多肽链主链折叠并依靠不同肽键的 C＝O 与N—H 基团之间形成的氢键维系形成稳定结构,主要有 α 螺旋、β 折叠、β 转角和无规则卷曲等几种;在此基础上进一步折叠、卷曲成球状分子(即三级结构)。由于在不同的蛋白质中,有时会有相同的局部空间结构,因此又可在二级结构基础上形成超二级结构和结构域两个结构层次。通过非共价作用使两个或多个亚基聚集在一起,形成寡聚蛋白结构形式,称为蛋白质的四级结构。蛋白质的功能与蛋白质特定的空间构象密切相关,蛋白质构象发生变化时,其功能活性也随之改变。

### 2）蛋白质结构、功能设计和预测

根据对天然蛋白质结构与功能分析建立起来的数据库里的数据,可以预测蛋白质氨基酸序列的空间结构和生物功能;反之,也可以根据特定的生物功能,设计蛋白质的氨基酸序列和空间结构。通过基因重组等实验可以直接考察分析结构与功能之间的关系;也可以通过分子动力学、分子热力学等,根据能量最低、同一位置不能同时存在两个原子等基本原则分析计算蛋白质分子的立体结构和生物功能。虽然这方面的工作尚在起步阶段,但可以预见将来能建立一套完整的理论来解释结构与功能之间的关系,用于预测蛋白质的结构与功能。

蛋白质分子设计按照被改造部位的多寡分为三种类型:一为"小改",即对已知结构的蛋白质进行几个残基的替换来改善蛋白质的结构和功能;二为"中改",即对天然蛋白质分子进行大规模的肽链或结构域替换,以及对不同蛋白质的结构域进行拼接组装;三为"大改",即在了解蛋白质结构和功能的基础上,从蛋白质一级结构出发,设计自然界不存在的全新蛋白质。

修饰蛋白质的改造,有简单的物理法、化学法、生物化学法和复杂的基因重组等多种方法。物理、化学的方法是对蛋白质进行变性、复性处理,修饰蛋白质侧链官能团,分割肽链,改变表面电荷分布,促进蛋白质形成一定的立体构象等;生物化学的方法是利用蛋白酶选择性地分割蛋白质,利用转糖苷酶、酯酶等去除或连接不同化学基团,利用转酰胺酶使蛋白质发生交联等。以上方法可以对相同或相似的基团或化学键发生作用。采用基因重组技术或人工合成 DNA,不但可以改造蛋白质,而且可以实现全新蛋白质的合成。

### 6.1.5　蛋白质工程的研究意义

作为第二代基因工程,蛋白质工程广泛用于应用开发,它的研究为当代生物技术的产业化发展注入了新的生命力。已经在蛋白质药物改造、酶工程、抗体工程、分子电子器件和新型医学生物材料研制中获得越来越广泛的应用,具体在医药、工业、农业、环保等方面也具备广阔的应用前景。如干扰素是动物体内的一种蛋白质,可治疗病毒的感染和癌症,但在体外保存相当困难,然而通过蛋白质工程改造以后,在-70 ℃条件下,可保存半年之久。

蛋白质工程对基础理论研究也有极大的促进作用,对揭示生命现象的本质和生命活动的规律具有重要的意义,也是蛋白质结构形成和功能表达的关系研究中不可替代的手段。已成功地设计并合成了以 α 螺旋和 β 折叠层为主体的简单蛋白质,跨出了人工构建蛋白质的第一步。同时蛋白质工程正在推动一个从预定生物功能到期望的蛋白质结构,再到编码基因及其表达的反向生物学的发展。

蛋白质工程必将迅速发展,一方面,研究方法和技术将日臻成熟;另一方面,通过与基因工程的密切结合,可望获得一些有应用价值的成果。仅在生物医学中的意义就有:提高蛋白质的稳定性、融合蛋白质、蛋白质活性的改变、治癌酶的改造、开发新药等。但作为以改造通过长期自然进化产生的蛋白质为目标的高新技术,蛋白质工程在实用上尚有一系列严重困难有待研究解决,在产业化的方向上将有艰难的历程。蛋白质工程是希望与挑战并存、艰辛与硕果同在的崭新研究领域。

## 6.2　蛋白质工程的研究方法

### 6.2.1　蛋白质工程的研究方法

根据蛋白质工程的操作步骤不同,可将蛋白质工程的研究方法划分为:分离纯化鉴定法、功能研究法、结构分析法和进行结构改造的分子生物学研究法四类。

**1) 分离纯化鉴定法**

蛋白质分离纯化鉴定法是对许多结构、性质相似的一系列突变蛋白质的分离、纯化和鉴定,与生物化学中的常规方法没有本质上的区别,但其难度要大得多,通常需要运用多种高精度的方法才能实现,如亲和层析、等电聚焦、免疫沉淀等。

**2）功能研究法**

蛋白质功能研究法必须根据不同种类的蛋白质所具有的不同功能,相应地采用不同的研究方法。如对具有催化活性的蛋白质——酶,则用酶学的稳态动力学方法;对抗体则用免疫学方法;其他蛋白质如激素、生长因子、受体类以及核酸结合类蛋白质都有相应的研究方法。所有这些蛋白质功能的研究中,建立一套高效、简便的蛋白质功能测定方法是成功的关键。对特定的蛋白质,如果能够找到特异专一性的检测方法,可以极大地提高研究的效率。在分子生物学和蛋白质工程研究中,对不同功能蛋白质特异性检测方法的研究,也是重要的研究方向之一。

**3）结构分析法**

蛋白质结构分析法主要是指与研究蛋白质的空间结构有关的理论与技术。主要包括蛋白质一级结构(即氨基酸序列)的测定方法、蛋白质晶体学、核磁共振法、蛋白质折叠过程研究、蛋白质生物物理研究法以及蛋白质工程的计算机辅助设计与模拟研究等。

（1）蛋白质一级结构分析方法

蛋白质一级结构研究,即氨基酸序列的测定,其原理是片段重叠、逐级降解、cDNA 以及质谱法等几种,其中片段重叠和逐级降解是最常用的方法。

（2）蛋白质构象研究方法

在蛋白质高级结构研究方面,X 射线衍射和三维核磁共振是蛋白质空间构象研究最主要的分析手段,分别用于对结晶蛋白质和溶液中蛋白质空间构象的研究。X 射线衍射主要对结晶蛋白质的各向基团的空间排布进行分析,对蛋白质分子的整体空间构架研究作用很大。而三维核磁共振可以直接对水溶液中的蛋白质结构进行分析,溶液中的空间构象更接近于生物体中的自然状态,更能反映蛋白质在执行功能时的实际构象状态。

（3）蛋白质折叠过程研究方法

蛋白质折叠过程研究方法,也就是蛋白质折叠机理研究,是蛋白质化学及分子生物学最前沿的课题之一。目前对蛋白质折叠研究主要通过对蛋白质变性、复性过程的热力学和动力学的研究,以及对折叠中间体的研究而进行。变性、复性过程反映了蛋白质中肽链的折叠、卷曲过程。定量地观察、描述和研究蛋白质变性、复性过程,可以研究肽链的折叠过程。热力学研究反映了过程中的能量状态,动力学研究反映了折叠、卷曲过程与时间之间的关系。通过研究折叠中间体来研究折叠途径也是一种常见的方法。

蛋白质从天然状态到变性状态,或从伸展状态折叠到天然构象,是一个渐变过程,其间必然要经过许多中间过渡态,那些较为稳定的过渡态是折叠过程的限速步骤,这种较为稳定的肽链构象称为折叠中间体,可以有效地反映蛋白质的折叠途径。尽管绝大多数折叠中间体很不稳定,由于三维核磁共振技术的发展,加上氢交换技术及快速混合技术的成熟,已经可以有效地研究这些中间体。

（4）蛋白质生物物理研究方法及计算机结构模拟研究

蛋白质的结构研究方法,除了以上的实验方法以外,理论分子生物物理学方法也是重要的途径之一。随着生物物理、化学以及数学学科的发展,特别是分子力学、分子动力学的发展及其与计算机信息处理技术的结合与发展,利用蛋白质分子内部及其周围环境原子之间的作用,以计算机信息处理系统为工具,研究蛋白质的能量、结构、热力学、动力学性质,进行蛋白质空间结构规律研究和预测,取得了突破性的进展。

理论分子物理学方法的建立,使蛋白质结构的研究摆脱了必须完全依赖实验过程的传统模式,开辟了利用计算机模拟研究的新思路,推动了蛋白质结构研究的进程。

**4)分子生物学研究法**

分子生物学研究法也称基因工程方法,或分子遗传学方法,是一类涉及遗传物质(DNA)的生物学理论与操作技术,包括寡聚核苷酸(又称为寡核苷酸)片段及基因的人工合成、目的基因的克隆与分析、目的基因的定位诱变或随机诱变、目的基因在载体系统中的高效表达等。

**(1)寡聚核苷酸片段及基因的人工合成**

由于 DNA 自动合成仪的广泛应用,寡聚核苷酸片段及基因的合成,即 DNA 的化学合成,现已经成为分子生物学及遗传工程、蛋白质工程研究中的常规技术手段之一。无论从合成寡聚核苷酸片段的长度,还是合成的总量来说,都已经达到相当的规模水平。合成的产物 DNA 片段也有着多方面的用途,除合成全基因或改造基因这一基本用途外,还可用作探针筛选目标基因,作为引物用于基因的定位诱变或聚合酶链式反应,也可合成连接接头(linker)用于基因末端改造等,还可以用于研究基因的调控及基因与其他生物大分子的相互作用。

**(2)目的基因的克隆与分析**

应用于蛋白质工程中目的基因的克隆与分析技术,与常规基因工程中的方法没有本质的差别。一般也包含下面几个基本部分:源 DNA 的获得;DNA 片段与克隆载体的体外连接;重组后载体引入宿主复制放大建立克隆基因库;筛选基因库,获得目的基因克隆;目的基因的结构分析。

**(3)目的基因的定位诱变**

定点突变(site-directed mutagenesis)技术是对已知 DNA 序列的基因或基因片段中任意指定位置改变基因上核苷酸的种类,从而达到改变蛋白质性状的技术。它可以按照人们的意愿在特定的位点实现核苷酸的取代、插入或缺失。蛋白质工程发展至当代,利用专一改变基因中某个或某些特定核苷酸的技术,可以产生具有工业上和医药上所需性状的蛋白质。一般来讲,对蛋白质所作的改造包括增强酶蛋白的催化能力、稳定性、专一性以及改善酶蛋白质的反应条件等几个方面,已为其大规模的应用创造了条件。

定点突变的优点是:比使用化学因素、自然因素导致突变的方法具有突变率高、简单易行、重复性好的优点,在蛋白质工程中主要应用于需要改变的氨基酸残基位置可以预先确定的情况下。目前常用的定点突变方法有寡核苷酸引物介导的定点突变、PCR 介导的定点突变和盒式突变。

**(4)目的基因的高效表达系统**

目的基因表达系统中,以大肠杆菌(*E. coli*)系统最为常用,许多原核和真核生物的基因均能在这一系统中实现高效表达。酵母表达系统是真核生物常见的表达系统,除此之外,还有枯草杆菌系统以及高等真核细胞外源基因表达系统等。

在分子生物学方法中出现了一种全新的引入突变的方法,称为 tRNA 介导蛋白质工程,它是在目的基因表达过程中引入突变的方法。该方法是借助校正 tRNA 定点掺入非天然氨基酸,以提供蛋白质结构信息,改进蛋白质检测与分离方法,甚至赋予蛋白质某些新的特性。

### 6.2.2　蛋白质工程与酶的研究

酶的专一性很强,在温和条件下能有效地催化化学反应的能力使酶的应用日益广泛。药品、化学、食品工业及分析服务行业是酶开发的重要领地。目前已知的酶有 8 000 多种,至少有 2 500 种有可能应用,而目前国际上工业用酶约为 50 种,以吨量级出售的仅 20 余种,可见,酶的开发利用尚有较大潜力。妨碍酶的开发利用的原因主要有:生物材料中酶含量甚少,用传统酶蛋白的分离纯化成本较高;酶蛋白分子结构的稳定性差,过酸、过碱、高温、氧化等因素均可破坏其结构,使其丧失生物活性,因而在工业加工条件下,酶的半衰期短,利用率较低;酶催化活性的最适 pH 及底物专一性的范围较窄,与工业应用的要求有较大差距。因此,要想扩大酶蛋白的开发利用,需要建立适当的方法,以改善酶蛋白的生物特性,使之适合于工业应用的需求。

随着基因工程理论和技术的发展,人们已经能克隆特异蛋白质的基因,并令其在适宜宿主菌中表达,使蛋白质的产量大大提高,因而降低蛋白质纯化成本的问题已基本解决。重要的问题是提高酶蛋白的稳定性,改良其生物学特性。

稳定蛋白质空间构象的主要因素是蛋白质分子中众多基团间的相互作用,如肽键和侧链间的氢键、带有不同电荷的侧链间的静电作用、极性氨基酸残基侧链间的偶极作用、疏水残基间的疏水作用以及分子内二硫键等。蛋白质结构与功能研究表明,上述稳定蛋白质空间构象的因素是由蛋白质一级结构中某一个或某一段氨基酸序列决定的,人工改变或修饰这些氨基酸残基,有可能增加蛋白质的稳定性,又不影响其生物学活性。如野生型枯草杆菌蛋白酶的218 位 Asn 是酶活性部位有关的氨基酸残基,若将其变成 Ser,用 65 ℃的失活半衰期衡量,从 59 min 增加到 223 min,酶的稳定性显著增加。再如氧化失活使枯草杆菌蛋白酶在工业上的应用受到严重限制。很早就有人证实枯草杆菌蛋白酶在少量 $H_2O_2$ 作用下很快失活是由于埋藏在催化部位 Ser221 邻近的 Met222 氧化成硫氰化物的原因。1985 年 Wells 证明若用其他氨基酸取代 Met222,可以提高酶的氧化稳定性而又保持高催化活性。

### 6.2.3　蛋白质工程与基因工程

基因工程又称基因拼接技术和 DNA 重组技术,是以分子遗传学为理论基础,以分子生物学和微生物学的现代方法为手段,将不同来源的基因按预先设计的蓝图,在体外构建杂种 DNA 分子,然后导入活细胞,以改变生物原有的遗传特性、获得新品种、生产新产品的技术。基因工程技术为基因的结构和功能的研究提供了有力的手段。

蛋白质工程主要是根据蛋白质精细结构和生物活性的作用机制之间的关系,利用基因工程手段,按人类需要定向改造天然的蛋白质分子,甚至创造新的自然界根本就不存在的、具有优良特性的蛋白质分子。蛋白质工程与基因工程密不可分,基因工程是通过基因操作把外源基因转入适当的生物体内,并在其中进行表达,它的产品还是该基因编码的天然存在的蛋白质,蛋白质工程则更进一步,根据分子设计方案,通过对天然蛋白质的基因进行改造来实现对其编码的蛋白质的改造,它的产品已不再是天然的蛋白质,而是经过改造的具有人类所需优点的蛋白质。天然蛋白质是通过漫长进化过程,由自然选择而来的,而蛋白质工程对天然蛋白质的改造好比在实验室里加快了进化过程,能更快、更有效地为人类需要服务。

# 6.3 蛋白质工程的应用

蛋白质工程的出现,为认识和改造蛋白质分子提供了强有力的手段,在揭示蛋白质结构形成和功能表达的关系中发挥了重要作用。蛋白质工程的应用领域极为广泛,被认为是生物工程领地上冒出的极富魅力的新芽。它不仅可以带动生物技术的进一步发展,还可以推动与人类生活、生产密切相关学科的发展,如抗蛋白质变性延缓衰老、农牧业遗传育种、遗传病的防治、航天科技、生产可再生能源、创造新型生物材料等。蛋白质工程研究已取得惊人成绩,随着蛋白质工程研究对象的扩大和技术的成熟,其应用领域也必将不断扩大。

## 6.3.1 蛋白质工程的应用实例

### 1)蛋白质工程在医药中的应用

许多蛋白质工程的目标是设法提高蛋白质的稳定性。在酶反应器中可延长酶的半衰期或增强其热稳定性,也可以延长治疗用蛋白质的贮存寿命或重要氨基酸抗氧化失活的能力。在这个领域已取得了一些重要研究成果。用蛋白质工程来改造特殊蛋白质为制造特效抗癌药物开辟了新途径。如人的 β 干扰素和白细胞介素-2 是两种抗癌作用的蛋白质。但在它们的分子结构中,有一个不成对的基因是游离的,因而很不稳定,会使蛋白质失去活性。通过蛋白质工程修饰这种不稳定的结构就可以提高这两种抗癌物质的生物活性。美国的 Cetus 公司成功地修饰了这两种治疗癌瘤的蛋白质,大大提高了它们的稳定性,已用于临床试验并取得了良好的效果。具有抗癌作用的蛋白质工程产品免疫球蛋白质是一种高效治癌药物,它能成为征服癌症的"生物导弹",即具有对准目标杀死特定癌细胞而不伤害正常细胞的特效。近年来,澳大利亚医学科学研究所的一个微生物研究课题组经过多年的研究后发现了激发基因开始或停止产生癌细胞的蛋白质。这种蛋白质在癌细胞生长过程中对癌基因起着开通或关闭的作用。这个发现,对于通过蛋白质工程研制鉴别与控制多种类型的血液癌、固体癌的蛋白质有很好的作用,并为诊断和治疗癌症提供了新的方法。目前,应用蛋白质工程研究开发抗癌及抗艾滋病等重大疑难病症等方面,均取得了重大进展。

另据实验,蛋白质工程还可以改变 α1 抗胰蛋白酶(ATT,即 α1 胰蛋白酶抑制剂)。运用此工程技术在 ATT 的 Met358 和 Ser359 之间切开后,可以与嗜中性白细胞弹性蛋白酶迅速结合而引发抑制作用。在病理学的氧化条件下可导致 Met358 变成蛋氨酸硫氧化物,使 ATT 不可能与弹性蛋白酶的弹性位点相结合。通过位点直接诱变,Met358 被 Val 代替就成为抗氧化疗法的 AAT 突变体。含 AAT 突变体的血浆静脉替代疗法已经用于 AAT 产物基因缺陷疾病患者的治疗,并已取得明显疗效。

利用生物细胞因子进行人类疾病治疗的独到作用已越来越被人们重视,基因工程技术诞生后首先就被用于人生长激素释放抑制因子、胰岛素等医用蛋白质产品开发,大大降低了用于治疗的成本。利用大肠杆菌进行真核生物蛋白质表达会遇到生物活性低等问题,解决这些问题的出路:一是研究开发新的表达系统,如酵母、哺乳动物细胞等,这方面已取得很大的成效;二是借助蛋白质工程,如利用分子设计和定点突变技术。国内外在获得胰岛素突变体方面都取得了相当多的成果,此外,干扰素、尿激酶等蛋白质工程也都取得进展,即将得到长效、速效、稳定、作用更广的蛋白质药物。医用蛋白质的市场广大,待开发的产品也非常之多。此外,利用蛋白质工程技术进行分子设计,通过肽模拟物(peptidomimetics)构象筛选药物等方面研究更加丰富了蛋白质工程的内容。

**2)蛋白质工程在工业中的应用**

蛋白质工程在工业上的应用取得的成果有很多。现以改变酶的动力学特性研制出高效除污酶为例说明其应用价值。酶的动力学基本规律为:

$$酶(E)+底物(S) \longrightarrow 酶\text{-}底物复合物(ES) \longrightarrow 酶(E)+产物(P)$$

在这个反应过程中有 4 个速率常数:

$$E+S \longrightarrow ES \longrightarrow E+P$$

在稳态阶段,ES 形成速率与分解速率相等,这个速率就是 $K_m$(Michaelis 常数)。在数值上,$K_m$ 等于达到最大速率一半时的底物浓度。$V_{max}$ 常在反应的初始阶段测定,反应进行中产物浓度将增加,$K_4$ 则不可忽视,高浓度的底物会抑制酶活性。在底物低浓度时,酶的 $K_m$ 是关键的参数。如在枯草杆菌蛋白酶的活性位点内有一个 Met 残基,作为去污剂的一种组分,该酶要置于氧化条件下使用。利用位点直接诱变,用其他 19 种氨基酸的任何一种取代这个Met,这些突变酶在活性方面大不相同,除了 CYS 代替 Met 的突变酶外,其他突变酶的活性都下降,而 $K_m$ 值提高。含不可氧化氨基酸(如 Cer、Ala 或 Len)的突变酶在 1 mol/L $H_2O$ 中不失活,而 Met 和 CYS 酶则迅速失活。研究者正是根据突变酶的动力学特性来确定枯草蛋白酶在去污剂中的应用,以提高其除污效率,加强去污作用。

另外,美国、日本等国家的科学工作者利用蛋白质工程研制生物元件来取代"硅芯片",研制生物计算机,开发生物传感器的蛋白质都取得了重大进展。还有利用蛋白质(酶)生产模仿羊毛、蚕丝、蜘蛛丝,其强度高、质量轻,均是蛋白质工程取得的应用性研究成果。

**3)蛋白质工程在农业中的应用**

蛋白质工程正在成为改造农业、大幅度提高粮食产量的新途径。如植物光合作用是利用光能,将二氧化碳和水合成有机物并释放氧气的过程。在植物叶片中普遍存在着一种重要的起催化作用的酶,它能固定二氧化碳,这种酶叫核酮糖-1,5-二磷酸羧化酶。而这种酶具有双重性:它既能固定二氧化碳,又会使二氧化碳在光照条件下通过光呼吸作用损失一半,即光合效率只有 50%。现在。这种酶的三维结构已经搞清楚了。参与研究的工作人员认为,可以通过蛋白质工程改造这种酶,控制其不利于人需要的一面,从而大大提高其光合作用效率,增加粮食产量。

近年来,美国坎布里奇雷普里根公司的科研人员立题,以蛋白质工程作为设计优良微生物农药的新思路,他们实施对微生物蛋白质结构进行修改,仅此一举,使微生物农药的杀虫率提高了 10 倍。

玉米体内赖氨酸的含量比较低,关键是玉米体内天冬氨酸激酶和二氢吡啶二羧酸合成酶浓度达到一定量时,就会抑制这两种酶的活性,从而影响赖氨酸含量的提高,经过蛋白质工程改造这两种酶后,分别使赖氨酸的含量提高了 5 倍和 2 倍。

**(1)水蛭素改造**

水蛭素是水蛭唾液腺分泌的凝血酶特异抑制剂,它有多种变异体,由 65 或 66 个氨基酸残基组成。水蛭素在临床上可作为抗栓药物用于治疗血栓疾病。为提高水蛭素活性,在综合各变异体结构特点的基础上提出改造水蛭素主要变异体 HV2 的设计方案,将 47 位的 Asn(天冬酰胺)变成 Lys(赖氨酸),使其与分子内第 4 位或第 5 位的 Thr(苏氨酸)间形成氢键来帮助水蛭素 N 端肽段的正确取向,从而提高凝血效率,试管试验活性提高 4 倍,在动物模型上检验抗血栓形成的效果,提高 20 倍。

(2)生长激素改造

生长激素通过对它特异受体的作用促进细胞和机体的生长发育,然而它不仅可以结合生长激素受体,还可以结合许多种不同类型细胞的催乳激素受体,引发其他生理过程。在治疗过程中为减少副作用,需使人的重组生长激素只与生长激素受体结合,尽可能减少与其他激素受体的结合。经研究发现,两者受体结合区有一部分重叠,但并不完全相同,有可能通过改造加以区别。由于人的生长激素和催乳激素受体结合需要锌离子参与作用,而它与生长激素受体结合则无需锌离子参与,于是考虑取代充当锌离子配基的氨基酸侧链,如第 18 位和第 21 位 His(组氨酸)和第 17 位 Glu(谷氨酸)。实验结果与预先设想一致,但要开发作为临床用药还有大量的工作要做。

(3)胰岛素改造

天然胰岛素制剂在储存中易形成二聚体和六聚体,延缓胰岛素从注射部位进入血液,从而延缓了其降血糖作用,也增加了抗原性,这是胰岛素 B23—B28 氨基酸残基结构所致。利用蛋白质工程技术改变这些残基,则可降低其聚合作用,使胰岛素快速起作用。该速效胰岛素已通过临床实验。

(4)治癌酶的改造

癌症的基因治疗分两个方面:药物作用于癌细胞,特异性地抑制或杀死癌细胞;药物保护正常细胞免受化学药物的侵害,可以提高化学治疗的剂量。疱疹病毒(HSV)胸腺嘧啶激酶(TK)可以催化胸腺嘧啶和其他结构类似物磷酸化而使这些碱基 3′-OH 缺乏,从而阻断 DNA 的合成,杀死癌细胞。HSV-TK 催化能力可以通过基因突变来提高。从大量的随机突变中筛选出一种酶,在酶活性部位附近有 6 个氨基酸被替换,催化能力 20 倍以上。蛋白质工程的发展很快,研究工作很多,以上仅介绍了几个例子。蛋白质工程除了用于改造天然蛋白质或设计制造新的蛋白质外,其本身还是研究蛋白质结构功能的一种强有力的工具,它在解决生物理论方面所起的作用,可以和任何重大的生物研究方法相提并论。

## 6.3.2 蛋白质工程的现状与展望

20 世纪 80 年代初美国 Genex 公司的 K. Ulmer 第一次提出蛋白质工程概念,并建立了专门研究实体,制定了相应研究开发计划。其后,以美国为首的几家生物技术公司同时应用蛋白质工程技术得到几种蛋白质结构,标志着蛋白质工程正式诞生。

蛋白质工程汇集了当代分子生物学等学科的一些前沿领域的最新成就,它把核酸与蛋白质结合、蛋白质空间结构与生物功能结合起来进行研究。其创立初始即显示了它的巨大应用前景,如英国医学研究协会剑桥分子生物学研究所 G. Winter 等实现了嗜热脂肪芽孢杆菌氨酰 tRNA 合成酶活性改变;美国旧金山 Genetech 公司的 L. J. Pery 等使 T4 溶菌酶热稳定性得到改变,对于用 T4 噬菌体清除乳酪制造中梭状芽孢杆菌(*Clostridium*)污染可发挥重要作用;

S. Rosenberg 等对 α1 抗胰蛋白酶改造,防止其被氧化,用于防止肺气肿作用将很大;美国 Genetech 和 Genrnecor 公司改变枯草杆菌蛋白酶稳定性和抗氧化性,在洗涤、蚕丝加工业、制革工业中都能派上用场。因此蛋白质工程得到许多国家政府和公司的极大关注,纷纷投入巨大的资金和力量进行研究和开发,近些年来已有一些工业用酶和家用产品进入市场,一些项目得到专利保护,商业竞争趋势异常激烈。目前已经在蛋白质药物、工业酶制剂、农业生物技术、生物代谢途径等研究领域取得了很大进步。蛋白质工程也将蛋白质与酶的研究推进到崭新的阶段,为蛋白质和酶在工业、农业和医药方面的应用开拓了诱人的前景。例如,通过对胰岛素的改造,使其成为一种速效性药品;再如,将蛋白质工程应用于微电子方面,制成电子元件,具有体积小、耗电少、效率高等优点。蛋白质工程开创了按照人类意愿改造、创造符合人类需要的蛋白质的新时代。

在开发产品的同时,蛋白质工程基础研究也在不断加强,研究对象由单一蛋白质扩充到糖蛋白、糖、蛋白核酸复合物以及核酶等生物分子和复合体。研究内容从蛋白质饰变延伸到分子设计、构象设计、药物设计等。研究技术手段日新月异,基因资源的积累和计算机应用软件的大量涌现,促成了生物信息研究技术的形成,为加强蛋白质工程的高效、理性和创造性奠定了基础,必将大大加快研究和开发进程。在分子生物学手段日益发展的今天,新的蛋白质工程手段逐渐面世,对于蛋白质分子改造起到了极其重要的作用,通过这种手段提高蛋白质的特性如热稳定性、耐酸性、耐碱性等仍然是目前的重要研究方向。在蛋白质结构与其功能的研究上已获得很多有价值的检测资料。人们已经初步掌握了蛋白质工程的技术程序,这就是基因定位、诱变。在了解蛋白质三维结构与功能的基础上,对突变后的一维纤性肽链进行分子设计,从而构建全新的蛋白质分子。当今,在这个技术程序的控制手段方面已经取得了关键技术的突破。蛋白质工程的应用领域极为广泛,现在已对探索环境保护,控制和设计与 DNA 相互作用的某些调控蛋白,进一步实现控制遗传,改造生物体,创造符合人类需求新生物类型等方面发挥着重要作用。进入 20 世纪 90 年代以后,对天然蛋白质进行改造的技术越来越成熟,从头设计合成新的蛋白质的途径取得的突破性进展,为蛋白质工程树立了新的里程碑。

然而由于蛋白质的高级空间结构是相当复杂的,蛋白质要发挥其功能还必须依赖于它的空间结构,这就给蛋白质的研究带来了困难。所以,目前成功的例子还不是很多,还需要人们继续不懈地努力。

# 6.4   蛋白质组学

## 6.4.1   蛋白质组学产生的历史背景

自从基因组开展研究以来,已经取得众多举世瞩目的成就。特别是人类基因组计划(HGP)完成全部基因组 DNA 的测序,这一成果令人振奋,但也随之产生了新的问题。大量涌出的新基因数据迫使我们不得不考虑一些问题:这些基因编码的蛋白质有什么功能? 在细胞合成蛋白质之后,这些蛋白质往往还要经历翻译后的加工修饰。也就是说,一个基因对应的不是一种蛋白质而可能是几种甚至是几十种。譬如数千甚至数万种蛋白质的细胞是如何运转的？这些蛋白质在细胞内是怎样工作,如何相互作用、相互协调的？这样的问题远远超越了基因组研究的范畴。虽然基因组计划能确定某生物基因组内的全部基因,但却不能告诉人们哪些基因在何时何地以何种程度表达。基因组对生命体的整体控制必须通过它所表达的全部蛋白质来执行,由于基因芯片技术只能反映出从基因组到 RNA 的转录水平的表达情况,而从 RNA 到蛋白质还有许多中间环节的影响,因此仅凭基因芯片技术我们还不能最终掌握生物功能的具体执行者——蛋白质的整体表达状况。也正因如此,人们在发展基因芯片的同时,也发展了一套研究基因组所有蛋白质产物表达情况的技术——蛋白质组研究技术,在这样的背景下,蛋白质组学应运而生。

蛋白质组(proteome)的概念最先是由马克·威尔金斯(Marc Wilkins)提出来的,最早见诸1995 年 7 月的 *Electrophoresis* 杂志,它是用来描述一个细胞、组织或有机体表达的所有蛋白质组成及其活动方式。蛋白质组学(proteomics)主要研究特定时间或特定条件下细胞内所有蛋白质在生命过程中的表达、蛋白质之间的相互作用、翻译后的各种修饰等。与基因组不同的是,蛋白质组并不是静止的,会因基因结构的变化以及环境的刺激不断地发生变化。另外,许多蛋白质还要进行翻译后修饰,如糖基化和磷酸化等,都会造成它们的波动性。虽然蛋白质的可变性和多样性等导致了蛋白质研究技术远远比核酸技术要复杂和困难得多,然而正是由于这些特性的参与,影响着整个生命过程。虽然人类对于蛋白质的研究已逾百年,但已往人们只是针对生命活动中某一种或某几种蛋白质,这样就难以系统透彻地阐明和解释生命活动的基本机制。因此,大规模、全方位的蛋白质研究势在必行。

正是蛋白质组概念的提出,使得研究人员可以用蛋白质组学这个全新的领域来考虑生命活动的规律。蛋白质组研究虽然尚处于初始阶段,但已经取得了一些重要的进展。当前蛋白质组学的主要内容是,在建立和发展蛋白质组研究的技术方法的同时进行蛋白质组分析。从技术上来讲,蛋白质组学包括二维凝胶电泳技术和质谱测序技术。通过质谱测序技术就可以得到所有这些蛋白质的序列组成。这些都是技术实现问题,最重要的就是如何运用生物信息学理论方法去分析所得到的巨量数据,从中还原出生命运转和调控的整体系统的分子机制。对蛋白质组的分析工作也大致有两个方面:一方面,通过二维凝胶电泳得到正常生理条件下的机体、组织或细胞的全部蛋白质的图谱,相关数据将作为待检测机体、组织或细胞的二维参考图谱和数据库。一系列这样的二维参考图谱和数据库已经建立并且可通过互联网检索。二维参考图谱建立的意义在于为进一步的分析工作提供基础。另一方面,就是比较分析在变化了的生理条件下蛋白质组所发生的变化。如蛋白质表达量的变化,翻译后修饰的变化,或者可能的条件下分析蛋白质在亚细胞水平上的定位的改变等。

## 6.4.2　蛋白质组的研究技术和研究内容

蛋白质组学从其研究目标方面可分为表达蛋白质组学和结构蛋白质组学。前者主要研究细胞或组织在不同条件如药物或疾病状态下蛋白质的表达和功能,这将有助于识别疾病特异蛋白、药物作用靶点、药物功效和毒性标记等,目前蛋白质组学的研究在这方面开展得最为广泛,其运用技术主要依赖双相凝胶电泳技术以及图像分析系统,当对感兴趣的蛋白质进行分析时可能用到质谱。由于蛋白质发生修饰后其电泳特性将发生改变,这些技术可以直接测定蛋白质的含量,并有助于发现蛋白质翻译后的修饰,如糖基化和磷酸化等。结构蛋白质组学的目标是识别蛋白质的结构并研究蛋白质间的相互作用。蛋白质之间的相互作用与控制细胞生长、复制等的代谢和信号通路有关,蛋白质之间相互作用的改变可能引起人类疾病,因此蛋白质之间的相互作用在识别新的药物干预靶点方面有很大的潜力。

当今分子生物学领域内,蛋白质组已成为继人类基因组测序完成后的又一研究热点。基因组相对较稳定,而且各种细胞或生物体的基因组结构有许多基本相似的特征;而蛋白质组是动态的,随内外界刺激而变化。对蛋白质组的研究可以使我们更容易接近对生命过程的认识。由于细胞或组织的蛋白质不是杂乱无章的混合物,蛋白质间的相互作用、相互协调是细胞进行一切代谢活动的基础。蛋白质间的相互作用及作用方式同样也是蛋白质组研究所面临的很大的技术挑战。研究蛋白质间的相互作用有多种方法,常用的如双向凝胶电泳(2-DE)、质谱技术、酵母双杂交系统、亲和层析、免疫沉淀、蛋白质交联等。

### 1)双向凝胶电泳

双向凝胶电泳(2-DE)也叫二维电泳技术,是目前蛋白质组学研究的核心技术。2-DE 最早在 1975 年出现,是一项广泛应用于分离细胞、组织或其他生物样品中蛋白质混合物的技术。

#### (1)2-DE 的基本原理

先进行等电聚焦,蛋白质 pH 梯度分离,到达各自的等电点;随后在沿垂直的方向按分子量进行分离。它根据蛋白质不同的特点分两向分离蛋白质。第一向是等电聚焦(IEF)电泳,根据蛋白质等电点的不同进行分离。等电点(pI)是蛋白质所带静电荷为零时的 pH,由于蛋白质是两性分子,根据其周围环境 pH 的不同可带不同电荷。周围环境 pH 小于其 pI 时,蛋白质带正电荷;大于其 pI 时蛋白质带负电荷;等于其 pI 时,蛋白质不带电荷。等电聚焦电泳时,蛋白质处于一个 pH 梯度中,在电场的作用下,蛋白质将移向其静电荷为零的点。静电荷为正的蛋白质将移向负极,静电荷为负的将移向正极,直到到达其等电点,如果蛋白质在其等电点附近扩散,那么它将带上电荷重新移回等电点。这就是 IEF 的聚焦效应,它可以在等电点附近浓集蛋白质,从而分离电荷差别极微小的蛋白质。pH 梯度的形成最初是在一根细的包含两性电解质的聚丙烯酰胺凝胶管中进行。在电流的作用下,两性电解质可形成一个 pH 梯度。但由于两性电解质形成的 pH 梯度不稳定、易漂移、重复性差,20 世纪 80 年代以后,研究人员研制了固定 pH 梯度的胶条(IPG)。此种胶条的形成需要一些能与丙烯酰胺单体结合的分子,每个含有一种酸性或碱性缓冲基团。制作时,将一种含有不同酸性基团的此分子溶液和一种含有不同碱性基团的此分子溶液混合,两种溶液中均含有丙烯酰胺单体和催化剂,不同分子的浓度决定 pH 的范围。聚合时丙烯酰胺成分与双丙烯酰胺聚合形成聚丙烯酰胺凝胶。

第二向是十二烷基磺酸钠聚丙烯酰胺凝胶电泳(SDS-PAGE),根据蛋白质的分子量不同进行分离。此向是在包含十二烷基磺酸钠(SDS)的聚丙烯酰胺凝胶中进行。SDS 是一种阴离子去污剂,它能缠绕在多肽骨架上使蛋白质带负电,所带电荷与蛋白质的分子量成正比,在 SDS 聚丙烯酰胺凝胶中蛋白质分子量的对数与它在胶中移动的距离基本呈线性关系。SDS-PAGE 装置有水平和垂直两种形式,垂直装置可同时跑多块胶,如 Amersham pharmacia Biotech 的 Ettan DALT Ⅱ系统可同时跑 12 块胶,提高了操作的平行性。经过 2-DE 以后,二维平面上每一个点一般代表了一种蛋白质,这样成千种不同的蛋白质即可被分离,同时可以得到有关蛋白质的等电点、分子量及每种蛋白质的数量信息。

（2）检测技术

蛋白质组学分析对 2-DE 后的染色技术要求很高,除了标准的敏感性要求外,还要求染色技术的线性和均一性。目前有多种显色方法,如考马斯亮蓝染色、银染、荧光显色等。银染灵敏度较高,却与醛类物质有特异性反应,不利于后续分析;考马斯亮蓝染色线性、均一性较高,对质谱干扰较小,但敏感性较低,难以显示低丰度蛋白。较理想的是荧光显色法,其不仅敏感性、线性都很好,而且对质谱干扰小,可以很好地兼容下游鉴定技术,有很好的应用前景。不过成本比较高。实验时,可以根据不同的目的选用不同的方法。

（3）分析技术

2-DE 图像所产生的大量蛋白质点是单纯用肉眼分析无法完成。必须用专门的图像分析软件来进行胶的图像分析,如 Melanie Ⅱ,PD Quest,Phoretix 2D Full（又称 2D Image Master Elite）等,这些软件可以完成蛋白质点的识别、匹配等,具有很强的分析功能,但其缺点是需要很多的图像手工校对,一般分析一个图像需要 8～10 h。

2-DE 是目前唯一一种能溶解大量蛋白质并进行定量的方法,具有高通量、重复性好、敏感性较高等优点。它能同时分离和定量数千种甚至上万种蛋白质。它的分辨率极高,等电聚焦相可以区分 pI 相差 0.1 的蛋白质,SDS-PAGE 相可以区分分子量相差 1 kD 的蛋白质。其缺点是由于蛋白质表达水平的差异较大,一些低丰度的蛋白质不易检测。另外某些基因的表达产物在 2D 胶中呈多点或不同基因的表达产物共点,使 2D 胶数据的比较、定量更加复杂。2-DE 分离的蛋白质数量受诸多因素影响,疏水性的膜蛋白（往往是药物设计最好的靶点）很难用此法分离,同时染色技术的灵敏度和线性范围不足以呈现所有分离的蛋白质。目前,人们采用多种方法来减少这些缺点,如通过增加上样量分离低丰度蛋白,应用窄范围固定 pH 梯度胶条、蛋白层析等技术提高分离的蛋白质数目,应用荧光染色提高检测灵敏度等。

**2）质谱分析**

在蛋白质组学研究流程中,蛋白质鉴定是最关键的一环。如果说在蛋白质组分离技术方面出现各种方法并存的局面,那么,蛋白质鉴定的主流技术无可争议就是质谱技术。质谱技术在 20 世纪初就已出现,但一直仅应用于有机小分子领域,直到 80 年代才渐渐进入生物大分子领域。随着 20 多年来的发展和应用,质谱技术已是蛋白质研究中必不可少的工具,并被称为蛋白质组研究中的主要支撑技术。

对于蛋白质和多肽而言,质谱技术就是要确定一个蛋白质或多肽的分子质量。而由此所获得的信息,涉及的领域已远远超过检测分子质量这一简单应用。因为分子质量是一个蛋白质、多肽或氨基酸最基本的特征,这种特征是专一的。不同的氨基酸组成、不同的氨基酸序列、不同的修饰方式、不同的蛋白质间结合方式、不同的位点差异都可以在蛋白质的分子质量上体现。对蛋白质以及组成蛋白质的多肽,氨基酸的分子质量测定实际上也就是对蛋白质种类和性质的鉴定。

质谱（Ms）的基本原理是在样品分子离子化后,根据不同离子其质荷比（$m/z$）的不同来进行分离并确定分子量。它需要 3 个步骤,首先通过离子化装置将分子转化为气态离子,接着通过质谱分析器按照质荷比的不同进行分离,最后转化到离子检测装置。以前的质谱由于难以解决高分子化合物的离子化问题而仅限于分析小分子化合物,直到基质辅助的激光解吸离子化（matrix-assisted laser desorption ionization，MALDI）和电喷雾离子化（electrospray ionization，ESI）这两种新的电离技术的出现，才使质谱广泛用于蛋白质的鉴定，并已成为蛋白质组学研究的支撑技术。近几年来质谱的装置和技术不断地完善发展，比如已经可以不再经过胶分离和酶解就直接利用质谱鉴定蛋白质，用蛋白质粗提物先进行毛细管电泳分离，然后直接加至傅立叶离子回旋加速器核磁共振质谱仪，一次就能获得多个蛋白质的精确分子量。另一种 MALDI 四极杆飞行时间质谱（TOF），即把 MALDI 离子源与一个高效串联质谱仪相连，并结合肽质指纹图和肽序列标签对蛋白质进行鉴定，可大大提高鉴定的特异性和准确率。此外又出现了把两个飞行时间质量分析器串联在一起的 MALDI-TOF-TOF 质谱，它具有 MALDI-Q-TOF 的许多优点，使质谱真正发展为高通量的蛋白质测序工具。

质谱技术能清楚地鉴定蛋白质并能准确地测量肽和蛋白质的分子量、氨基酸序列及翻译后的修饰。目前 MS/MS 是唯一能够迅速测序 N 端封闭或共价修饰肽段的方法。质谱技术很灵活，能与多种蛋白分离、捕获技术联用，对普通的缓冲液成分相对耐受，能快速鉴定大量蛋白质点，而且很灵敏，在一些情况下，仅需 10～15 fmol 的蛋白，这在只能得到极少量蛋白质的情况下鉴别蛋白质是很有用的。在实际工作中可将几种技术结合应用，如串联质谱与 Edeman 微测序技术相结合，MALDI 质谱与纳米电子喷射质谱相结合，这些技术互补，为分析 2-DE 所分离的大量蛋白质提供了有效的手段。质谱技术是一项强大的分离分析技术，但它只能分离气体状态的带电分子，而且，一次只能分析带正电或带负电的分析物。质谱分析很难区分两种同源性极高的蛋白质。由于质谱分析只是描述蛋白质的少量多肽，因此可能把删节的蛋白质当成是原来的蛋白质。通常只适用于酵母等基因组序列已知的个体。

### 3）蛋白质芯片

蛋白质芯片是检测蛋白质之间相互作用的生物芯片，又称蛋白质微阵列，属于生物芯片的，是将各种微量纯化的蛋白质阵列在一种高密度的固相载体上，并于待测样品杂交，以测定相应蛋白质的性质、特征以及蛋白质与生物分子之间的相互作用的方法。它具有高通量、高灵敏度、操作自动化、重复性好等优点。随着蛋白质芯片技术的不断发展进步，为蛋白质芯片在某一特定条件下来分析整个蛋白质组提供了可能。

蛋白质芯片技术的基本原理是将各种蛋白质有序地固定于滴定板、滤膜或载玻片等各种载体上制成检测用的芯片，然后，用标记了特定荧光抗体的蛋白质或其他成分与芯片作用，经漂洗将未能与芯片上的蛋白质互补结合的成分洗去，再利用荧光扫描仪或激光共聚焦扫描技术，测定芯片上各点的荧光强度，通过荧光强度分析蛋白质与蛋白质相互作用的关系，由此达到测定各种蛋白质功能的目的。目前，国内临床上应用较多的蛋白质芯片是 C-12 多种肿瘤标志物蛋白质芯片检测系统，该系统主要是检测患者血清中的肿瘤标志物含量及变化情况，由此作为判断常见肿瘤的发生、发展、治疗效果及其预后的检测指标。

#### （1）蛋白质芯片的基本原理

蛋白质芯片与基因芯片相似，为一些表面经过特殊修饰的载体，不同种类的芯片可以选择性地吸附不同的蛋白质。这些芯片可通过与特殊的配基、抗体、离子或疏水基团相连来选择性地吸附我们所需的目的蛋白质。蛋白质芯片一次可以快速分析多种蛋白质，因此是一项很有前途的技术。随着自动化的发展，一些实验室将蛋白质芯片技术与质谱联用，通过质谱直接显示反应结果。如生物传感芯片和质谱联用，可极大地提高自动化程度与分析检测的灵敏度。还有新近发展的表面增强蛋白质芯片技术,也是一种基于质谱的蛋白质组分析技术。

(2)芯片的制备

因为蛋白质要比 DNA 难合成,难于在固相支持物表面合成,所以蛋白质芯片要比 DNA 芯片复杂得多,芯片制作过程中保持蛋白质的生物活性成为一大难题。

Ciphergen Biosystems 公司是世界上较早发展蛋白质芯片的公司,并提出化学和生物化学蛋白质芯片两种类型。化学型蛋白质芯片的构想来源于经典色谱(反相层析、离子交换层析、金属螯合层析等)的介质,分为疏水、亲水、阳离子、阴离子和金属螯合芯片五种。铺有相关介质的蛋白质芯片可以通过介质的疏水力、静电力、共价键等结合样品中的蛋白质,然后经特定的洗脱液去除杂质蛋白质,而保留目的蛋白质。这种芯片特异性较差。生物化学型蛋白质芯片则是把生物活性分子(如抗体、受体、配体等)结合到芯片表面,用于捕获样品中的靶蛋白。由于生物化学型蛋白质芯片具有高度的特异性及生物活性分子的多样性,其应用范围和应用前景都明显优于化学型蛋白质芯片。但目前该公司所生产和推广的蛋白质芯片数还局限在化学型芯片上。Uetz 等使用酵母双杂交系统构筑了蛋白质芯片。Arenkov 等曾将探针蛋白质固定于聚丙烯酰胺凝胶中,待测样品通过电泳与凝胶中的探针蛋白发生特异性结合,从而捕获感兴趣的靶蛋白。Macbeath 等根据 DNA 微阵列原理设计出了蛋白质微阵列。

由于蛋白质芯片技术其自身的特点,已经在广泛的领域中得到了应用。在疾病诊断方面,它比传统的检测方法需要的时间短、样品量少,但是能给出更多的诊断信息,而且它还可以用来进行自我检测,因此可以成为以后医疗诊断的发展发向。在药物筛选方面,可以用蛋白质芯片技术来寻找药物的靶标,检查药物的毒副作用,而且用蛋白质芯片做大规模的筛选还可以省略大量的动物试验,从而缩短药物筛选所需要的时间。在研究蛋白质相互作用、靶蛋白的筛选方面,蛋白质芯片更是以其直接对蛋白质进行分析的优势,发挥着极大的作用。当然,蛋白质芯片技术作为一项正在发展中的技术,其本身还存在很多问题。例如,作为芯片表面基质的材料的发展,作为蛋白质芯片的特异性抗体的筛选制作,检测方法的改进。这些都是当今困扰蛋白质芯片发展的问题,也是需要不断解决的问题。

蛋白质芯片技术由于是在体外条件下进行操作,并直接检测目标蛋白质,不需要酵母作为中介,突破了酵母双杂交系统技术的局限性,必将成为研究蛋白质相互作用的理想工作。其能够同时检测生物样品中与某种疾病或环境因素损伤可能相关的全部蛋白质的含量变化情况,即表型指纹(phenomi-cifingerprint)。对于疾病的诊断或筛查来讲,表型指纹要比单一标志物准确可靠得多。蛋白质芯片的探针蛋白的特异性高、亲和力强,受其他杂质的影响较低,因此对生物样品的要求较低,简化了样品的前处理,甚至可以直接利用生物材料(血样、尿样、细胞及组织等)进行检测。由于蛋白质芯片的高通量性质,加快了生物标志物发现和确认的速度。

虽然蛋白质芯片技术是一种强有力的蛋白质组学研究的新方法,从产生至今已有了很大的发展,但与基因芯片相比较,蛋白质芯片技术还处在起步阶段,在芯片的制备、具体应用过程以及结果的检测方面还有很多的不足。首先是成本问题,蛋白质芯片的制作工艺相当烦琐、复杂,而且信号的检测也需要专门的仪器设备(如 SELDI-TOF-MS)一般实验室都承受不起。其次,蛋白质芯片在制作过程中实验条件发生微小的变化便可能引起最后结果的不同,实验条件不易控制,使得实验结果的可重复性相对不足。这些问题已成为蛋白质芯片技术下一步需要重点解决的问题。目前蛋白质芯片技术的发展应加大芯片摄取蛋白质的数目和种类,尽可能多地捕获蛋白组信息,实现高通量,简化操作过程,设计蛋白芯片试剂盒,切实做到快速准确;应用计算机技术,在蛋白芯片获得的信息进行数模化处理,减少手工图谱处理带来的烦琐程序;降低工作成本,便于推广;研究联合设备,使其标记出新的蛋白质后,能迅速测出氨基酸序列。相信随着对蛋白质结构和功能认识的不断深入,以及其他辅助学科和技术的发展和成熟,蛋白质芯片技术会在生命科学领域发挥重要的作用。

**4)酵母双杂交系统**

酵母双杂交系统是当前蛋白质相互作用组学研究中发展迅速、应用广泛的重要方法。它的建立得力于对真核生物调控转录起始过程的认识。细胞起始基因转录需要有反转录激活因子的参与。转录激活因子在结构上是组件式的,即这些因子往往是由两个或两个以上相互独立的结构域构成,其中有 DNA 结合结构域(DNA binding domain,简称 DB)和转录激活结构域(activation domain,简称 AD),它们是转录激活因子发挥功能所必需的。单独的 DB 虽然能和启动子结合,但是不能激活转录,而不同转录激活因子的 DB 和 AD 形成的杂合蛋白具有激活转录的功能。DB 与 AD 分别能与多肽 X 和 Y 结合,由 DB 和 AD 形成的融合蛋白现在一般分别称为"诱饵(bait)"和"猎物"或靶蛋白(prey or target protein)。如果在 X 和 Y 之间存在相互作用,那么分别位于这两个融合蛋白上的 DB 和 AD 就能形成有活性的转录激活因子,从而激活相应基因的转录与表达。这个被激活的、能显示"诱饵"和"猎物"相互作用的基因称为报道基因(reporter gene)。通过对报道基因表达产物的检测,反过来可判别作为"诱饵"和"猎物"的两个蛋白质之间是否存在相互作用。用酵母双杂交系统检测蛋白质之间的相互作用通常会存在假阳性或假阴性的问题,已有许多学者对此系统进行了改进,并且将其扩展到检测 DNA-蛋白质、RNA 蛋白质、小分子-蛋白质之间的相互作用上。

酵母双杂交系统的基本原理:当靶蛋白和诱饵蛋白特异结合后,诱饵蛋白结合于报道基因的启动子,启动报道基因在酵母细胞内的表达,如果检测到报道基因的表达产物,则说明两者之间有相互作用,反之则两者之间没有相互作用。将这种技术微量化、阵列化后则可用于大规模蛋白质之间相互作用的研究。在实际工作中,人们根据需要发展了单杂交系统、三杂交系统和反向杂交系统等。

近年来,研究蛋白质相互作用的主要方法是酵母双杂交系统技术,该系统是在真核模式生物酵母中进行的,即当把靶蛋白和诱饵蛋白特异结合后,诱饵蛋白结合于已知基因的启动子,能启动报告基因在酵母细胞内的表达,通过检测该基因表达产物而判别诱饵蛋白和靶蛋白之间是否存在相互作用。该技术是体内方法,易于操作实施并且应用范围广,但也存在着许多局限性,如假阴性和假阳性,酵母体内表达的外源蛋白质不能正确折叠,蛋白质翻译后修饰及表达过程的条件(离子浓度、存在或缺失辅助因子、温度等)难以控制等。

## 6.4.3　蛋白质组学的发展趋势

尽管蛋白质组学研究技术在自动化、重复性等方面还存在许多不足之处。但毋庸置疑,蛋白质组学在未来的生命科学领域乃至整个自然科学发展中占有举足轻重的地位,为在蛋白质水平研究生命活动规律和探索人类疾病的治疗开辟了更为广阔的前景。蛋白质组学的研究不仅能为阐明生命活动规律提供物质基础,也能为探讨重大疾病的机理、疾病诊断、疾病防治和新药开发提供重要的理论依据和实际解决途径。

近年来,蛋白质组研究已被应用到细胞生物学、神经生物学等各种学科领域,研究对象覆盖了原核微生物、真核微生物、植物和动物等范围。蛋白质组学方法广泛应用于研究细菌在外界环境变化时其表达蛋白的变化情况,如对霍乱弧菌以及大肠杆菌在不同酸碱条件下蛋白质表达的变化研究,表明这些病原菌会随环境的改变而调节蛋白表达以使其达到最大的致病能力;蛋白质组学研究在多细胞生物体研究中的应用,如克氏病线虫(*Caenorhabditis elegans*)是第一个基因被完全测序的多细胞生物体,它是基因组学研究中的一个重要的典型,因为人类的同源基因可以在这种生物中鉴别;蛋白质组学方法在动物模型中的应用,如 Michael Fountoulakis 等研究了新生小鼠和成年小鼠脑组织中蛋白的变化:发现随年龄变化最大的是甲胎蛋白,它只在新生小鼠脑中有;22 种蛋白,包括二氢嘧啶酶相关蛋白 1,3,4 及 14-3-3 蛋白在新生小鼠脑中含量高;而 28 种蛋白,包括二氢嘧啶相关蛋白-2、动力蛋白-1 及其他一些酶在成年小鼠脑中含量高。这些研究对研究神经系统紊乱性疾病如唐氏综合征、阿尔茨海默病、精神分裂症及缺血、焦虑等将有重大意义。

目前有约 60 种微生物的全基因组序列已经测出,DNA 序列信息仅提供了细胞运用其基因的所有可能方式的一种静态瞬间快照,蛋白质组学则研究基因编码的活动怎样发生和什么时候发生(如蛋白翻译),以及非基因编码的活动之间的关系(如蛋白质翻译后的修饰或蛋白质、核酸、脂类、糖类之间的相互作用)。因为实际蛋白质数量反映了翻译的能力和效率、翻译后的修饰和每个蛋白质的转化比率,蛋白质组学分析给基因表达最终产物的研究提供了信息。因此它是对翻译水平等研究的一种补充,是全面了解基因组表达必不可少的一种手段,它的发展将给分子生物学领域带来革命性变化。蛋白质组研究已涉及多种重要生物学现象,信号转导、磷酸化蛋白、细胞分化、蛋白质折叠、细胞内蛋白质相互作用。蛋白质组学的研究方法将出现多种技术并存,生物信息学也将交叉和结合。随着蛋白质组研究的推进,必将不断深入发展,揭示更多生命现象。

---

### 本章小结

作为生物技术的重要组成部分,蛋白质工程是在重组 DNA 技术应用于蛋白质结构与功能研究之后发展起来的一门新兴学科。所谓蛋白质工程,就是通过对蛋白质已知结构和功能的了解,借助计算机辅助设计,利用基因定位诱变等技术,特异性地对蛋白质结构基因进行改造,产生具有新的特性的蛋白质的技术,并由此深入研究蛋白质的结构与功能的关系,使蛋白质更好地造福于人类。由于蛋白质工程开创了按照人类意愿设计制造符合人类需要的蛋白质的新时期,因此被誉为第二代遗传工程。蛋白质工程的出现,为认识和改造蛋白质分子提供了强有力的手段。本章主要内容为蛋白质结构、蛋白质组学、蛋白质表达、蛋白质分离纯化工程,以及蛋白质工程的应用如抗体工程、蛋白质工程应用及展望。

**复习思考题**

1. 蛋白质工程的概念、蛋白质结构是什么？

2. 简述蛋白质分子设计和蛋白质修饰和表达的基本原理。

3. 如何利用蛋白质工程技术和其他相关技术获得符合人类需求且比天然蛋白质更优良的蛋白质。

4. 蛋白质工程主要应用在哪些领域？

5. 什么是蛋白质组学,发展趋势如何？

# 第 7 章

# 生物技术与农业

【知识目标】

- 了解现代生物技术在农业生产中的广泛运用；
- 认识生物技术在培育高产、抗病、抗逆性植物新品系等方面的应用；
- 认识在培育优良生产性能的动物新品系、生物反应器等领域的应用。

【技能目标】

- 了解生物技术在农业方面的作用；
- 了解生物技术在农业生产中研究的对象；
- 掌握生物技术与农业结合的形式。

农业是世界上最重要以及规模最大的产业,而发达的农业经济很大程度上依赖科学技术的进步来实现高产高效的目的。农业生物技术就是以农业生物为主要研究对象,以农业应用为目的,作为生物技术应用重要的组成部分,是当今发展最快的高技术领域之一。它将使动植物的种类不断增长,将在减少成本的情况下来获得更高质量的产品。我国农业已进入新的发展阶段,对生物技术也提出了更迫切的需求。发展农业生物技术是调节农业产业结构、增加农民收入、解决人类所面临的重要问题(人口、能源、污染等)的主要手段,是保障我国未来16亿人口的食品安全的根本出路,是保障农业可持续增长的有效途径,是增强农业国际竞争力的战略举措。正如邓小平同志说过:将来农业问题的出路,最终要由生物技术来解决。

# 7.1　农业植物生物技术

植物通过光合作用形成的产物是人类直接或间接的食物来源。很久以来,人们一直在寻求提高作物产量和质量的方法,传统的育种过程是缓慢而艰辛的,传统的育种方式如生殖杂交在历史上取得了辉煌的成就,在未来仍然会作为提高作物农学性状的重要方式。但同时一些新技术如组织培养、细胞质融合、基因工程和单倍体育种等现代生物技术方法像新鲜血液一样注入植物应用中,正在发挥越来越重要的作用。

## 7.1.1　植物组织培养技术在农业上的应用

因植物细胞具有全能性,人们可以针对不同种的植物取其适当的细胞或者外植体如茎尖、子叶、芽、胚、子房、下胚轴等,通过细胞培养和组织培养技术从而实现植物的再生和快速繁殖。植物组织培养是指在无菌和人为控制的条件下,利用适当的培养基,对植物离体的任何部分如器官、细胞、组织等进行培养,使其生长、分化、再生成完整植株的过程。因培养的植物材料是脱离母体的,所以又被称作植物离体培养。培育出的幼苗可以再次进行切割培养,能实现快速繁殖出大量的幼苗,因而也被称为组织培养快繁技术。其发展迅速,已成为生物科学中一个广阔的领域,在现代农业中有着越来越广泛的应用。

### 1) 农作物离体快繁及脱毒

植物组织培养对于农作物的改良是很有价值的工具。一般用于品种培育、良种繁育以及无性繁殖作物的脱毒快繁和种质资源的保存。在自然状态下,植物繁衍后代需要经过有性世代的传粉受精,种子生成,生长发育以后才能得到新的个体。它需要一个较长的周期,并且有性世代的发育过程中会受到多种环境因素的影响,如阳光、温度、水分、养分等。而组织培养技术可以不经过有性世代的发育过程,直接取外植体如茎尖、胚、芽、子叶、下胚轴、子房等,在适当的培养基中培养,短时间内就可以由愈伤组织诱导产生幼苗再生出植株,这就是快速无性繁殖。目前该技术已广泛得以应用并逐渐形成产业化。对于许多经济作物如水稻、玉米、小麦、高粱、马铃薯、烟草等,该技术的应用减少了生产环节、提高了产量,而且为品种的改良奠定了基础。

### 2) 花卉植物的试管快繁

花卉植物种类众多,在花卉生产领域中,海棠、一品红、百合、蔷薇、孤挺花、君子兰、红掌、玫瑰、南洋金花等已获得成功,特别是对于一些名贵品种,快速繁殖技术的采用不仅降低了成本和价格,而且有些还突破了季节的限制。

**3)药用植物的组织培养及试管快繁**

以往快速繁殖技术成功的例子多来源于草本植物,木本植物由于组织结构的致密性和一些特殊物质如单宁等的存在造成组织培养难以进行,白杨是最早通过组织培养获得再生的木本植物,近期在一些经济果树上也取得成功,但木本植物的快速繁殖技术仍是一个难题。

## 7.1.2 细胞融合技术的应用

胚、花药、花粉粒的培养或通过不同物种原生质体的融合进行杂交,一方面,能够在细胞水平实现遗传物质的转移和重组,打破种属的界限。这方面典型的技术是利用原生质体融合技术创造体细胞杂种以实现作物改良。原生质体融合对于克服受精前的不亲和性比克服受精后的不亲和性更为有用。利用这一方法可以获得一些特殊的核质基因组合,如油菜与萝卜的胞质杂种,其中含有油菜的细胞核及油菜的抗除草剂莠去津(a-trazine)的叶绿体,同时又含有萝卜的控制雄性不育的线粒体。在水稻、玉米、某些豆科牧草、多数十字花科植物、若干菊科植物,以及差不多所有茄科和伞形花科作物中由于从原生质体再生植株研究的进展,原生质体融合用于作物改良的潜力在不断增加。另一方面,单倍体育种技术易于产生纯系品种,便于优良性状的表达,有利于筛选,从而大大缩短育种时间,该技术在大麦、黑麦、燕麦、水稻、番茄等作物的改良上起到了重要作用。

## 7.1.3 植物转基因育种

目前对水稻谷蛋白、菜豆贮存蛋白、小麦贮存蛋白、巴西豆种子蛋白和玉米醇溶蛋白基因的研究较为深入。利用这些基因进行转化会使受体植株的蛋白质含量得到提高。特别是巴西豆种子蛋白富含必需氨基酸——甲硫氨酸,而大多数麦类种子蛋白则缺乏此种氨基酸。美国科学家已成功地将玉米醇溶蛋白基因导入向日葵的细胞内,在转化植株内得到部分表达。

耐贮藏番茄(图7.1):反义技术抑制乙烯合成酶、多聚半乳糖醛酸酶的活性,降低番茄在成熟过程中乙烯的形成量,因而延迟了果实的变软,大大延长番茄保藏期。

瑞士科学家培育出的一种富含β胡萝卜素的水稻新品种——"黄金水稻"(图7.2),可望结束发展中国家人民维生素A摄入量不足的状况。

图7.1 转基因番茄(耐贮藏番茄)

图7.2 富含β胡萝卜素的"黄金水稻"

### 7.1.4 植物雄性不育及杂种优势利用

植物雄性不育及杂种优势利用是传统育种方法中的一个重要领域并已取得令人瞩目的巨大成绩。利用现代生物技术可诱导植物雄性不育,从而产生新的不育材料为育种服务。

基因工程技术、组织培养、原生质体融合、体细胞诱变和体细胞杂交等技术都可以创造植物雄性不育新材料。

**1)组织培养诱导植物雄性不育**

中国水稻所利用巴斯马提水稻品种进行胚根组织培养,然后将愈伤组织进行辐射,从而选育出巴斯马提雄性不育系。

1984—1988 年间凌定厚等以 IR24、IR36、IR54 等 9 个品种,通过种子、幼穗离体培养,筛选到不育突变体 48 个。

植物雄性不育是自然界的普遍现象,早在 1763 年德国学者库尔易特就观察到植物雄性不育现象,1890 年达尔文对植物雄性不育现象作了报道,以后考斯(1904)、贝尔特森(1908)、罗兹(1931、1933)、欧文(1940)、史蒂芬斯(1954)、木原均(1951)、袁隆平(1964)等分别在欧洲夏季薄荷、甜菜、烟草、玉米、高粱、小麦、水稻等作物中发现雄性不育并开展系统研究。Kaul(1988)在《高等植物雄性不育》专著中,概括了在植物 43 个科 162 属 617 种中发现了雄性不育现象并进行了研究,其中单子叶植物禾本科、双子叶植物茄科、豆科和十字花科中的雄性不育现象最引起人们的重视,这些植物具有重要的经济价值,对于自花授粉的植物,利用雄性不育可以培育不育系,利用不育系生产杂交种子,为增加农作物产量和改善品质提供优良种源。植物雄性不育从基因控制水平可分为细胞质雄性不育(cytoplasmic male sterility,CMS)和核雄性不育(genic male sterility)。细胞质雄性不育性状既有核基因控制又有核外细胞质基因控制,表现为核质相互作用的遗传现象。雄性不育是研究植物线粒体遗传、叶绿体遗传和核遗传的极好材料,可以结合性状遗传、细胞遗传、分子遗传进行研究。因此,植物细胞质雄性不育的研究,成为近年来植物遗传学研究十分活跃的研究领域。

在农业生产中以此理论为基础,建立了三系育种体系:不育系,其雄蕊中的花药是不育的,无法实现传粉受精作用,而其雌蕊是可育的;保持系,其作用是给不育系授粉,杂交后代仍然保持不育性状;恢复系,该品系含恢复基因,给不育系授粉受精后其后代是可育结实的,并且能够形成杂种优势,从而提高农作物产量与品质。

三系中不育系的寻找和培育是关键。20 世纪 70 年代中期,我国首先在水稻中发现野生型雄性不育系,并实现了三系配套,大面积用于农业生产从而大大提高了粮食产量,也使我国杂交水稻的研究和运用处于世界领先水平。随后在小麦、棉花、油菜、萝卜、马铃薯等经济作物的生产中也广泛运用。植物核雄性不育性状是由细胞核内基因控制的,目前的研究认为是由核内一对等位基因调控。这种核雄性不育基因往往受到外界光照或温度等因素的影响。1973 年我国首次发现具有光周期敏感不育的水稻品系农垦 58s,并正式命名为光敏感核不育水稻(photoperiod sensitive genomic male sterile rice,PGMR)。该不育系的不育性状受到光照时间长短的控制,在夏季长日照条件下,它表现为雄性不育性,可作为制种用的母本;而在秋季,日照时间缩短其育性又恢复正常,并可自交结实用于保种,起到保持系的作用;再配合上恢复系,这就是目前杂交水稻生产运用中的二系法。由于它省去三系杂交体系中的保持系,大大降低了制种成本。并且其恢复系广,易获得优势组合,可避免不育细胞的负效应和细胞质单一化的潜在威胁,因而受到农业生产及育种界的重视。

随着雄性不育研究不断深入,研究技术也不断改进,产生可遗传不育的技术方法很多,主要有基因工程方法、远缘杂交核置换、辐射诱变、体细胞诱变、组织培养、原生质体融合和体细胞杂交等。如1972年育成的红莲型不育系就是利用海南红芒野生稻与莲塘早远缘杂交育成的。远缘杂交核置换仍然是目前培育植物雄性不育的主要方法。中国水稻所利用巴斯马提品种进行胚组织培养,然后用愈伤组织进行辐射,从而选育出巴斯马提雄性不育系。

匈牙利国家自然科学院 Menczel 等(1982)以链霉素抗性基因作标记,在烟草品种间进行原生质体融合,实现了细胞质雄性不育基因的转移。目前利用植物基因工程的原理和方法,已创造了一批不育系,并在生产上得以运用,同时获得了可喜的成果。其中最典型的例子是在油菜和烟草上的应用。人们从细菌中分离出一种芽孢杆菌 RNA 酶(barnase)基因,该基因编码的酶可降解高等植物细胞内的 RNA,从而阻止蛋白质的生物合成,破坏细胞的生理功能。同时也分离得一种 bastar 基因,其表达产物能抑制 barnase 酶的活性从而能保护植物细胞内的 RNA 免受降解。TA29 启动子是一个只在花粉发育过程中,在花粉绒毡层中特定打开的启动子,而在植物其他组织和其他发育时期处于关闭状态。将 TA29 启动子与 barnase 基因连接构建成的重组子,通过 Ti 质粒和根癌农杆菌的方法转入油菜和烟草形成转基因植株。该植株在花粉发育过程中绒毡层时期,TA29 启动子打开,barnase 基因表达,其产物降解花粉中的 RNA,从而阻断了花粉正常的发育而造成败育。用 TA29 启动子和 bastar 基因构成的重组子,转化植株中 bastar 基因的产物可遏制 barnase 酶的活性,从而起到了恢复系的作用,形成二系配套。基因工程方法人工创造雄性不育植株的另一个重要方法是反义技术。

在植物体生殖生长阶段,花粉的正常发育同多种因素相关,其中包括一些必不可少的蛋白质。而其基础是建立在编码这些蛋白质的基因能正常表达。例如微管蛋白,如果其表达受到抑制,微管及细胞骨架就形成不了,就会导致细胞无法行使正常功能,从而导致败育。目前我们可根据编码的正常蛋白质的基因序列,设计与之相对应的能转录出反义 RNA 链的反义 DNA,转基因后所产生的反义 RNA 链根据碱基互补配对原理就会与 mRNA 链结合成双链,从而使正常的 mRNA 无法和核糖体结合,导致蛋白质翻译终止,而最终造成雄性不育。目前国内外已在拟南芥、玉米、油菜等植物上创造出相应的不育系。植物雄性不育及杂种优势利用,已成为现代粮食作物和经济作物提高产量、改良品质的一条重要途径,无论在理论研究还是实践应用,都日益受到各国科学界和政府的广泛重视。我国作为一个人口大国,这方面的工作显得更加重要,杂交水稻的大面积推广和杂种优势的理论研究均被列入国家"863"计划和攀登计划等重大研究计划中,并已取得令世人瞩目的巨大成绩。

**2)基因工程诱导植物雄性不育**

花粉绒毡层表达 barnase 基因阻断花粉正常的发育而造成败育,形成不育系;花粉绒毡层表达 bastar 基因转化植株中为恢复系形成的二系配套的油菜、烟草。

反义 RNA 技术创造了拟南芥、玉米、油菜等植物不育系。

**3)原生质体融合创造不育系**

萝卜与油菜的原生质体融合而产生的细胞杂种——萝卜质油菜,在一般环境条件下表现为"雄性不育"。

匈牙利国家自然科学院 Menczel 等(1982)以链霉素抗性基因作标记在烟草品种间进行

原生质体融合,实现了烟草细胞质雄性不育基因的转移。

### 7.1.5　植物抗逆性研究

自然界中的植物体与环境间有着密不可分的关系。环境提供了植物体生长、发育、繁殖所必不可少的物质基础如阳光、水分、土壤、空气等;但环境又会给予植物体很大的选择压力,如气候寒冷、土壤或水分含盐量过高、病虫害等。面对这些不利的环境条件,许多种植物消亡了。但同时也有许多品系发生遗传变异,以适应恶劣条件的影响,表现出一种抗逆性,如抗寒、抗冻、抗盐、抗虫害、抗病毒、抗真菌等。在自然条件下,植物体的这种自发遗传变异以达到抗逆性的过程,是一个漫长且效率较低的过程,而逆性环境的出现,特别是病虫害的发生是频繁的,例如水稻的稻瘟病、白叶枯病、棉花的棉铃虫病等都会造成农业上大面积的减产。这就需要人们利用现代生物技术的方法来培育抗逆性植物。

传统的方法是在一定逆性环境选择压力下,采用随机筛选或通过诱变、组织培养、原生质体融合、体细胞杂交等方法定向筛选。其特征有二:盲目性较大,同时由于植株遗传变异频率较低导致筛选效率不高;由于植物体间的种属界限明显,在一种植物体上的优良抗逆性状出现后,很难顺利地将这种遗传性状转入其他种的植物体中去。目前发展起来的植物基因工程技术,可以有效地解决这些问题(其基本过程见第 2 章基因工程部分)。基因工程技术的特征是:一方面由于它是特定抗性基因定向转移,因而频率较高,比自发突变高出 $10^2 \sim 10^4$ 倍,从而大大提高选择效率,极大地避免了盲目性;另一方面其基因来源打破了种属的界限,不仅植物来源的基因可用,动物、细菌、真菌,甚至病毒来源的基因都可以使用。因而植物基因工程技术目前已成为一种广泛且有效地培育植株抗逆性的手段。通过基因工程技术获得的植物称为转基因植物(transgenic plants)。下面我们通过一些已成功用于农业生产的具体例子说明转基因植物的应用。

#### 1) 抗除草剂作物

草甘膦(glyphosate)是一种广谱除草剂,它具有无毒、易分解、无残留和不污染环境等特点,得到广泛的应用。它的靶位是植物叶绿体中的一种重要酶——5-烯醇式丙酮酰莽草酸-3-磷酸合成酶(5-enolpyruvylshikimate-3-phosphate synthetase, EPSP)。草甘膦通过抑制 EPSP 活性而阻断了芳香族氨基酸的合成,最终导致受试植株的死亡。目前已从细菌中分离出一个突变株,它含有抗草甘膦的 EPSP 合成酶突变基因。把抗草甘膦基因引入植物,可使这种基因工程作物获得抗草甘膦的能力。此时若用草甘膦除草,则可选择性地除掉杂草,而这种作物因不受损害而生长。各国科学家对此十分重视。美国科学家已成功地将这种突变了的抗草甘膦的 EPSP 基因引入烟草中,转化植株已获得抗草甘膦的能力,目前正在进行大田试验。膦丝菌素(phosphinothricin, PPT)用作非选择性的除草剂,是植物谷氨酰合成酶(glutamine synthetase, GS)的抑制剂。GS 在氨的同化作用和氮代谢过程中起关键作用,而且也是唯一的一种氨解毒酶(detoxifying enzyme)。它在植物细胞的代谢过程中非常重要。抑制 GS 的酶活性将导致植物体内氨的迅速积累,并最终引起死亡。现已从 *Streptomyces hyrscopicu*(一种链霉菌)中分离得到抗 bialaphos(含有 PPT 的三肽)的 bar 基因,该基因编码的产物称 PAT,嵌合的 bar 基因在 CaMV35S 启动子的控制下,在烟草、马铃薯和番茄的细胞内得到了表达,转基因植株对高剂量的 PPT 和 bialaphos 具有耐受性。这是因为,PAT 通过对 PPT 和 bialaphos 的乙酰化而使其失去抑制 GS 活性的作用,并最终使转基因植物对除草剂产生抗性。

### 2)抗昆虫作物

苏云金杆菌(Bacillus thuringiensis,BT)毒蛋白是苏云金杆菌在形成芽孢时产生的一种蛋白质,以结晶出现,称为伴孢晶体(parasporal crystal)。这种毒蛋白对鳞翅目昆虫有特异的毒性作用。它在昆虫消化道内的碱性条件下,裂解成为活性多肽并造成昆虫消化道损伤,最终可使昆虫死亡,而对其他生物则无害。目前已获得含有毒蛋白基因的烟草转基因植株,可对鳞翅目害虫产生一定的特异性抗性。在美国已获准进行大田试验。该毒蛋白抗昆虫谱较窄,昆虫也可产生抗性,限制了其应用范围。而苏云金杆菌以色列变种(B. thuringiensis var. israelensis)所产生的毒蛋白则具有抗同翅目昆虫的作用,从而扩大了毒蛋白基因的应用范围。德国科学家已分离出了抗鞘翅目昆虫的苏云金杆菌变株。苏云金杆菌毒蛋白基因研究已为科学家们所关注。豇豆胰蛋白抑制因子(cow pea trypsin inhibitor,CpTL)基因已被成功地引入烟草植株,并使转化植株获得了抗昆虫能力。CpTL 蛋白是一个大约由 80 个氨基酸组成的小肽,属于 Bow-man-Birk 类型的丝氨酸蛋白酶抑制剂。它的作用位点是酶的催化中心。这一位点的突变可能性甚小。因此可能排除害虫通过突变而产生对 CpTL 的耐受性,而且 CpTL 抗昆虫谱广,能抗鳞翅目、鞘翅目害虫等,几乎对所有的害虫有效。CpTL 对人畜无害。因此,CpTL 比苏云金杆菌更有应用价值。英国现在把 CpTL 导入甘薯内,以期能保护甘薯免受甘薯蛾的危害。

### 3)抗真菌作物

几丁质是真菌细胞壁的组分之一。几丁质酶(chitinase)可破坏几丁质。美国科学家已从灵杆菌(Serratia. marcescens)中分离出几丁质酶基因并导入烟草中。大田试验结果表明,这种转基因烟草抗真菌感染与施用杀真菌剂同样有效,而且收成更好。目前,已将几丁质酶基因导入番茄、马铃薯、莴苣和甜菜,并正准备进行大田试验。这一技术将对蔬菜和果实类植物抗真菌感染具有重要意义。

### 4)抗重金属镉的作物

用哺乳动物基因组编码的金属硫蛋白(metallothionein)基因转化植物,可使受体植物获得抗重金属镉的能力。镉对植物的污染会影响固氮过程,降低植物体水分和养分的运输能力,最终抑制植物细胞的光合作用。加拿大科学家将中国仓鼠金属硫蛋白基因插入 CaMV 衍生的载体中,然后用这种重组子感染野生油菜叶片,受感染的叶片能高水平产生金属硫蛋白,并能产生对镉的抗性。

### 5)抗病毒作物

抗病毒作物的研究已取得多方面的成就。烟草花叶病毒(tobacco mosaic virus,TMV)是一种 RNA 病毒,由单链 RNA 及外壳蛋白所组成,它主要感染烟草等植物。受感染的植物组织具有抵抗 TMV 再感染的能力。据研究,这种免疫力是因为感染病毒后的产物可抑制新侵入病毒释放 mRNA 所致。TMV 的外壳蛋白(TMV coat protein)在此起缓解感染作用。最近,已成功地将 TMV 外壳蛋白基因引入烟草细胞中,转化植物细胞中可以产生这种外壳蛋白,并表现出对 TMV 感染具有一定的抗性。苜蓿花叶病毒(alfalfa mosaic virus,AMV)是一种较为复杂的 RNA 病毒,具有交叉保护功能,由 3 条 RNA 所组成。它们分别包装在不同长度杆状颗粒内。美国科学家利用 Ti 质粒作为载体(见 2.3.1),成功地将 AMV 外壳蛋白基因转移到烟草细胞内。外壳蛋白基因在 CaMV35S 启动子的控制下,在转化植株中所产生的外壳蛋白可以有抗病毒的效果。黄瓜花叶病毒（cucumber mosaic virus，CMV）可以广泛地感染瓜类作物。含有 CMV 的卫星 RNA 基因拷贝的转化植物在受到 CMV 感染时产生大量的卫星 RNA。植物细胞内过量的卫星 RNA 可以抑制病毒 RNA 的复制，还可能显著减轻病状的发展。含有 CMV 卫星 RNA 的基因工程植物还具有一定的抗番茄病毒（tomato aspermy virus，TAV）的能力。烟草环斑病毒（tobacco ringspot virus，TobRV）含有两个单链 RNA 分子，它可以广泛感染双子叶植物，并可引起大豆芽枯病。感染期间有一种小分子量的 RNA 在细胞内大量复制。这种 RNA 分子与病毒基因组 RNA 没有同源性，它的复制也不依赖于病毒基因 RNA 的复制，因此被命名为 TobRV 卫星 RNA（STobRV）。STobRV 可以包装在成熟的病毒颗粒内。已将 STobRV 的序列引入烟草的植株中，在病毒侵染时 STobRV 得到高效表达，并表现出对侵染病毒的抗性。另据报道，将编码得自 TMV 蛋白（分子量 54 000）的 DNA 序列导入植物时，可对高浓度的 TMV 产生抗性。为了赋予植物以病毒抗性，此特殊的 DNA 序列要比迄今利用的外壳蛋白基因更有效。

上述研究和应用成果已充分显示了作为现代农业生物技术重要组成部分的植物基因工程技术的强大威力。作为转基因抗性植物，由于目前各方面条件的限制，所以还存在许多问题，其中引起人们的争议和探讨的两个主要问题：一个是这种植物的安全性问题，这将在"12.3"中详细讨论；另一个是耐受性问题，例如转入了抗虫基因的棉花，稳定遗传后，在初始阶段，昆虫吞食叶片后会引起死亡从而起到抗虫作用，但随着时间的推移，昆虫面对抗虫棉所给予的这种选择压力，其自身也会发生遗传变异，出现耐受性，导致抗虫棉无效，棉花继续受虫害影响。解决这个问题目前有两种主要的方法：一是针对不断出现的新的耐受昆虫，不断寻找新基因，创造新品系与之对抗；二是在农业生产中采取一些降低耐受性的方法。如采用间种法，即在大面积种植抗虫棉的同时，划出一小片区域种植非抗虫棉，让昆虫食用，从而减少对昆虫的选择压力，避免耐受性的出现。

## 7.1.6　植物细胞工程的应用

### 1)植物次级代谢产品

早在 1939 年，人们已能从特定植物体中分离一些细胞，这些离体细胞能在人造环境中生存并合成人类有用的次生代谢产物，如生物碱、黄酮类化合物等。近年来，利用植物细胞培养技术以及各种植物细胞固定化技术，就可以像固定化微生物那样，在预先设计的生物反应器中高效地、源源不断地生产出具有商业价值的次生代谢产物（表 7.1）。

表 7.1　植物部分次级代谢产品

| 产品成分 | 用　途 | 销售额/亿美元 |
|---|---|---|
| 长春花碱 | 治疗白血病 | 18～20（美国） |
| 阿吗灵 | 循环系统障碍药 | 5～25（全世界） |
| 奎宁 | 治疗疟疾 | 5～10（美国） |
| 致热素 | 杀虫剂 | 20（全世界） |
| 毛地黄 | 心脏病药 | 20～55（美国） |

### 2）改良种子的贮存蛋白

目前对水稻谷蛋白、菜豆贮存蛋白、小麦贮存蛋白、巴西坚果种子蛋白和玉米醇溶蛋白基因的研究较为深入。利用这些基因进行转化会使受体植物的蛋白质含量得到提高。特别是巴西坚果种子蛋白富含甲硫氨基酸，而大多数禾谷类种子蛋白则缺乏此种氨基酸。目前美国科学家已成功地将玉米醇溶蛋白基因导入向日葵的细胞内，在转化植物株内得到部分表达。

### 3）被改良的药用植物

日本科学家以重组 DNA 技术提高了镇痛药莨菪胺生物合成的效率。研究发现，莨菪胺的合成速率取决于 H6H 酶。因此，首先克隆了茄科植物的天仙子 H6H 酶的 cDNA（分子量为 38 000，含 344 个氨基酸）；接着构建了在 CaMV35S 启动子下游插入 H6H 的 cDNA 和 Ti 质粒的缬氨酸合成酶的终端质粒，并导入茄科的颠茄。通常，颠茄天仙子胺转化为莨菪胺的量很少，但导入 H6H cDNA 后几乎 100% 转变为莨菪胺，使产量从 0.3% 提高到 1% 左右，并且该特性是可遗传的。

### 4）提高作物收获后的贮藏能力

植物收获后往往在转运和贮藏过程中会造成损失。在美国和欧洲，每年果蔬收获后由于转运和贮藏过程造成的损失达 40%～60%。造成损失的原因有病虫害的影响，过软的水果和蔬菜容易损伤，在冷热环境中破损，以及过熟后失去原味等。而这些生理变化都是由果蔬细胞内酶系统活性调节的。这种酶系统活性能够被控制吗？转基因番茄的诞生就明确地回答了这个问题。果实生长过程中，植物体往往会合成一定量的乙烯而加速果实成熟，利用反义技术抑制乙烯合成酶的活性，降低番茄在成熟过程中乙烯的形成量，因而延迟了果实的变软，大大延长番茄保藏期。1994 年美国在世界上首次销售这种转基因番茄——FLAVP 番茄，其货架期可长达 152 天。自 1994 年美国 FDA 批准生产以来，市场销售量每年达 3 亿～5 亿美元，现在美国许多超级市场，随时都可见到这种果实不软、色泽橙红鲜丽、颇受人们喜爱的转基因番茄。另外，番茄中由于多聚半乳糖醛酸酶能降解细胞壁的成分，导致番茄在成熟过程中果实变软。这个过程与其色泽变化是相左的。在通常条件下，如果番茄在枝条上生长成熟，待其色泽变化完成，其果实也会变软。因而在运输中就容易破损。通过向番茄中转入多聚半乳糖醛酸酶的反义基因就可起到延缓变软的良好效果。这种技术正被广泛运用在其他水果上。基因工程技术也被广泛应用于控制观赏植物的叶色、花数、花形、香味等性状。这是植物产业中的一个重要领域。在荷兰，基因工程观赏植物年销售额达 1.5 亿美元。

## 7.2　农业动物生物技术

农业动物为人类提供肉、蛋、奶以及毛皮、绢丝等产品，满足人类对动物蛋白的营养需要和其他生活需要。生产农业动物的养殖业包括畜牧、水产和其他有关副业，涉及的动物门类有贝类、昆虫、鱼类、两栖类、爬行类和哺乳类。养殖业的发展和种植业一样需要大量的优良品种，需要不断地改良农业动物的生产性状，才能达到高产、优质、高效的目标。同作物育种一样，常规的动物育种技术主要是对与生产性状有关的表型性状的选择，通过直接选留或淘汰某些直观的表型性状来提高动物的生产性能，如产奶量、产蛋量、瘦肉率、生长速度等。由于动物不同于植物的生活方式和繁殖方式,农业动物尤其是大型家畜育种比作物育种存在更多的局限性,往往需要大量的种群和漫长的过程才能使选育的性状稳定下来。虽然传统的育种工作已经取得了很大的成就,养殖业的品种和产量有了很大的增长,但是随着人口的急剧增长和环境的日渐恶化,养殖业面临着越来越大的压力。现代生物技术的迅速发展将为养殖业的革命提供有效的技术手段。基因工程、细胞工程和胚胎工程技术的日臻成熟,给农业动物生产注入了前所未有的活力,短时间内大量繁殖优良动物品种或创造具有新性状的良种已不再是遥远的梦。

## 7.2.1 动物转基因技术与分子育种

优良品种在畜牧生产中占有极其重要的地位,这也是人们不断进行品种改良的主要原因。动物品种改良的基础包括遗传理论、育种技术及种质资源。因此,在种质资源存在的条件下,育种技术决定了品种改良的进度,但育种技术的进步又依赖于遗传理论的发展。遗传学的建立经历了经典遗传学、群体遗传学、数量遗传学,发展到现在的分子遗传学。育种技术也经历了从表型选种、表型值选种、基因型值或育种值选种,发展到以 DNA 分子为基础的标记辅助选种、转基因技术和基因诊断试剂盒选种等分子育种技术。

与动物育种有关的现代生物技术包括动物转基因技术、胚胎工程技术、动物克隆技术及其他以 DNA 重组技术为基础的各种技术等。按照常规育种方法要改变家养动物的遗传特性,如增重速度、瘦肉率、饲料利用率、产奶量等,人们往往需要进行多代杂交,选优交配,最后培育出人们期望的高产、优质的品种。目前大多数生产上所用的品种都是用这种交配与选择相结合的传统动物育种的方法选育出来的。然而,这种育种方法所需时间长,品种育成后引入新的遗传性状困难较大。因为,带有新性状的品种可能同时也携带有害基因,杂交后有可能会降低原有性状。因此,又需要重新进行多代杂交和严格选择。多年来,杂交选择一直是改良动物遗传性状的主要途径。但是,随着现代生物技术的发展,传统的杂交选择法的各种缺陷日益明显,而现代分子育种技术却显示出越来越强大的生命力,逐渐成为动物育种的趋势和主流。通过各种现代生物技术的综合运用,结合传统的育种方法,可以大大加快育种进程。例如,利用 DNA 导入细胞的技术,通过胚胎工程,科学家们可以把单个有功能的基因或基因簇插入高等生物的基因组中,并使其表达,再通过有关分子生物学技术、DNA 试剂盒诊断和检测,加以选择。

### 1) 动物转基因技术

#### (1) 动物转基因技术及基因转移方法

动物转基因技术是在基因工程、细胞工程和胚胎工程的基础上发展起来的。将外源基因导入动物的基因组并获得表达,由此产生的动物称为转基因动物(transgenic animal)。转基因技术利用基因重组,打破动物的种间隔离,实现动物种间遗传物质的交换,为动物性状的改良或新性状的获得提供了新方法。作为基因工程技术之一,动物转基因同样需要目的基因、合适的载体和受体细胞。由于动物细胞有别于植物细胞,绝大多数不具备发育的全能性,一般情况下不能发育成为完整的个体,只有受精卵才可能发育成个体,所以要得到转基因动物还需要细胞工程和胚胎工程技术的配合。动物转基因的步骤是外源基因的获得与鉴定、外源基因导入受精卵、转基因受精卵移植到母体子宫、胚胎发育、检测新基因的遗传性状表达能力。

导入外源基因的方法主要有以下几种。

①显微注射法:这是使用最早、最常用的方法。这种方法用显微注射器直接把外源 DNA 注射到受精卵细胞的细胞核或细胞质中。如果能够成功地把 DNA 注射到细胞核中,可以得到较高的整合率。注射到细胞质的 DNA 因为与受体基因组结合的机会较少,整合率较低。哺乳动物常用注射细胞核的方法,鱼类和两栖类的卵是多黄卵,难以在显微镜下辨认细胞核,通常只能把 DNA 注射到细胞质。也有人采用注射卵母细胞的方法制作转基因鱼,先把外源 DNA 注射到卵母细胞,再让卵母细胞在体外成熟,然后受精。显微注射法的优点是直观、基因转移率高、外源 DNA 长度不受限制、实验周期相对较短,常常成为导入外源基因的首选技术。不足之处是操作难度大、仪器要求高、导入的外源基因拷贝数无法控制。

②病毒载体法:许多动物病毒在感染宿主细胞后会重组到宿主的基因组中。更重要的是动物病毒基因组的启动子能被宿主细胞识别,可以引发导入基因的表达。由于这些特征,一些病毒被选择作为目的基因的载体感染动物细胞,以期得到转化细胞。在转基因操作中,病毒载体可以直接感染着床前或着床后的胚胎,也可以先整合到宿主细胞内,再通过宿主细胞与胚胎共育感染胚胎。最常用的病毒载体是逆转录病毒。病毒载体的优点是单拷贝整合、整合率高、插入位点易分析等;缺点是安全性和公众的接受程度还有待评价。

③脂质体介导法:用脂质体作为人工膜包裹 DNA,以此作为载体将外源 DNA 导入细胞。

④精子介导法:成熟的精子与外源 DNA 共育,精子有能力携带外源 DNA 进入卵里,并使外源 DNA 整合到染色体。这种能力使人们看到提高动物转基因效率的希望。精子作为转移载体的机制还在探索之中,但至少为大型动物转基因的研究提供了一个新途径。

⑤胚胎干细胞法:胚胎干细胞(embryonic stem cell,ES 细胞)是从早期胚胎的内细胞团经体外培养建立起来的多潜能细胞系,被公认为转基因动物、细胞核移植、基因治疗的新材料,具有广泛的应用前景。用于动物转基因时,作为基因载体,导入早期受体细胞,整合到胚胎中参与发育,形成转基因的嵌合体动物。

(2)转基因技术在动物生产上的应用

最早问世的转基因动物是转基因小鼠。转基因小鼠证明了生物技术可以改变动物的天然属性,从而显示了动物转基因技术的广阔前景。转基因技术应用于农业动物的主要目标是提高生产性能,提高抗病性等。除此之外,近年来用转基因动物作为生物反应器的研究越来越受到人们的重视,已逐步走向商品化生产。目前已有转基因鱼、鸡、牛、马、羊等多种动物成功的报道。

①转基因鱼:20 世纪 80 年代中期国内外开始转基因鱼的研究。鱼类因其产卵量大,体外受精等特点,大大简化了转基因操作的步骤。我国学者朱作言首次用人的生长激素基因(hgh)构建了转基因金鱼,目前已有鲫鱼、鲤鱼、泥鳅、鳟鱼、大马哈鱼、鲶鱼、罗非鱼、鲂等各种淡水鱼和海水鱼被用于转基因研究。转基因鱼的研究主要集中在提高生长速度和抗逆性,以及发育生物学和插入突变的研究。已有多种哺乳类和鸟类的基因被成功地整合到鱼类的基因组中。生长激素能提高动物的生长速度,已经有转生长激素基因鲤鱼明显提高了生长速度,显示出转基因鱼在渔业生产和水产养殖业的潜在经济价值。在提高抗性方面,抗冻蛋白基因被用来提高鱼类的抗寒能力。生长在北美的美洲拟鲽的抗冻蛋白基因导入虹鳟、鲑鱼的细胞系,被测到了该基因的表达;美洲拟鲽的抗冻蛋白基因转到鲑鱼卵中,也检测到有所表

达。转抗冻蛋白基因技术有可能成为南鱼北养,扩大优质鱼种养殖范围的有效途径。转基因鱼研究还引进了反义 RNA 技术,有可能开辟鱼类抗病新途径。我国的转基因鱼研究已达到国际先进水平,有不少研究小组使用鱼类基因构建了转基因鱼。使用鱼类自身基因元件构建转基因鱼,可以解决基因表达强度问题和推广转基因鱼的环境问题、伦理道德问题,已经引起广泛的重视。

②转基因家禽:生产转基因动物的常规操作用于家禽是很困难的。这是因为鸟类的繁殖系统有别于其他动物。家禽卵的受精是在排卵时发生的,受精卵从输卵管排出需要 20 多个小时,其时已经开始卵裂,产出时的卵已有 6 000 多个细胞。转基因家禽目前只有转基因鸡获得成功的报道。生产转基因鸡的方法可分为蛋产出前的操作和产出后的操作两种类型。蛋产出前的操作方法是在受精后第一次卵裂前取出单细胞的卵,在体外进行转基因操作,然后用代用蛋壳作为培养器皿在体外培养至孵化。英国学者 Perry 和 Sang 等用这种方法,体外显微注射外源 DNA,获得转基因鸡。由于家禽人工授精技术已经相当成熟,精子携带基因具有很好的可行性,不少实验室正在探讨以鸟类精子作为转基因载体的途径,有待解决的问题是提高精子携带外源 DNA 的能力。蛋产出后的操作方法可有多种,被认为较有前景的是胚胎干细胞法和原生殖细胞(primordial germ cell,PGC)法。原生殖细胞是鸟类配子的前体,实验证明原生殖细胞可以从一个胚胎转到另一个胚胎发育。这意味着 PGC 的转染也可以作为生产转基因家禽的候选方法。

转基因技术在家禽生产上的应用,同样以提高抗病性和改良生产性状为主要目标。例如,用鼠的抗流感病毒基因 Mxl 导入鸡胚的成纤维细胞,细胞表现对流感病毒的抗性,提示了 Mxl 基因导入胚胎细胞产生抗病性的可行性。许多与鸡繁殖和生产有关的激素和生长因子基因已经被克隆,已有人将牛生长激素基因导入鸡的晶系,获得高水平表达牛生长激素的鸡,体重大于对照组。因此通过基因操作改变鸡的生产性状是可能的。对某些可以通过常规育种手段改良的性状,通过转基因法或许更有效,如导入其他物种的基因。此外,用鸡蛋生产外源蛋白,如抗体蛋白,是转基因鸡生产的一个十分诱人的领域。

③转基因家畜:家畜的转基因研究得益于小鼠的有关实验,进展较快。转基因猪、牛、马、羊、兔等家畜纷纷出现,并逐步走出实验室进入实用阶段。哺乳动物体外受精和胚胎移植技术为转基因家畜的成功提供了有效的技术手段。转基因家畜除了与其他转基因农业动物一样瞄准抗病性和生产性能以外,还因其与人的生物学相似性,在器官移植、药物生产和特殊疾病模型等方面显示出特殊的价值。

转生长激素基因以提高生长速度的研究已有不少报道。转生长激素基因的猪,饲料转化率、增重率提高,脂肪减少。转 Mxl 基因的猪抗流感病毒的能力增强。通过转基因方法解决器官移植中的超敏排斥反应的设想在转基因猪的研究中得到令人鼓舞的结果。这个实验将人的补体(一类参与免疫排斥的蛋白质)抑制因子 Ado 基因导入猪的胚胎,得到在肉皮细胞、血管平滑肌、鳞状上皮等不同组织的不同程度的表达,说明在供体组织中表达受体的补体抑制系统,克服补体介导的排斥反应是可行的。这个研究为异种器官移植展示了美好前景。转基因的家畜作为生物反应器生产新一代的药物已有许多例子,特别是乳腺作为生物反应器,产物已经进入市场。

**2) 分子标记生物技术与动物育种**

进入 20 世纪 80 年代中后期以来,随着分子生物学、分子遗传学的迅速发展,以 DNA 分子标记为核心的各种分子生物学技术不断出现,目前常用的分子标记有十多种。如限制性片段长度多态性(restriction fragment length polymorohism,RFLP)、DNA 指纹(DNA finger print,DFR)、PCR(polymerase chain reaction,PCR)、随机扩增多态性 DNA(random amplified polymorphic DNA,RAPD)、随机扩增微卫星多态性(random amplified microsatellite polymorphism,RAMP)、特异性扩增多态性(specific amplified polymorphism,SAP)、微卫星 DNA(microsatellite repeats)标记、小卫星 DNA(minisatellite DNA)标记、扩增片段长度多态性(amplified fragment length polymorphism,AFLP)、单链构型多态性(single strand conformation polymorphism,SSCP)、线粒体 DNA 的限制性片段长度多态性(mitochondrial DNA restriction fragment length polymorphism,mtDNARFLP)、差异显示(differential display)法等。这些方法的应用,将大大促进动物分子育种工作的开展。

这些方法可用于以下几方面:

①构建分子遗传图谱和基因定位:目前用 DNA 分子标记已经构建了一些动物的分子遗传图谱,这些图谱将对动物的进一步开发利用提供重要的基础资料。

②基因的监测、分离和克隆:主要经济性状相关的基因和一些有害基因的监测、分离和克隆。

③亲缘关系的分析:DNA 分子标记所检测的动物基因组 DNA 差异稳定、真实、客观,可用于品种资源的调查、鉴定与保存,还可用于研究动物起源与进化,杂交亲本的选择和杂种优势的预测等。

④DNA 标记辅助选种:利用 DNA 标记辅助选种是一个很诱人的领域,将给传统的育种研究带来革命性的变化,成为分子育种的一个重要方面。目前许多研究都集中在各种 DNA 分子标记与主要经济性状之间的关系,从而寻找与经济性状相关的 DNA 标记作为选种指标,加快育种进展。

⑤性别诊断与控制:一些 DNA 标记与性别有密切关系,有些 DNA 标记只在一个性别中存在。利用这一特点可以制备性别探针,进行性别诊断。

⑥突变分析:由于大部分 DNA 分子标记符合孟德尔遗传规律,有关后代的 DNA 带谱可以追溯到双亲。后代中出现而双亲中没出现的带肯定来自突变。进而可以推算动物在特定条件下的突变率。

## 7.2.2 动物繁殖新技术

### 1)人工授精及精液的冷冻保存

人工授精就是利用合适的器械采集公畜的精液,经过品质检查、稀释或保存等适当的处理,再用器械把精液适时地输入发情母畜的生殖道内,以代替公母畜直接交配而使其受孕的方法。它已成为现代畜牧业的重要技术之一,得到世界各国的普遍重视和广泛应用,近年来已逐步扩展到特种经济动物、鱼类乃至昆虫等养殖业中,充分地显示了其发展潜力和多方面的优越性:

①人工授精能最大限度地发挥公畜的种用价值,提高了公畜的配种效能。人工授精可利用公畜的一次射精量,给几头、几十头乃至上百头母畜授精。特别是冷冻精液技术的应用,更使优秀种公畜的利用年限不再受到寿命的限制,一头公牛的冷冻精液每年可配母牛达万头以

上,从而扩大优良基因在时间和地域上的利用率。

②由于人工授精能有效地提高优良公畜的利用率,因此就有可能对种公畜进行严格的选择,保留最优秀的个体用于配种,从而加速育种工作的步伐,成为增殖良种家畜和改良畜种的有力手段。

③由于人工授精减少了公畜的饲养头数,从而节约饲养管理费用,降低了生产成本。

④人工授精使用检查合格的精液,以保证质量,也便于掌握适时配种,并可提供完整的配种记录,及时发现和治疗不孕母畜,因此有助于解决母畜不孕问题和提高受胎率。

⑤人工授精避免公母畜直接接触,同时按操作规程处理精液和输精,因此可防止各种疾病,特别是生殖系统传染性疾病的传播。

⑥可以克服公母畜因体格相差太大不易交配或生殖道某些异常不易受胎的困难。在杂交改良工作中,也可解决因公母畜所属品种不同而造成不愿交配的问题。

⑦经保存的精液便于运输、交流和检疫,可使母畜的配种不受地区的限制。为选育工作提供了选用优秀公畜配种的方便,为公畜不足地区解决了母畜配种的困难。

⑧人工授精也是胚胎移植和同期发情技术中一项配套技术措施,可以按计划进行集中或定时输精。同时为开展远缘种间杂交试验研究工作提供了有效的技术手段。

**2)胚胎移植**

胚胎移植也称受精卵移植,它是将一头良种母畜配种后的早期胚胎取出,移植到另一头同种的生理状态相同的母畜体内,使之继续发育成为新个体,所以也有人通俗地叫人工授胎或借腹怀胎。胚胎移植实际上是由产生胚胎的供体和养育胚胎的受体分工合作共同繁殖后代。

胚胎移植的意义在于:

①可以迅速提高家畜的遗传素质。由于超数排卵技术的应用,可以使一头优秀的母畜一次排出许多倍于平常的卵子数,免除了其本身的妊娠期,减轻了其负担,因而能留下许多倍于寻常的后代数。

②保种和便于国际间的贸易。胚胎库也是一种基因库,这对我国的畜牧业具有重要意义。我国有不少具有特殊优点的地方品种家畜可借胚胎冷冻长期保存,野生动物资源也可利用这种方式长期保存,以防某些动物品种的绝灭。而且胚胎的国际间家畜贸易可省去活畜运输的种种困难。

③使肉牛产双犊,提高生产率。由胚胎移植技术演化出来的"诱发双胎"的方法,即向已配种的母畜(排卵对侧子宫角)移植一个胚胎,或向未配种的母畜移植两个胚胎。这种方法不但提高了供体母畜的繁殖力,同时也提高了受体的繁殖率(受胎率和双胎率)。

④防疫需要和克服不孕。在养猪业中,为了培育无特异病原体(SPP)的猪群,向封闭猪群引进新的个体时,作为控制疾病的一种措施,往往采用胚胎移植技术代替剖宫取仔的方法。又如在优良母畜容易发生习惯性流产或难产或由于其他原因不宜负担妊娠过程的情况下(如年老体弱),也可采用胚胎移植,使之正常繁殖后代。

⑤胚胎移植是一种科学研究的基础手段。运用胚胎移植可研究受精作用、胚胎学、遗传学等基础科学。如体外受精、胚胎分割、细胞融合、基因转移及性别控制等生物工程研究要达到最后目的都必须通过胚胎移植这个基础手段。

**3）胚胎的冷冻保存**

在冷冻精子技术的基础上发展起来的胚胎冷冻技术进一步解决了胚胎移植中的一些重大难题。胚胎冷冻保存至少有以下的用途及潜在优越性：

①可解决胚胎移植需要同期发情受体的数量问题。

②可在世界范围内运输种质，同时用运输胚胎代替运输活畜还可以降低成本。

③可建立种质库，有利于转基因动物的种质保存，减少饲养和维持动物所需的巨额费用，避免世代延续可能产生的变异和意外事故产生的破坏。

④可保存即将灭绝的畜种。

总之，冷冻胚胎的推广，使世界范围内的良种推广大大简化。现在已有鼠、兔、牛、羊等十多种动物胚胎冷冻成功，其中有的种类的冷冻技术已经程序化，并出现了商品化的试剂盒。

胚胎冷冻保存技术包括胚胎的冷冻和解冻。抗冻剂种类和浓度、加入抗冻剂的速度、解冻的速度、稀释的速度和温度都关系到冷冻胚胎的成败。抗冻剂的毒性、胚胎渗透压的变化及冰晶形成是保存胚胎必须考虑的因素。

**4）体外胚胎生产**

体外胚胎生产是指将原来在输卵管进行的精卵结合生成胚胎的过程人为地改在体外进行。它不仅具有理论研究意义，而且正逐渐成为一种有用的生物技术以提高胚胎移植的实用价值和效果。它至少有三方面的意义：a. 提供大量胚胎进行商业性胚胎移植。在欧洲和日本，奶牛犊比肉牛犊便宜，体外生产肉牛胚胎移植给奶牛，达到用奶牛生产肉牛的目的，在经济上是合算的，生双犊就更赚钱；b. 为克隆胚胎提供核受体并进行胚胎切割前的体外早期培养以降低成本；c. 为某些研究提供大量知道准确发育时期的胚胎。体外生产胚胎的工艺过程包括卵母细胞体外成熟，体外受精和胚胎培养。

（1）卵母细胞体外成熟

在家畜，尽管体内成熟的卵母细胞体外受精后胚胎发育良好，但未成熟的卵母细胞体外受精则不能完成胚胎发育。如果让这些细胞在体外成熟，体外受精胚发育率将大大改善。目前，牛体内成熟卵母细胞体外受精的囊胚率受不同培养条件影响，为 $20\% \sim 63\%$。自超排牛卵巢获取的未成熟卵母细胞发育率明显高于未超排牛的。要提高体外成熟卵母细胞的质量和数量，主要应解决以下问题：了解控制卵母细胞成熟的机制、卵母细胞的选择和合适培养体系的选择。体外培养胎儿卵巢被认为是将来发展方向，因为胎儿卵巢在体外培养可以像活体睾丸产生精子一样不断产生卵母细胞。

（2）体外受精

精子必须先获能才能完成体外受精的过程。已应用多种方法进行精子体外获能。一般说来，凡能促使钙离子进入精子顶体，使精子内部 pH 升高的刺激均可诱发获能。目前牛、绵羊、猪和山羊体外受精率都已高达 $70\% \sim 80\%$。

（3）胚胎培养

各种家畜体内成熟的卵母细胞由体外受精产生的胚胎，在 $1 \sim 2$ 细胞期移植到本种个体输卵管内发育到囊胚期的比例都很高。牛胚胎在兔和羊的输卵管内发育也良好。但是，体外成熟的卵母细胞在体外受精体外发育到囊胚期的比例还很低，而且囊胚的发育能力也不如体内胚胎。为此，人们开始研究影响胚胎体外发育的各种因子。这项工作还在探索之中。

体外生产胚胎技术已经开始走上商业化，用于生产可移植胚和细胞移植，大大降低了成本。

**5）胚胎分割**

高等动物如何由一个受精卵经细胞分裂、分化并发育为一个完整的个体，一直是人们致力研究的课题。胚胎分割是研究细胞分化、早期胚胎发育和胚胎细胞全能性的有力手段。所谓胚胎分割即是将一枚胚胎用显微手术的方法分割成二分、四分甚至八分胚，经体内或体外培养，然后移植到受体子宫中发育，以得到同卵双生或同卵多生后代。这是动物克隆技术的一种，也是胚胎工程的一种基本技术。其意义在于获得遗传上同质的后代，为遗传学、生物学和育种学研究提供有价值的材料。在家畜中，通过胚胎分割，增加可移植胚的数量，有助于提高家畜的繁殖力，促进优良品种的推广。20世纪70年代以来，随着胚胎培养和移植技术的发展，哺乳动物胚胎分割取得了突破性进展，并在多种动物中获得成功。目前我国牛羊胚胎分割技术已达到国际先进水平，有些省份已开始在生产中应用。

**6）性别控制技术**

动物的性别控制（sex control）是指人为地干预或操作，使动物按人们的愿望繁殖所需性别后代的技术。

（1）性别控制途径

性别控制的技术主要采用两条途径，即 X 精子和 Y 精子的分离和胚胎性别鉴定。通过对家畜的性别进行控制，可以达到以下效果：

①提高畜牧业的经济效益。人工授精技术的普及，使公畜的需求量越来越少，因而不论是奶牛、奶山羊、犬、兔还是家禽，均以雌性后代价值较雄性为高，尤其是奶畜。雌性后代的价值是雄性的数十倍甚至近百倍，而公犊和公羔往往一出生就被淘汰。如果能人为控制多产雌性后代，其经济效益的提高不仅体现在雌性本身，而且还可以节省怀犊（羔）母畜本年度的饲料消耗。肉牛、绵羊和猪则因为雄性增重快，肉质优，因此往往希望通过性别控制多产雄性后代。可见，实现家畜性别控制，就能成倍乃至数十倍地提高畜牧业的经济效益。

②减少性别连锁遗传病的发病率。

③加快珍稀动物的繁殖，促进保种进程。

④加快奶畜群的更新。

（2）常用的性别控制与鉴定方法

①X 精子与 Y 精子的分离：家畜性别是在受精时决定的，因此研究分离动物精液中 X 和 Y 精子，是解决家畜性别控制的关键问题。人们根据 X、Y 两种精子在形态、比重、活力、表面膜电荷等方面的差异，采用了流式细胞分类法、沉降法、密度梯度离心法、凝胶过滤法、电泳法、免疫学方法等种类繁多的精子分离技术，对家畜的精子进行分离。其中流式细胞仪分离法分离 X、Y 精子的准确率为90%以上。精子分离后受精效果，以及产生后代性别的准确性均较为满意。

②胚胎性别鉴定：胚胎性别鉴定主要是通过鉴定胚胎的性别，以控制出生的性别比。胚胎性别鉴定方法主要有细胞学方法、免疫学方法、分子生物学方法。

a. 细胞学方法：是经典的胚胎性别鉴定方法。胚胎的核型是固定的（XX 或 XY），各种家畜的染色体数目虽然不一样，但在早期胚胎发育过程中雌性胚胎中的一条 X 染色体处于失活状态。因此,从胚胎取出部分细胞直接进行染色体分析或体外培养后在细胞分裂中期进行染色体分析,可对胚胎进行性别鉴定,其准确率可达 100%。

b. 免疫学方法:利用 H-Y 抗血清或 H-Y 单克隆抗体检测胚胎上是否存在雄性特异性 H-Y 抗原,从而鉴定出胚胎的性别。通常用间接免疫荧光法检测胚胎 H-Y 抗原确定胚胎性别。

c. 分子生物学方法:通过 PCR 扩增技术检测染色体上的雄性特异基因的有无,有则判断为雄性,无则判断为雌性。该方法是近年来发展起来的一种性别鉴定的新方法。也可以将胚胎取下少量细胞提取 DNA 与 Y 染色体特异 DNA 序列(DNA 探针)杂交,结果如为阳性,则为雄性胚胎,否则为雌性胚胎。

从理论上讲,控制家畜性别的途径还有:激活卵母细胞,繁殖孤雌生殖的后代;给卵子注射经性别鉴定的精子;胚胎性别鉴定后选用所需性别的胚胎作为核移植供体,反复克隆生产所需性别的胚胎等方法。

**7) 发情、排卵及分娩控制**

发情和排卵控制是有效地干预家畜繁殖过程,提高繁殖力的一种手段。它包括诱发发情、同期发情和超数排卵等技术措施。例如,人们为了最大限度地提高母畜的繁殖效能,希望在非配种季节或哺乳乏情期使母畜发情配种,或使产单胎的绵羊能够产双胎;为了使商品家畜的成批生产,使一群家畜在特定的时间内同时发情,利用某些外源激素对母畜处理即可达到目的,使母畜按照要求在一定时间发情、排卵和配种,此即发情控制。

诱发发情即人工引起母畜发情,指在母畜乏情期内(如绵羊的非繁殖季节、母猪哺乳期、奶牛产后长期不发情)用外源激素或其他方法引起母畜正常发情并配种的繁殖方法。

同期发情即同步发情(estrus synchronization),利用某些激素制剂人为地控制并调整一群母畜发情同期的进程,使之在预定的时间内集中发情,以便有计划地合理地组织配种。同期发情的优越性在于:a. 有利于推广人工授精技术,特别是能更迅速、更广泛地应用冷冻精液进行人工授精;b. 同期发情,配种、妊娠分娩等过程相对集中,便于商品家畜和畜产品成批上市,有利于更合理地组织生产,对于节约劳力和费用,对于现代畜牧业的管理有很大的实用价值。

排卵控制包含控制排卵时间和控制排卵数两方面问题。精确地说,控制了发情自然也就控制了排卵时间,但这里所说控制排卵时间,实际上是利用外源促排卵激素进行诱导排卵,以代替在体内促性腺激素的影响下发生的自然排卵。控制排卵数是指利用外源激素增加排卵数。通常在进行胚胎移植时,对供体母畜需要进行超数排卵处理。或者限制性地适当增加排卵数,以达到产多胎的目的。例如,使母羊由原来产单胎增加为产双胎,或使通常产双羔的增加为产三羔。超排和诱发产多胎看来虽只是量的差异,但目的完全不同。超排卵后必然进行移植,诱发产多胎则属自然妊娠。

诱发分娩就是在认识分娩调控机制的基础上,利用外源激素模拟发动分娩的激素变化,调整分娩进程,促使分娩提前到来。在高度集约化大规模的生产体制中,诱发分娩便于有计划地生产,有计划地组织人力、物力进行有准备的护理工作,可减少或避免新生仔畜和孕畜在分娩期间可能发生的伤亡事故。诱发同期分娩可为下一个繁殖周期进行发情同期处理建立可靠的前提,同时也为分娩母畜之间新生仔畜的调换、为仔畜并窝或为孤儿仔畜寻找养母提供了机会和可能性,并可将分娩控制在工作日和上班时间内,避免假日和夜间的分娩,便于安排人员护理。

### 7.2.3 生物技术在动物饲料工业上的应用

生物技术在饲料中的研究与应用,对于推动和维持我国在 21 世纪的畜牧业高效、持续、稳定地发展,具有极为重要的现实意义和深远的战略意义。国外已在这方面进行了大量研究,取得了明显的进展,主要有以下几个方面。

#### 1) DNA 重组生长激素的研究与应用

大量研究表明,给奶牛注射 DNA 重组牛生长激素(商品名 BST)能提高产奶量 15% ~ 30%,其在奶中的残留在允许范围内。美国食品和药物管理局(FDA)已于 1993 年 11 月正式批准 BST 上市。重组猪生长激素(商品名 PST)的试验研究表明,注射 PST 能提高猪生长速度 10% ~30%,改善饲料转化率 5% ~15%,提高胴体瘦肉率 10% ~20%,此产品正在 FDA 的审批中。另一方面,人们正在研究因使用 BST 和 PST 引起的动物营养需要量的变化,如氨基酸和钙、磷需要量的变化等。

#### 2) 发酵工程技术研究与应用

大多数饲用酶制剂、添补氨基酸、饲用维生素、抗生素和益生菌是由微生物发酵工程技术生产的。由特异微生物发酵生产的饲用外源酶制剂包括 β-葡聚糖酶、戊聚糖酶和植酸酶等。前两种酶制剂添加于以大麦、小麦、黑麦、燕麦和淀粉为主的家禽饲料中,能分解饲料中的抗营养因子葡聚糖和戊聚糖,提高养分的消化利用,因而,提高了饲料效率。在鸡、猪饲料中添加植酸酶,能明显提高以植物性原料为主的饲料中植酸磷的消化利用,降低无机磷的添加量,故能有效地减少磷排出对环境的污染,而且还能提高氨基酸和其他矿物元素的消化利用。目前,国外学者正利用转基因技术和特殊包被技术研制耐高温和耐胃内酸性环境的高活性植酸酶,并已取得一定成效。如一些公司采用转基因技术生产的植酸酶因质量提高、售价降低而越来越多地应用于鸡、猪饲料中。

目前,由特异微生物发酵生产的饲用添补氨基酸主要有赖氨酸、蛋氨酸、色氨酸和苏氨酸等。在畜禽饲料中使用外源氨基酸,可降低饲料粗蛋白水平,减少非必需氨基酸的过量,改善饲料氨基酸的平衡性,使人们研究与应用畜禽饲料的"理想氨基酸平衡模型"成为可能,因而可进一步提高动物的生产性能,同时减少氮排出对环境的污染。由微生物发酵生产的维生素(A、D、E、C)等除传统上普遍用于纠正畜禽的维生素缺乏症外,目前还广泛用于增强动物的免疫抗应激抗病力和改善肉质上。随着畜禽养殖业的规模化、集约化与饲料工业的迅猛发展,必将需要大量的外源氨基酸和维生素,因此需要不断研究与应用大量高效发酵生产外源氨基酸和维生素的各种高新技术。

在畜禽饲料中添加抗生素,可通过抑菌抗病、促进养分吸收等途径促进家禽的生长,改善饲料转化效率,给养殖业带来显著的经济效益。但使用抗生素易产生抗药性和组织残留,最终危及人类的健康。益生菌是一类可在动物和人体应用的单一的活的微生物的培养物或多种混合的活的微生物的培养物,这些活的微生物包括真菌、酵母菌和细菌,正常情况下来源于动物肠道,可通过在胃肠道中的黏膜细胞上抢先附着,并大量繁殖,建立优势菌群,从而抑制有害微生物的生长,因而促进动物的健康和生长。目前,研究人员发现这类物质具有与抗生素相似的功能而无抗生素的抗药性和组织残留问题。在许多方面,益生菌可视为抗生素的天然替代物,所以,饲用益生菌有很好的应用前景,但尚有大量的研究与开发工作要做。

### 3)寡肽、寡糖添加剂研究与应用

最新研究表明,某些氨基酸组成的寡肽能在动物胃肠道不被水解、不受抗营养因子的干扰而直接被吸收,且比单个氨基酸的吸收快。此外,某些寡肽能刺激瘤胃内纤维分解菌的生长及在动物体内发挥激素功能,故以寡肽作为饲料添加剂正引起人们的兴趣,这方面的研究正在继续深入。糖等碳水化合物传统上是供给动物作能源的,但最新的研究表明,寡糖不仅能刺激益生菌的生长、抑制有害微生物的生长、提高机体的免疫功能、增强抗病力,而且能有效破坏饲料中的黄曲霉毒素,消除此毒素对动物的有害影响。寡糖添加剂既有抗生素的作用,又没有抗生素的抗药性和残留问题,而且还有抗生素不具备的特性,因此有人把此类添加剂也称为"益生素(probiotic)"。由于寡糖添加剂的应用效果受到寡糖种类、饲料组成和饲养条件等很多因素的影响而效果不恒定,目前该类添加剂还处于试验研究阶段,距实际应用还有较大的差距,因而需要人们做大量的前期工作,以使该类添加剂能有效地代替畜禽饲料中的抗生素。

### 4)天然植物提取物的研究开发

开发天然药物以代替现有抗生素和化学合成药物饲料添加剂,是目前的研究热点。国外所采用的方法是以有效成分作为研究天然药物的出发点,通过现代高新科技手段进行有效成分的提取、分离或合成,制成产品。如以常山酮为主要成分的抗球虫药"速丹",荷兰 Alltech 公司从丝兰属植物中提取出消除粪臭素的活性成分"CU"等。这些产品凭借先进的技术,雄厚的资金,确切的成分及疗效,以及完善的市场运行机制,迅速占领了世界各国饲料添加剂市场。

### 5)有机微量元素添加剂研究与应用

与无机态微量元素添加剂比较,有机微量元素络合物或螯合物有如下优点:不吸潮结块,有利于预混生产;不氧化破坏维生素,便于微量元素与维生素混合生产预混料;在胃肠道不易受抗营养因子的干扰而更多地被吸收利用,同时减少微量元素排出的环境污染;在体内有特殊的代谢途径,能增强动物的免疫机能、抗应激、改善肉质,且不影响其他元素的代谢。基于以上原因,这类有机产品在饲料工业中有很好的应用前景。目前国外对有机微量元素络合物或螯合物在各种动物上的生物学活性进行了很多研究。另一类有机微量元素添加剂产品,是通过特异生物技术培育成能特别富集微量元素的微生物,从而生产富含微量元素的微生物产品。已有实验表明,这类产品能明显提高猪的瘦肉生产,减少胴体脂肪沉积,能增强牛的免疫机能,大大减少牛的发病率和死亡率。

### 6)营养重分配剂研究与应用

营养重分配剂可以调控动物体内的营养代谢途径,把用于生产脂肪的养分转向肌肉生产。例如,β-肾上腺素能兴奋剂在改善动物生产性能、提高胴体肌肉含量和降低胴体脂肪含量上有明显效果,且不影响肉质,但其安全性尚需进一步评估。

## 7.2.4  畜禽基因工程疫苗

常规疫苗制备工艺简单,价格低廉,且对大多数畜禽传染病的防治是安全有效的,但也有一些病毒需要基因工程技术开发新型疫苗,包括:有些不能或难以用常规方法培养的病毒,如新城疫弱毒株在鸡胚成纤维细胞中生长不良;常规疫苗效果差或反应大,如传染性喉气管炎疫苗;有潜在致癌性或免疫病理作用的病毒,如白血病病毒、法氏囊病病毒、马立克氏病病毒;能够降低成本,简化免疫程序的多价疫苗,如传染性支气管炎血清型多而且各型之间交叉保护性差,也可以将几个病毒抗原在同一载体上表达而生产出一次接种预防多种疾病的多价苗,实现这一计划只有通过基因工程技术才有可能做到。基因工程可以生产无致病性的、稳定的细菌疫苗或病毒疫苗,同时还能生产与自然型病原相区分的疫苗,它提供了一个研制疫苗的更加合理的途径,将大大有助于畜禽传染病的诊断和预防。

目前的基因工程苗主要有以下几种。

(1)基因工程亚单位苗

将编码某种特定蛋白质的基因,经与适当质粒或病毒载体重组后导入受体细菌、酵母或动物细胞,使其在受体中高效表达,提取所表达的特定多肽,加免疫佐剂即制成亚单位苗。

(2)基因工程活载体苗

这类疫苗是将外源目的基因用重组 DNA 技术克隆到活的载体病毒中制备疫苗,可直接用这种疫苗经多种途径免疫家禽。目前以鸡痘病毒为载体的新城疫病毒 F 和 HN 基因重组活载体苗已在美国获得商业许可。

(3)合成肽苗

合成肽苗是根据病毒基因的核苷酸序列推导出病毒蛋白质的氨基酸序列,从而利用人工合成方法制备病毒主要抗原相应的多肽,生产合成肽苗。目前合成肽苗研究方向主要是发展合成肽多价苗,并向改善畜禽品质和提高生产性能方向发展。

(4)基因缺失疫苗

通过基因工程手段在 DNA 或 cDNA 水平上造成毒力相关基因缺失,从而达到减弱病原体毒力,又不丧失其免疫原性的目的。基因缺失疫苗的复制能力并不明显降低,故其所导致的免疫应答不低于常规的弱毒活疫苗。

(5)基因疫苗

基因疫苗是指将含有编码某种抗原蛋白基因序列的质粒载体作为疫苗,直接导入家禽或家畜体内,从而通过宿主细胞的转录系统合成抗原蛋白,诱导宿主产生对该抗原蛋白的免疫应答,达到免疫的目的。该疫苗又称核酸疫苗或 DNA 疫苗,这种免疫称为基因免疫、核酸免疫或 DNA 介导的免疫。

在实际畜禽生产中,常规方法制备的疫苗仍然在预防畜禽传染病上占有主要地位,而且在将来很长一段时间仍会占有主导地位。但在生产疫苗的最佳途径和方法以及改进和提高现有疫苗的质量的探索中,常规疫苗中的联苗与多价苗及应用现代生物技术研制新型基因工程疫苗是今后畜禽疫苗发展的重要方向。

## 7.2.5 动物生物反应器

自从 DNA 重组技术问世以来,人类建立了许多表达系统来生产昂贵的药用蛋白质。尽管利用 DNA 重组技术在微生物中表达外源蛋白质的技术已经成熟,但是该系统不能对真核蛋白质进行加工,而这个加工对于某些蛋白质的生物活性却极为重要。另一方面,大肠杆菌、酵母和哺乳动物细胞基因工程表达系统成本高,分离纯化复杂。利用转基因动物生产的药用蛋白质具有生物活性,且纯化简单、投资少、成本低,对环境没有污染。转基因动物就像天然原料加工厂,只要投入饲料,就可以得到人类所需要的药用蛋白。畜牧业由此开辟出一个全新天地。

#### 1）乳腺生物反应器

哺乳动物乳汁中蛋白质含量为 30～35 S/L,一头奶牛每天可以产奶蛋白 1 000 g,一只奶山羊可产奶蛋白 200 g。由于转基因牛或羊吃的是草,挤出的是珍贵的药用蛋白质,生产成本低,可以获得巨大的经济效益。

许多药用蛋白质已经通过乳腺生物反应器生产出来。首例是荷兰人研制的转人乳铁蛋白基因的牛。乳铁蛋白能促进婴儿对铁的吸收,提高婴儿的免疫力、抵抗消化道感染。接着又培育出促红细胞生成素的转基因牛,红细胞生成素能促进红细胞生成,对肿瘤化疗等红细胞减少症有积极疗效,是目前商业价值最大的细胞因子之一。英国科学家成功培育了 α-抗胰蛋白酶(ATT)转基因羊,ATT 具有抑制弹性蛋白酶的活性,用于治疗囊性纤维化和肺气肿。美国与日本合作,开发出的凝血酶原Ⅷ已进入临床试验阶段。正在研制的乳腺生物反应器药物还有人骨胶原蛋白、人溶菌酶、人凝血因子Ⅸ、谷氨酸脱羧酶等。据美国红十字医学会和美国遗传学会预测,到 2005 年,仅美国的乳腺生物反应器生产的药物,年销售额可达到 350 亿美元,到 2010 年,所有基因工程药物中乳腺反应器生产的份额将达到 95%。

乳腺生物反应器成功的关键是转基因动物乳腺能特异性表达外源蛋白质基因。组织特异性表达载体是否有效,包括外源基因在乳腺特异性表达,表达的蛋白质具有生物活性。乳腺生物反应器研制周期受到动物生长繁殖周期的限制,哺乳动物孕后泌乳,因此,必须先经过性成熟、发情、受孕几个阶段,然后才能检测乳汁的药用蛋白质,需要较长的时间。进一步进行乳腺特异性表达的调控研究,建立表达载体构建的有效性及合理性的快速检测系统,将有助于加快乳腺生物反应器走向商品化。

#### 2）其他生物反应器

除乳汁之外,转基因动物的其他蛋白质产品同样也可以生产药用蛋白。转基因动物的血液生产人的血红蛋白可以解决血液来源问题,同时避免了血液途径的疾病感染。已经有转基因猪表达出人的血红蛋白,虽然采血没有挤奶方便,但血液的巨大市场以及猪的迅速繁殖能力,仍然使其显示了诱人的前景。利用鸡蛋生产重组蛋白的研究正在开展。鸡蛋的蛋白质组成及其生物合成机制均已十分清楚,为鸡蛋生产重组蛋白提供了方便。卵黄蛋白和白蛋白基因都可以进行修饰来指导外源蛋白质基因的表达,但吸收进卵黄的蛋白质需要相互识别的特殊序列,白蛋白可能更容易修饰。其中两个主要的白蛋白基因,即卵白蛋白基因和溶菌酶基因的表达与调控研究正在进行。蛋中可以积累大量的免疫球蛋白,转基因鸡的蛋用来生产重组的免疫球蛋白,有广泛的用途。同时,鸡的成熟期短,饲养管理简单;一只鸡年产蛋 250 枚,成本低廉。这些都成为输卵管作为生物反应器的优势。

### 7.2.6　核移植技术及其在养殖业中的应用

核移植(nucleic translation,NT)是将动物早期胚胎或体细胞的细胞核移植到去核的受精卵或成熟卵母细胞中,重新构建新的胚胎,使重构胚发育为与供核细胞基因型相同后代的技术,又称动物克隆技术。

核移植的基本技术流程已在"3.3.4"中叙述,这里不再重复。动物克隆技术发展迅速,在生产和生活中已产生了广阔的应用前景。克隆技术除了与基因治疗结合,使得全面、彻底、高效的遗传病治疗成为可能,以及利用克隆技术可以产生人体所需的器官等在医学上的重要应用外,克隆技术在动物生产上还有着十分重要的作用。主要表现在以下三方面。

**1)克隆具有巨大经济价值的转基因动物**

自从显微注射法建立以来,对受精卵细胞的细胞核进行 DNA 显微注射,一直是获得转基因动物的唯一手段,但转基因整合到动物基因组的效率很低,只有 0.5% ~ 3% 经显微注射的受精卵可以产生转基因后代。而对大动物如羊、猪等转基因整合到基因组的水平更低。基因打靶与核移植技术相结合后为生产乳腺生物反应器提供了绝好的途径。该法的优点在于使基因转移效率大力提高,转基因动物后代数迅速扩增,所需动物数减少 5/6。对于与性别有关的性状(如利用乳腺反应器生产蛋白质必须在雌性个体完成)可以进行人为控制。转基因克隆动物技术优于传统的显微注射法的另一个表现是它能实现显微注射法不能实现的大片段基因转移,更重要的是在胚胎移植前就已选好了阳性细胞作为核供体,这样最终产生的后代 100% 是阳性的。

**2)快速扩大优良种畜**

在畜牧业上,采用体细胞为核供体进行细胞核移植是扩大优良畜种的有效途径。畜牧业的效率主要来自动物个体的生产性能和群体的繁殖性能,我们可以选用性能良好的个体进行体细胞核移植。例如,为了获得高产奶牛,可以取高产奶牛的体细胞进行体外培养,然后将体细胞核注入去核卵母细胞中,使其发育到多细胞胚胎,再把它移入普通奶牛体内,这样,生产出的奶牛具有高产的优良性状,从而加快育种速度并减少种畜数量,更好地实现优良品质的保存。

**3)挽救濒危动物**

通过动物克隆技术增加濒危动物个体的数量,对于避免该物种的灭绝有重要的意义。

## 7.2.7　胚胎干细胞技术及其在养殖业中的应用

有关胚胎干细胞(ES 细胞)的生物学特性以及研究现状已在前面进行了讨论。干细胞在养殖业中同样有广阔的应用前景。

**1)生产转基因动物**

通过 ES 细胞基因打靶途径建立转基因动物模型是目前最常用的转基因动物制备方法。该方法将重组子的筛选工作从传统的动物个体筛选提前到了 ES 细胞水平筛选,大大简化了实验步骤,加快了实验过程。但当重组的 ES 细胞被植入胚泡腔内发育成嵌合体时,仍有相当数量个体的生殖系中并无重组基因的存在,仍需通过繁杂的测交工作以确定能稳定遗传的嵌合体,这是建立纯系转基因动物的一个障碍。

**2)生产克隆动物**

将 ES 细胞的细胞核移植到去核卵母细胞,再在假孕受体子宫中发育成动物个体,与重组

DNA 技术结合可以高速改良和生产优良品种。因此,动物体细胞育种是未来现代化、工厂化和分子育种等高技术的基础。

**3）研究细胞分化**

细胞分化是发育生物学的核心问题之一。在哺乳动物中,由于胚胎数量较少,又生长在子宫中,看不见,摸不着,而且细胞之间的关系极为复杂,使分析单个信号的作用十分困难。细胞体外培养定向诱导分化体系的建立,就避开了这些障碍,将十分复杂的问题简单化,为细胞内及细胞外分化调节因子提供了一个相对单纯的反应环境,以利于阐明每个调节因子的作用机制。进一步探讨细胞间与局部环境对分化的影响。

**4）发育的基因调控研究**

随着 ES 细胞的分离成功,它为引进少数遗传突变进入基因库提供了一条诱人的途径。因为 ES 细胞可以在体外培养条件下,事先对突变进行筛选,然后通过嵌合体的办法传递到生殖系。故 ES 细胞很适宜作发育的遗传分析,是哺乳动物发育的基因调控分析的理想工具。最近,已有研究者把 ES 细胞技术与诱捕载体结合起来,为发现和筛选与小鼠发育有关的重要基因提供了有效的方法。

总之,ES 细胞在培养的细胞与个体发育之间架起了桥梁,在体细胞与生殖细胞之间架起了桥梁。用同源重组的方法加一定的选择系统对体细胞进行基因打靶,可把外源基因定点掺入,内源基因定点敲除。所以有了 ES 细胞,我们就可以在试管内改造动物和创造动物新品系,可以通过基因操作来生产生长快、抗病力强、高产的家畜品种,以及利用奶牛来生产具有重大医用价值的药物。此外,把体细胞做上标记,转入胚胎中研究发育和分化的规律及基因调控。利用体细胞还可以为临床提供器官移植或器官修复的原材料。因此,ES 细胞与基因工程和胚胎工程结合将使畜牧业、医药工业发生重大革命,为人类创造更加美好的未来。

# 7.3　农业微生物技术

传统的生物治理方法是将自然生长的微生物群体加以驯化、繁殖后利用。在处理过程中,细菌、真菌、藻类和原生动物等共同参与净化作用,代谢过程复杂,能量利用不经济,加之各种微生物间可能存在拮抗作用,使污染物的降解缓慢。现代生物治理,特别是废水或污水治理多采用纯培养的微生物菌株,高效菌种的选育工作是其核心的技术之一。但从自然环境中分离筛选得到的菌株,降解污染物的酶活性往往有限,同时菌种选育工作耗时费力。如果能对这些菌株进行遗传改造,提高微生物酶的降解活性,并可大量迅速繁殖,无疑会对生物治理工程产生极大的帮助。随着分子生物学的发展和基因工程技术的逐步成熟,这一切正开始变为现实。基因工程技术应用于环境保护起始于 20 世纪 80 年代。其基本原理是通过基因分离和重组技术,将人们需要的目的基因片段转移到受体生物细胞中并表达,使受体生物具有该目的基因表达后显现的特殊性状,从而达到治理污染的目的。例如,将某种微生物降解石油化合物的质粒基因分离出来,然后与一个载体结合,并通过载体送到另一种不具有降解石油化合物能力的微生物细胞中,使后者也具有前者的降解能力。在这里,受体生物细胞显现出的特殊性状可能是该目的基因本身直接表达的结果,也可能是该目的基因表达后,调控受体生物细胞代谢机制所带来的结果。利用基因工程构建的高效菌种来治理污染,特别是人工合成物如化学除草剂、杀虫剂和塑料制品等的污染,是现代环境生物技术发展的热点之一,也是未来环境生物技术发展的趋势所在。

### 7.3.1 微生物肥料

近几年,随着农产品安全日益受到重视,生产无公害有机绿色食品的生态农业和有机农业正在快速发展。这就要求不用或少用化学肥料、化学农药和其他化学物质,以促进作物增长同时不产生和积累有害物质,减少环境和土壤污染。为满足这一需求,具有特殊功能的微生物制品和多种微生物肥料陆续问世。

据悉,截至目前,全国已获得国家批准登记的微生物肥料已达 1 000 多个,但是全国实际上微肥生产厂家已超过 2 000 多家。菌种质量差、肥效低、品种有限,为农民认识和选用微生物肥料这一新型肥料品种形成重重障碍。

微生物肥料是通过特定的微生物的生命活动,增加植物的营养或产生植物生长激素,促进植物生长的一种制品,是农业生产中使用肥料的一种。施用"金宝贝"微生物菌肥,就是通过人工接种的方法,把微生物肥料中大量有益微生物加入农作物根际和土壤中,通过它们的活动来提高土壤肥力,刺激作物生长和抑制有害微生物的活动。

从微生物肥料的管理层面而言,目前将其分为微生物菌剂、复合微生物肥料和生物有机肥三类。微生物菌剂,是指目标微生物(有效菌)经过工业化生产扩繁后,利用多孔的物质作为吸附剂(如草炭、蛭石),吸附菌体的发酵液加工制成的活菌制剂。这种菌剂用于拌种或蘸根,具有直接或间接改良土壤、恢复地力、维持根际微生物区系平衡和降解有毒害物质等作用。

复合微生物肥料,是指特定微生物与营养物质复合而成,能提供、保持或改善植物营养,提高农产品产量或改善农产品品质的活体微生物制品。根据营养物质的不同,可分为微生物和有机物复合、微生物和有机物质及无机元素复合;根据作用机制可分为以营养为主、以抗病为主、以降解农药为主,也可多种作用同时兼有。如按其制品中特定的微生物种类,复合微生物肥料还可分为细菌肥料(根瘤菌肥、固氮、解磷、解钾肥)、放线菌肥(抗生肥料)、真菌类肥料(菌根真菌、霉菌肥料、酵母肥料)、光合细菌肥料。

微生物肥料的剂型有液体和固体两种,不论哪一种菌型都要对微生物有保护作用,使之尽量长时间地生存,顺利地进入土壤繁殖。微生物肥料中的有益微生物进行生命活动时需要能量和养分,进入土壤后,当能源物质和营养(如水分、温度、氧气、酸碱度、氧化还原电位因素等)供应充足时,其所含有的有益微生物便大量繁殖和旺盛代谢,从而发挥其效果。反之,则无效果或效果不明显。

生物有机肥,则是指特定功能微生物与主要以动植物残体(如畜禽粪便、农作物秸秆等)为来源并经无害化处理、腐熟的有机物料复合而成的肥料,兼具微生物肥料和有机肥双重效应。生物有机肥分为土家肥(堆肥、沼渣)和商品生物有机肥两种。后者为商品化生产后的生物有机肥,即农家肥商品化生产后的产物。有机肥和微生物菌剂,每克含菌量大于 2 000 万功能菌。

现在社会上对微生物肥料的看法,存在两个极端。一种看法认为它肥效高,把它当万能肥料,甚至认为可完全代替化肥;另一种看法则认为它根本不能算作肥料,不使用或者仅作为配肥使用。江丽华认为两种看法都存在片面性:首先,微生物肥料与富含氮磷钾的化学肥料不同,微生物肥料是通过微生物的生命活动直接或间接地促进作物生长,抗病虫害,改善作物品质,而不仅仅以增加作物的产量为唯一标准;其次,从目前的研究和试验结果来看,微生物肥料不能完全取代化肥,但在同样有效产量构成的情况下,可不同程度减少化肥使用量。

### 7.3.2　微生物农药

#### 1)生物农药及生物控制

农作物在田间生长过程中,往往会遇到病虫害的侵扰,从而导致大面积减产和品质下降。传统的方法是运用化学农药。化学杀虫剂的使用在很大程度上可以提高农业和森林业的产量,然而也正是由于化学农药的广泛应用不仅造成水源污染、土地毒化、不利于耕种,而且农药残留在食物上,导致人畜中毒。科学家们在努力培育抗病虫害作物,以减少农药使用量的同时,正寻找替代化学杀虫剂的方法来控制农业病虫害。一个最明显的方法就是运用自然界中的生物学方法来控制病虫害以减少因使用化学农药带来的诸多后遗症。例如,所有的有机体都有它们特定的疾病,同时疾病也有其天敌。在现代的观念中,生物控制是指运用微生物等去控制害虫和疾病,类似以昆虫的天敌达到控制昆虫的目的。生物控制最成功的例子是苏云金芽孢杆菌的运用,其细菌孢子中含有的晶体毒蛋白能特异地作用于鳞翅目昆虫,它已经被广泛运用达 30 年。近年来一些毒素的基因被分离、测序以及重组和改造,这些基因也被转入多种植物中,并在植物组织中表达。这样的植物自身就具备了抗病虫害的能力。目前许多公司正致力于研究和开发 BT 毒素,同时还有许多其他毒素及真菌类生物杀虫剂占有一定的市场份额。这些生物杀虫剂价值取决于其性能、投入产出比、使用方法简便与否等。这些当然是在和化学合成试剂比较的基础上说明的。

#### 2)降解除草剂的基因工程菌

除草剂苯氧酸,特别是 2,4-二氯苯氧乙酸(2,4-D)在世界上使用极为广泛。美国农民仅1976 年一年在大田喷洒的苯氧乙酸除草剂就超过 1 980 万千克,它是美国"农业支柱"之一。但长期接触这种除草剂时,患非金氏淋巴瘤的可能性要远远高于未接触者。美国科学家从细菌质粒中分离得到一种能降解 2,4-D 除草剂的基因片段,将其组建到载体上并转化到另一种繁殖快的菌体细胞内,构建出的基因工程菌具有高效降解 2,4-D 除草剂的功能,大大减少2,4-D除草剂在环境中的危害,减少了食品中 2,4-D 的残留量,很大程度上消除了 2,4-D 除草剂带来的致癌隐患。中国科学家曾从龙葵植物的变形株系叶绿体 DNA 基因文库中,分离得到抗均二氮苯类除草剂的基因,将该种抗性基因转入大豆植株中,获得转基因大豆植株。该植株不再吸收环境中的均二氮苯类除草剂,生产的大豆也不富集这类除草剂残毒,避免了该类除草剂对人类健康的危害。

#### 3)防治杀虫剂的基因工程菌

人工合成的杀虫剂污染农作物后,对人类和其他动物都会产生严重的危害,导致动物急性致死、诱导癌变发生等。美国科学家们将苏云金杆菌中能杀死鳞翅目害虫的毒性蛋白基因转移到大肠杆菌和枯草杆菌中,制成一种微生物杀虫剂。把这种杀虫剂微生物包附在种子表面,作物生长之后,根部布满这种微生物,使植物免受虫害。据报道,日本科学家正计划将苏云金杆菌 29 个亚种的毒性蛋白基因一起组建到大肠杆菌中,以期开发出一种广谱的细菌杀虫剂,避免化学杀虫剂生产的高投资、高能耗和高污染。另一种避免使用杀虫剂带来危害的措施是利用转基因技术获得抗虫转基因植物。目前,水稻、棉花、小麦和番茄等主要农作物都已有抗虫转基因植物品系,且应用越来越广泛。

### 7.3.3 农产品有害残留物质的微生物降解

卤代芳烃是一种主要的潜在性环境污染物,广泛用于农业和工业生产活动,是人工合成农药、染料、药物和炸药的有毒副产品,包括氯代苯邻二酚、氯代-O-硝基苯酚、3-氯苯甲酯等。自然界中 JMP134 菌株体内存在降解氯代苯邻二酚的质粒基因,将其克隆重组并转化到合适的假单胞菌细胞中,构建的工程菌能分解去除环境中的氯代邻苯二酚。该质粒基因也可用于构建降解氯代-O-硝基苯酚的工程菌。一种能降解 3-氯苯甲酯的工程菌引入模型曝气池后可存活 8 周以上,能较快地利用 3-氯苯甲酯作碳源,提高降解环境中的 3-氯苯甲酯的效率;而从活性污泥中筛选出降解 3-氯苯甲酯的土著菌,需经过长期的驯化过程方可产生一定的降解功能。考察表明,基因工程菌一般不会对其他微生物和高等的生物产生有害影响。

---

• **本章小结** •

现代生物技术的原理和方法广泛应用于农业生产,正从根本上改变传统农业的技术手段和运作方法,并已经产生巨大的经济效益。本章从种子作物类和动物类的角度加以具体阐述。现代生物技术在种植业方面的应用包括:植物雄性不育和杂种优势利用;植物抗逆性——抗虫、抗除草剂、抗菌、抗病毒等的研究及应用;生物农药及生物控制方法防治病虫害;植物分子育种;水稻基因组计划。现代生物技术在养殖业方面的应用包括:动物育种与繁殖、性别控制、动物饲料工艺、牲畜传染病防治以及动物生物反应器制作等领域。同时对核移植技术及干细胞技术在养殖业中的应用前景作一展望。

---

 复习思考题

1. 现代植物生物技术与传统农业技术相比有何突出优越性? 试举例说明。

2. 基因工程抗虫棉已大面积用于生产,同时也造成食棉昆虫的耐食性,如何看待这个问题,并提出解决问题途径。

3. 动物转基因的常用载体有哪些? 各有何优缺点?

4. 动物胚胎工程的主要技术是什么?

# 第 8 章

# 生物技术与工业

【知识目标】

- 了解、熟悉生物技术在工业生产中的重要性；
- 了解工业生物技术含义、发展工业生物技术的重要意义；
- 掌握生物能源的定义、特点、形式及开发生物能源的意义。

【技能目标】

- 了解、熟悉生物技术在工业生产中的重要性；
- 掌握目前生物能源的主要形式；
- 掌握现代生物技术在食品领域中的主要应用。

在前面的章节里,我们花了大量的篇幅详细介绍有关生物技术的内容,那么,人们对生物技术领域不断地进行深入研究,目的是要利用它来解决人们在生活中面临的新问题,不断地满足人类发展过程中的更高需求,更好地利用生物技术为人类服务。而这个目的的实现,与工业生产是绝对分不开的。我们把生物技术运用到工业生产中从而实现人们的某种愿望的过程,就叫做工业生物技术。

工业生物技术是利用生化反应进行工业品的生产加工技术,是人类模拟生物体系实现自身发展需求的高级自然过程。

发展工业生物技术的任务,是把生命科学的发现转化为实际的产品、过程或系统,以满足社会的需要。工业生物技术不仅仅面对发酵行业,它已经开始进入包括农业化学、有机物、药物和高分子材料在内的很多领域,而且它的作用具有更加深远的意义。

# 8.1　生物技术与食品

食品生物技术(food biotechnology)是生物技术在食品原料生产、加工和制造中应用的一个学科。它包括食品发酵和酿造等最古老的生物技术加工过程,也包括应用现代生物技术来改良食品原料的加工品质的基因、生产高质量的农产品、制造食品添加剂、植物和动物细胞的培养以及与食品加工和制造相关的其他生物技术,如酶工程、蛋白质工程和酶分子的进化工程等。

## 8.1.1　生物技术与食品加工

### 1)基因工程在食品加工过程中的应用

基因工程(genetic engineering)是指将一种或多种生物体(供体)的基因与载体在体外进行拼接重组,然后转入另一种生物体(受体)内,使之按照人们的意愿遗传并表达出新的性状。因此,供体、受体和载体称为基因工程的三大要素,其中相对于受体而言来自供体的基因属于外源基因。除了少数 RNA 病毒外,几乎所有生物的基因都存在于 DNA 结构中,而用于外源基因重组拼接的载体也都是 DNA 分子,因此基因工程也称为重组 DNA 技术(recombinant DNA technology)。另外,DNA 重组分子大都需在受体细胞中复制扩增,故还可将基因工程表达为分子克隆(molecular cloning)。

基因工程研究的主要内容包括以下几方面:带有 FI 基因的 DNA 片段的分离或人工合成;在体外,将带有目的基因的 DNA 片段连接到载体上,形成重组 DNA 分子;重组 DNA 分子导入宿主细胞;带有重组 DNA 分子的细胞培养,获得大量的细胞繁殖群体;重组体的筛选;重组体中目的基因的功能表达。

(1)改造食品原材料,改善食品品质和加工特性

在植物食品品质的改良上,基因工程技术得到了广泛的应用,并取得了丰硕成果。其中主要集于改良蛋白质、碳水化合物及油脂等食品原料的产量和质量。

①蛋白质类食品:蛋白质是人类赖以生存的营养素之一,植物是人类的主要蛋白质供应源,蛋白质原料中有 65% 来自植物。与动物蛋白质相比,植物蛋白质的生产成本低,而且便于

运输和贮藏,然而其营养也较低。谷类蛋白质中赖氨酸(Lys)和色氨酸(Trp),豆类蛋白质中蛋氨酸(Met)和半胱氨酸(Cys)等一些人类所必需的氨基酸含量较低。通过采用基因导入技术,即通过把人工合成基因、同源基因或异源基因导入植物细胞的途径,可获得高产蛋白质的作物或高产氨基酸的作物。

Yang 等合成了一个 292bp 的能编码高含量必需氨基酸 DNA(high essential amino acid coding DNA,HEAAC-DNA)的片段,再把 HEAAC-DNA 导入马铃薯细胞中,该基因在马铃薯细胞中能表达,表达水平为:HEAAC 蛋白占总蛋白的 0.35%。1990 年 Clercq 等用 Met 密码子序列取代了拟南芥菜 2S 白蛋白的可复区域,所获得的转基因拟南芥菜可生产富含 Met 的 2S白蛋白。这些工作说明通过导入人工合成基因来修饰编码蛋白质的基因序列,来提高蛋白质中必需氨基酸的含量是可行的。

植物体中有一些含量较低,但氨基酸组成却十分合理的蛋白质,如果能把编码这些蛋白质的基因分离出来,并重复导入同种植物中使其过量表达,理论上就可以大大提高蛋白质中必需氨基酸含量及其营养价值。例如,豆类植物的主要贮存蛋白质——球蛋白中的蛋氨酸含量很低,它是豆类植物的第一限制性氨基酸,但豆类中赖氨酸含量却较高,与谷物作物中的蛋白质正好相反,通过基因工程技术,可将谷物类植物基因导入豆类植物,开发蛋氨酸含量提高的转基因大豆。另外,我国学者把从玉米种子中克隆得到的富含必需氨基酸的玉米醇溶蛋白基因导入马铃薯中,使转基因马铃薯块茎中的必需氨基酸提高了 10% 以上。美国 Florida Gainesville 大学的科学家将外来的高分子量面筋蛋白基因导入一普通小麦中,获得了含量更多的高分子量面筋蛋白质的小麦。这样的小麦面筋蛋白具有良好的延伸性和弹性。

②油脂类食品:人类日常生活及饮食所需的油脂 70% 来自植物,改良植物油是世界上最重要的油脂之一,食用油有三个重要的质量指标:营养价值、氧化稳定性和功能性,但这三个指标之间存在矛盾,即含较多的高不饱和脂肪酸的食用油对人的健康是有益的,但存在着氧化稳定性差的缺点;制造人造奶油和起酥油等需要高熔点的植物油,但这种油通常含高比例的饱和脂肪酸成分。为了获得氧化稳定、饱和程度高的煎炸油和烹调油以及为制造人造奶油和起酥油等提供高熔点的植物油,食品工业采用的方法是对植物油进行氢化处理,但在氢化过程中不可避免地会产生反式构型脂肪酸,反式脂肪酸会增加血液中低密度脂蛋白胆固醇含量。最新研究成果表明,反式脂肪酸与心脏病的发病有线性关系。基因工程技术与传统的育种方法结合为人们提供了改善植物油质量的新途径,它不仅可增加植物油脂肪酸的饱和度,而且不会带来反式脂肪酸问题,提供对人体健康有益的植物油,如将硬脂酰 CoA 脱饱和酶基因导入作物后,可使转基因作物中饱和脂肪酸的含量有所下降,而不饱和脂肪酸的含量则明显增加。

另外,高等植物体内脂肪酸的合成由脂肪合成酶(FAS)的多酶体系控制,因而改变 FAS的组成还可以改变脂肪酸的链长,以获得高品质、安全及营养均衡的植物油。目前,控制脂肪酸链长的几个酶的基因已被成功克隆,如通过导入硬脂酸-ACP 脱氢酶的反义基因,可使转基因油菜种子中硬脂酸的含量从 2% 增加到 40%;美国 CaCalgene 公司正在开发高硬脂酸含量的大豆油和芥花菜油,新的大豆油和芥花菜油将含 30% 以上的硬脂酸,这些新油可以取代氢化油用于制造人造奶油、液体起酥油和可可脂替代品,而不含氢化油中含有的反式脂肪酸产物。

③碳水化合物类食品:利用基因工程来调节淀粉合成过程中特定酶的含量或几种酶之间的比例,从而达到增加淀粉含量或获得性质独特、品质优良的新型淀粉。高等植物体内涉及淀粉生物合成的关键性酶类主要有 ADP 葡萄糖焦磷酸化酶(ADP glucose pyrophos phorylase, AGPP)、淀粉合成酶(starch synthase, SS)和淀粉分支酶(starch branching enzyme, SBE),其中淀粉合成酶又包括颗粒凝结型淀粉合成酶(granule-bound starch synthase, GBSS)和可溶性淀粉合成酶(soluble starch synthase, SSS)。

农作物淀粉含量的增加或减少都有其利用价值。增加淀粉含量,就可能增加干物质,使其具有更高的商业价值;减少淀粉含量,可生成其他贮存物质,如贮存蛋白的积累增加。目前,在增加或减少淀粉含量的研究方面都有成功的报道。Stark 等利用突变的大肠杆菌菌株618 来源的 AGPP 基因和 CMV35 启动子构建了一个嵌合基因,并把此基因导入烟草、番茄和马铃薯中,结果得到极少的转基因植物,表明 AGPP 基因的组成性表达对植物的生长、发育是有害的,它很可能改变了植物不同组织之间源库与沉积的关系。后来改用块茎特异表达的Patatin 基因的启动子来构建嵌合基因,就得到了相当多的马铃薯,转基因马铃薯块茎中淀粉的含量比传统的马铃薯提高 35%。在减少淀粉含量方面,Muller 等利用含有不同启动子和反向连接的 AGPP 大或小亚基 cDNA 的融合基因构建表达载体,转化马铃薯,在 35S 加上反向连接的 AGPP 大亚基。DNA 的融合基因转化植株中,叶片的 AGPP 活性仅为野生型的 5% ~ 30%,块茎中 AGPP 活性降得更低,活性仅为野生型的 2%。分析转化植株淀粉含量,结果表明转化植株块茎淀粉含量仅为野生型的 3.5% ~ 5%。伴随着淀粉含量的下降,转化植株细胞内可溶性糖显著升高,蔗糖和葡萄糖分别占块茎干重的 30% 和 8%。在已有的改变淀粉含量的研究之中,多数是针对 AGPP 的,反映出 AGPP 在控制淀粉合成速率方面的重要性。淀粉由直链淀粉和支链淀粉组成。直链淀粉和支链淀粉的比例决定了淀粉粒的结构,进而影响淀粉的质量、功能和应用领域。改变淀粉结构有很多潜在的应用价值。高支链、低支链或低直链、高直链的淀粉都有着广泛的工农业用途,通过反义基因抑制淀粉分支酶基因则可获得完全只含直链淀粉的转基因马铃薯。Monsanto 公司开发了淀粉含量平均提高 20% ~ 30% 的转基因马铃薯,这种新马铃薯使油炸后的产品具有更强的马铃薯风味、更好的质构、较低的吸油量和较少的油味。相反,Visser 等利用反义 RNA 技术,向马铃薯中导入反向连接的 GBSS 基因,导致 GBSS 基因含量和活性下降,进而导致马铃薯块茎中直链淀粉含量减少 70% ~ 100%。同样地利用反义 RNA 技术,在木薯、水稻等植物中,也获得了低(或无)直链淀粉的转化体。可以说,对 GBSS 的操作是控制直链淀粉的可靠途径。

(2)利用基因工程菌株改善发酵食品品质和风味

发酵食品的品质、风味及产率是影响发酵食品工业经济效益的关键因素,而这些又都取决于所使用的微生物菌株品种,但传统的微生物育种方法又难以有效地达到定向改造微生物性状的目的,而利用 DNA 重组技术、反义 RNA 技术及基因缺失等基因工程技术来构造所需的基因工程菌株是解决这一问题的一条方便快捷的途径。

①酱油:酱油风味的优劣与酱油在酿造过程中所生成氨基酸的量密切相关,参与此反应的羧肽酶和碱性蛋白酶的基因已被克隆并转化成功,在新构建的基因工程菌株中碱性蛋白酶的活力可提高 5 倍,羧肽酶的活力可提高 13 倍。酱油制造中和压榨性有关的多聚半乳糖醛酸酶、葡聚糖酶和纤维素酶、果胶酶等的基因均已被克隆,当用高纤维素酶活力的转基因米曲

霉生产酱油时,可使酱油的产率明显提高。另外,在酱油酿造过程中,木糖可与酱油中的氨基酸反应产生褐色物质,从而影响酱油的风味。而木糖的生成与制造酱油用曲霉中木聚糖酶的含量与活力密切相关。现在,米曲霉中的木聚糖酶基因已被成功克隆。用反义 RNA 技术抑制该酶的表达所构建的工程菌株酿造酱油,可大大地降低这种不良反应的进行,从而酿造出颜色浅、口味淡的酱油,以适应特殊食品制造的需要。

②啤酒:在正常的啤酒发酵过程中,由啤酒酵母细胞产生的 α-乙酰乳酸经非酶促的氧化脱羧反应会产生双乙酰。当啤酒中双乙酰的含量超过阈值(0.02~0.10 mg/L)时,就会产生一种令人不愉快的馊酸味,严重破坏啤酒的风味与品质。去除啤酒中双乙酰的有效措施之一就是利用 α-乙酰乳酸脱羧酶。但由于酵母细胞本身没有该酶活性,因此,利用转基因技术将外源 α-乙酰乳酸脱羧酶基因导入啤酒酵母细胞,并使其表达,是降低啤酒中双乙酰含量的有效途径。Sone 等用乙醇脱氢酶的启动子和穿梭质粒载体 YeP13 将产气肠杆菌 α-乙酰乳酸脱羧酶基因导入啤酒酵母,并使其表达。当用此转基因菌株进行啤酒酿造时,可使啤酒中的双乙酰含量明显降低,且不影响其他的发酵性能和啤酒中的正常风味物质。但由于用此法所构建的基因工程菌株中 α-乙酰乳酸脱羧酶基因是存在于酵母的质粒而不是染色体上,因而使该基因易于随着细胞分裂代数的增加而发生丢失,造成性能的不稳定。因此,Yamano 等将外源的 α-乙酰乳酸脱羧酶整合到啤酒酵母的染色体中,从而构建了能稳定遗传的转基因啤酒酵母。使用这种转基因酵母酿制啤酒,也能明显地降低啤酒中的双乙酰含量,而且不会对啤酒酿造过程中的其他发酵性能造成不良影响。

把糖化酶基因引入酿酒酵母,构建能直接利用淀粉的酵母工程菌用于酒精工业,能革除传统酒精工业生产中的液化和糖化步骤,实现淀粉质原料的直接发酵,达到简化工艺、节约能源和降低成本的效果。目前已有美国的 Cetus 公司和日本的 Suntory 公司分别把酒酿霉和米根霉的糖化基因转入酿酒酵母获得成功的报道,国内也有许多学者正在从事这方面的研究。唐国敏等从黑曲霉糖化酶高产株 T21 合成的糖化酶 cDNA,经 5′端和 3′端改造后克隆到酵母质粒 YED18 上,转化酿酒酵母;罗进贤等将大麦的淀粉酶基因及黑曲霉糖化酶 cDNA 重组进大肠杆菌-酵母穿梭质粒,构建含双基因的表达分泌载体 PMAG15,用原生质体转化法将之引入酿酒酵母,实现了大麦淀粉酶和糖化酶的高效表达,99% 以上的酶活力分泌至培养基中。

③奶酪:在奶酪工业中,近年来成功地将牛胃蛋白酶的基因克隆到微生物体内并使其表达,由此构建的基因工程菌可用来生产牛胃蛋白酶,彻底解决了奶酪工业受制于牛胃蛋白酶来源不足的问题。

④面包:在焙烤工业中,将含有地丝菌属 LIPZ 基因的质粒转化到面包中,利用转基因酵母发酵生面团生产的面包较蓬松,内部结构较均匀。另外,利用基因工程技术可生产出高效能高质量的酶产品,目前能利用遗传技术生产大多数常用的酶产品,并投放市场。世界上第一个应用在食品上的基因工程酶为凝乳酶。将牛胃蛋白酶的基因克隆到微生物体内,由细菌生产这种动物来源的酶类,解决了奶酪工业受制于牛胃蛋白酶来源不足的问题,并降低了生产成本。

(3)酶制剂的生产和改良

凝乳酶(chymosin)是第一个应用基因工程技术把小牛胃中的凝乳酶基因转移至细菌或真核微生物生产的一种酶。1990 年美国 FDA 已批准在干酪生产中使用凝乳酶。由于这种酶生产寄主基因工程菌不会残留在最终产物上,符合 GRAS(generally recognized as safe)标准,被认定是安全的,不需要标示。20 世纪 80 年代以来,为了缓解小牛凝乳酶供应不足的紧张状态,日本、美国、英国等纷纷开展了牛凝乳酶基因工程的研究。Nishimori 等于 1981 年首次用重组 DNA 技术将凝乳酶原基因克隆到大肠杆菌中并成功表达。随后,英、美等国相继构建了各自的凝乳酶原的 cDNA 文库,并成功地在大肠杆菌、酵母、丝状真菌中表达。

利用重组 DNA 技术生产小牛凝乳酶,首先从小牛胃中分离出对凝乳酶原专一的 mRNA(内含子已被切除),然后借助反转录酶、DNA 聚合酶和 St 核苷酸酶的作用获得编码该酶原的双链 DNA,再以质粒或噬菌体为运载体导入大肠杆菌。由于所用的 mRNA 样品依然含有各种 RNA 片段,因此所得到的 cDNA 克隆实际上是一个混合的 cDNA 文库,用放射性 mRNA 或 cDNA 探针进行杂交,可以挑选出含有专一性 cDNA 的克隆。所获得的 1 095 核苷酸序列基本与凝乳酶原的氨基酸序列相符合,并在 N 端有一个由编码 10 个疏水性氨基酸组成的信号肽序列。为使外源基因在细菌中有效表达,在上游端还需插入适当转录启动子序列,核糖体结合部位以及翻译的起始位点 AUG。表达产物为一融合蛋白(N 端带有一段细菌肽),但这不影响随后的酶原活化作用。在这一过程中该小肽与酶原的 42 肽一起被切除。用色氨酸启动子可以获得高效表达,问题是表达产物以不溶性的包含体(inclusion body)形式存在。因此,表达后的加工及基因的改造都是不可缺少的。

利用基因工程菌生产凝乳酶是解决凝乳酶供不应求的理想途径。Marston(1984)和 Kawagnchi(1987)根据电泳扫描测得凝乳酶原基因在大肠杆菌中的表达水平为总蛋白的 8%和 10%~20%。1986 年,Uozumi 和 Beppu 报道从每升发酵醪液的菌体中可获得 13.6 mg 有活性的凝乳酶。Melior 等构建了无前导肽凝乳酶的克隆,并将凝乳酶原基因导入酵母细胞(Saccharomyces cerevisiae),其表达效率达总酵母蛋白量的 0.5%~2%。在酵母中,大约 20%的酶原以可溶形式存在并可被直接激活,剩余的 80%仍与细胞碎片混在一起。1990 年,Strop 把携带凝乳酶原基因的质粒 PMGl3195 导入大肠杆菌 MT 中,然后在含有胰蛋白胨、酵母膏和乳糖的培养基中培养(37 ℃),重组凝乳酶原在包含体中逐渐积累,包含体占整个细胞的 40%。

(4)乳酸菌遗传和生物技术特性改良

目前已有的乳酸菌发酵制品有酸奶、干酪、酸奶油、酸乳酒等,已应用的乳酸菌基本上为野生菌株,大多数没有用分子生物学检查是否携带抗药因子,而有的菌株本身就抗多种抗生素,因而在其使用过程中,抗药基因将有可能以结合、转导和转化等形式在微生物菌群之间相互传递而发生扩散。一般应选择没有或含有尽可能少的可转移耐药因子的乳酸菌作为发酵食品和活菌制剂的菌株。除了控制携带耐药因子的菌株应用外,还可通过基因工程技术选育无耐药基因的菌株,当然也可去除生产中已应用菌株中含有的耐药质粒,从而保证食品用乳酸菌和活菌制剂中菌株的安全性。

乳酸菌发酵产物中与风味有关的物质主要有乳酸、乙醛、丁二酮、3-羟基 2-丁酮、丙酮和丁酮等。可以通过分子育种选育风味物质产量高的乳酸菌菌株。此外,乳酸菌产生的黏性物质——黏多糖对产品的风味和硬度也起着重要的作用。因而筛选产生黏多糖物质多的乳酸菌菌株或将产黏基因克隆到生产用乳酸菌菌株中也具有非常好的应用价值。乳酸菌不仅具有一般微生物所产生的酶系,而且还可以产生一些特殊的酶系,如产生有机酸的酶系、合成多糖的酶系、降低胆固醇的酶系、控制内毒素的酶系、分解脂肪的酶系、合成各种维生素的酶系和分解胆酸的酶系等,从而赋予乳酸菌特殊的生理功能。若通过基因工程克隆这些酶系,然后导入生产干酪、酸奶等发酵乳制品生产用乳酸菌菌株中,将会促进和加速这些产品的成熟。另外,把胆固醇氧化酶基因转到乳杆菌中,可降低乳中胆固醇含量。

乳酸菌大多数属于厌氧菌,这给实验和生产带来诸多不便。从遗传学和生化角度看,厌氧菌或兼性厌氧菌几乎没有超氧化物歧化酶基因和过氧化氢酶基因,或者说其活性很低。若通过生物工程改变超氧化物歧化酶的调控基因则有可能提高其耐氧活性。当然将外源 SOD 基因和过氧化氢酶基因转入厌氧菌中,也可以起到提高厌氧菌和兼性厌氧菌对氧的抵抗能力。

乳酸菌在肠道内发挥其优良特性的重要标准之一,即该类细菌能否有肠道黏附能力并形成生理屏障。有人认为,细菌的胞外多糖可以提高细菌的定植力,改善在肠道的黏附,延长菌体在肠道的存活时间。可采用基因工程技术,将胞外多糖产量高、性能好的基因导入乳酸菌中,一方面发酵生产胞外多糖,另一方面可以直接将这些乳酸菌制成活菌制剂,使之在肠道内定植,并在机体内直接生产所需的基因产物。

乳酸菌代谢不仅可以产生有机酸等产物,还可以产生多种细菌素,如 Nisin、diplocoxin、laclocillin 等。然而,并不是所有的乳酸菌都产细菌素,若通过生物工程技术将细菌素的结构基因克隆到生产用菌株中,不仅可以使不产细菌素的菌株获得产细菌素的能力,而且为人工合成大量的细菌素提供了可能。

在发酵乳制品生产中,噬菌体污染问题还十分严重,因此,开发抗噬菌体菌株是遗传和生物技术重点研究的内容。可以使用通常认为安全的方法和工具去介导新的基因或改变现有商业菌株基因,或使用重组 DNA 技术构建具有新的和一致性的菌株。目前已知若细菌表面含有半乳糖基的脂磷壁酸,可以阻止噬菌体的吸附,所以可植入特定的质粒以改变细菌表面受体的结构,致使噬菌体无法与细胞表面受体结合。

(5)食品加工工艺的改良

啤酒制造中对大麦醇溶蛋白含量有一定要求,如果大麦中醇溶蛋白含量过高,就会影响发酵,使啤酒容易产生混浊,也会使其过滤困难。采用基因工程技术,使另一蛋白基因克隆到大麦中,便可相应地使大麦中醇溶蛋白含量降低,以适应生产的要求。

在牛乳加工中如何提高其热稳定性是关键问题。牛乳中的酪蛋白分子含有丝氨酸磷酸,它能结合钙离子而使酪蛋白沉淀。现在采用基因操作,增加 κ-酪蛋白编码基因的拷贝数和置换,κ-酪蛋白分子中 Ala-53 被丝氨酸所置换,便可提高其磷酸化,使 κ-酪蛋白分子间斥力增加,提高牛乳的稳定性,这对防止消毒奶沉淀和炼乳凝结起重要作用。

**2)细胞工程在食品加工过程中的应用**

细胞工程(cell engineering)即在细胞水平研究开发利用各类生物细胞的工程技术,主要有细胞培养、细胞融合及细胞代谢的生产等。在食品生物工程领域中,主要采用细胞融合技术或原生质体融合技术进行优良菌种的选育。同时,采用动物细胞,尤其是植物细胞大量培养生产各种保健食品的有效成分及天然食用色素、香料等。目前,通过植物细胞培养,已能高效地生产多种碳水化合物、蛋白质、糖、氨基酸、酶、黄酮类、酚类、色素等食物成分。

(1)利用植物细胞工程生产香料

利用植物细胞大规模培养技术已能生产许多种香料物质。例如,在洋葱细胞培养中,从酸碱酶抑制剂羟基胺中提取出了香料物质的前体——烷基半胱氨酸磺胺化合物。在玫瑰的细胞培养中发现增加成熟的不分裂细胞能产生除五倍子酸、表儿茶、儿茶酸之外的更多的酚。在热带栀子花的细胞培养中产生的单萜葡糖苷、格尼帕苷和乌口树苷的产量很高。

（2）利用植物细胞工程生产调料

利用植物细胞培养以能生产出较多的天然调料，如在甜叶菊的培养细胞中能积累甜菊苷（类皂角苷），此物质是一种天然甜味剂，其甜度大约是蔗糖的 300 倍；在长春花培养的细胞中能积累磷酸二酯酶，此酶能催化细胞中 RNA 分解成 5′-核苷酸，这类核苷酸是一种味道极好的调味品；在旱芹悬浮培养的愈伤组织细胞中，也能分析到有邻苯二酸酐（最多的是甲基邻苯二酸酐）和类萜烯（最多是二萜烯）调料化合物的积累，将辣椒细胞放在固定反应器中培养也获得了与辣椒果中相同含量的辣椒素。

（3）利用植物细胞生产技术生产食品添加剂

对植物细胞培养生产次生物质的研究，是从 1946 年 Caplin 等研究胡萝卜根愈伤组织中产生类胡萝卜素开始的。其后，主要研究工作集中在药物生产方面。直到进入 20 世纪 70 年代，人们才对天然食品添加剂生产方面有了重大突破，并逐步进入工业化生产。其主要成功的尝试，可用下面的例子来说明。

①色素——甜菜苷：Misawa 报告了从十蕊商陆愈伤组织与悬浮培养物种分离甜菜苷。红色素甜菜苷是一种糖苷，是由甜菜苷配基和葡萄糖组成，可用于食物着色。使用含有 3% 蔗糖、1 mg/L 的 2,4-D 的 MS 培养基，细胞在 28 ℃、15 000 lx 日光灯下，在摇床上进行培养、通过纤维素柱色谱分析，由 1 g 干细胞制得的 30 mg 粗制色素，鉴定其物理化学性质，其性质与甜菜苷一样。纪文（Kibin）公司也发现了用品种为 *Rubra* 的甜菜、藜（*Centrorubrum* 品种）和菠菜的冠瘿组织累积红色素，这种色素也是甜菜苷。Mitsuoka 和 Nishi 发现了日本草木樨（*Melilotus japonicus*）的愈伤组织中累积红色素，当愈伤组织培养在含有 2,4-D 的 LS 培养基中，光照条件下（3 000 lx），通过低色谱及吸收谱鉴定证实是花色素苷。

②甜味剂——甜菊苷：甜菊叶中含有一种皂角苷，称为甜菊苷，是一种天然甜味剂，甜度大概是蔗糖的 300 倍。这种植物用种子繁殖非常困难，不能在温带生长。Komatsu 等于 1916年用细胞与冠瘿组织的培养进行甜菊苷的生产。甜叶菊愈伤组织培养在含有 LAA 的培养基上，在 25 ℃、光照 3 000 lx 条件下，愈伤组织和悬浮培养物的提取液通过薄层色谱证明含有甜菊苷。

③鲜味剂——5′-核苷酸和有关的酶：近年来，Furaya 发现用培养细胞的磷酸二酯酶从 RNA 生产 5′-核苷酸的方法。在日本是从某些真菌和放线菌中提取这种酶，用来生产 6′-肌苷酸和 5′-鸟苷酸。这些核苷酸作为调味品需要量很大，因此考虑用植物细胞悬浮物大规模生产这种酶。为了取得高产磷酸二酯酶的细胞株，对许多植物细胞进行了筛选，选中长春花细胞株。它在悬浮培养时生长迅速，产酶率高。1 L 长春花细胞匀浆液，加入 10 g 酵母 RNA 和 NaF，在 60 ℃ 和 pH 8.0 的条件下，2 h 后，生成 2.1 g AMP、2.4 g GMP、1.6 g CMP 和 1.4 g UMP，这些产物使用阴离子交换树脂分离。同样也证明十蕊商陆悬浮培养细胞合成 5′-磷酸二酯酶。

④防腐剂——没食子酸乙酯：Veliky 和 Latta 发现来源于多种植物的愈伤组织表明有抗微生物活性。后来，Khanna 报告了在药用余甘子（*Emblica officinalis*）培养物中发现抗微生物的

活性是由于细胞形成大量的没食子酸乙酯所致。

⑤增稠剂——琼胶:Nakamura 在 1974 年报告了从石花菜、江篱、扁平石花菜的海藻愈伤组织中产生琼胶。一小片成熟的石花菜放在含有 2 mg/L 的 IAA、0.2 mg/L 的 KI、蔗糖、$NH_4NO_3$、椰子汁、酵母膏、金属离子和海水的培养基中,20 天后愈伤组织的重量增加 11.3 倍。100 g 干愈伤组织细胞悬浮在 5 L 水中(pH 6.0),加热 15 min,过滤,滤过物经冻干法得到 5 g 琼胶。用江篱、扁平石花菜和其他海藻的愈伤组织,可以用同样的方式生产琼胶。

(4)利用植物细胞培养技术生产天然食品

除食品添加剂以外,用植物细胞培养技术还可生产天然食品,如从咖啡培养细胞中可收集可可碱和咖啡因,从菜愈伤组织和悬浮培养细胞得到奶皮蛋白;用放线菌素 D、黑曲霉多糖或钒酸钠处理豇豆、红豆等蔓生型植物的培养细胞,可诱导产生出 5 种黄豆苷;从海藻(如石花菜、江篱、扁平石花菜)的愈伤组织培养物中可生产琼脂等。

(5)利用植物细胞培养技术生产植物药

近年来,由于对环境的破坏,无计划地采挖,栽培药用植物的技术还不成熟,栽培代价较高等问题的存在,使得野生药用植物资源日益减少,现在仅奇缺植物药就在 100 种以上。化学合成植物也因成本、技术、劳保及应用上的抗药性等问题而受到限制。因此,利用植物组织培养技术生产植物药以其特有的优势脱颖而出。现在已有 60 多种药用植物可通过组织细胞培养技术生产其内含的药物,有 30 多种药用植物细胞培养物积累的药物等于或超过其亲本植株的含量,后者包括人参皂苷、迷迭香酸、醌、小檗碱和治疗某些心脏病的辅酶 Q-10 等。利用植物组织培养除了能够产生原植物已有的天然化合药物以外,还能够进行生物转化产生原植物所没有的化合药物。随着对植物培养细胞的生理、生化和遗传特性的深入了解以及提高产物积累方法的发展,利用植物细胞培养技术商业化生产植物药(天然药物)必将在医药工业中得到广泛的应用,并获得巨大的经济效益。

**3)发酵工程在食品加工过程中的应用**

发酵工程技术是一项古老的生物技术。当前传统的厌氧发酵技术已发展成为现代化的深层通气搅拌培养,包括菌种的分离、选育、发酵器设计、空气净化、发酵条件,以及产品分离、提纯等技术。人们可以利用这些技术大规模生产人类必需的氨基酸和维生素,包括用于食品和化工原料的有机酸和有机溶剂,刺激生物生长的赤霉素,杀灭线虫和螨类的驱虫素以及甾体物质的转化,疫苗、酶制剂和饲料用的单细胞蛋白等,形成一个庞大的发酵工业。发酵工程在饲料和动物饲养中的应用,已取得了良好的效果。通过细胞融合和 DNA 杂交技术选出了高产纤维素酶的酵母菌,发酵 30 h,可大大提高最终纤维素分解率和蛋白质含量。已筛选出既可固定空气中氮,又能利用秸秆纤维作为唯一碳源的菌种,可使秸秆发酵后所含蛋白质比原来提高 3~4 倍,并含脂质和大量热值。通过筛选或经遗传工程处理形成的单细胞微生物,经发酵后,提高其蛋白质含量,而且成本低,产量大,产品无毒、容易工业化生产。

传统酵母发酵技术生产的压榨酵母(或称鲜酵母)是供应面包厂及家庭制面包的发酵剂。酒精厂、酿酒厂所用的发酵剂一般是由研究单位提供或自行选的酵母菌种进行培养直接用于生产。由于这种新鲜酵母含水量高(70%~73%),难于保藏和运输,即使在 0 ℃条件下保存期也仅有 20 天左右,因此,在食品业中的应用受到很大的制约。随着现代科技的发展和生物技术的兴起,从 20 世纪 60 年代末起,人们开始生产高活性干酵母(high active dry yeast,

HADY),从此使传统的酵母生产技术向现代酵母生产技术飞跃。

干制脱水或冷冻脱水均为生物活性物质保藏的有效方法。在干燥条件下,含水8%以下的 HADY 是一种具有发酵活性的干发酵剂,其代谢活动处于微弱状态,一旦其体系中水分含量增加,则细胞生命活动恢复活力,此种现象在理论上称为"回生(anabiosis)"(或称复苏)。应用这一原理对酵母发酵剂进行脱水保存,把含水量70% ~73%的新鲜活性酵母经过连续流化床干燥装置烘干为含水量4% ~6%的 HADY 成品。干燥过程温度分两级控制,干燥初期由于新鲜酵母含水量高,通入热空气温度可高达150 ~160 ℃,当酵母水分含量降到20% ~25%时,则干燥温度可维持在30 ~35 ℃进行低温干燥,直至达到产品的合格水分含量(4% ~6%)为止。整个 HADY 制作过程中,有以下技术关键问题。

①菌种的选育是关键:采用基因工程、细胞融合技术等现代技术进行定向育种,达到酵母细胞基因重组。选育出耐高温、抗干燥能力强、淀粉葡萄糖苷酶活力高或耐乙醇能力强的酵母菌种,以适应酒精发酵、酿酒工业、面包制造、馒头加工及其他面制品发酵的需要。

②干酵母的培养和发酵生产:其工艺过程与其他酵母的生产相似,但其培养基组成、培养条件、营养源添加量均会有较大的影响。糖厂的废糖蜜是较为理想的原料,因其含碳量较高,而含氮量较低,生长培养的干酵母存活力就比较高。在发酵培养过程中控制营养源的添加至关重要,如氮源添加过多,酵母对干燥抵抗力差。实验证明,当酵母含氮量为6.4%(以干重计)时,酵母干燥后大部分酵母细胞受破坏,其活力被钝化。酵母细胞中海藻糖的含量非常重要,当酵母含海藻糖高达10% ~15%时,对干燥的抵抗力明显增强,其原因是酵母干燥时海藻糖的还原基团不会与蛋白质中的游离氨基酸反应生成氨基糖,而且它在蛋白质周围形成一个保护层抑制这类反应,使酵母的发酵活性得以保护。具体控制方法是在发酵过程中采用"指数添加工艺",按照酵母瞬时比生长率添加碳源和氮源,严格控制添加的碳氮比,在酵母发酵末期适当升温和减少通风量,使酵母呈2 ~3 h的"饥饿"状态,可使海藻糖含量增加到15% ~16%(以干重计)或更高。

③干燥前的处理:为了增强酵母对干燥的抵抗能力,有的在干燥前将培养好的酵母放在高渗溶液中进行处理,以保持其发酵活力;或者在干燥前加入膨胀剂(如甲基纤维素)、润湿剂(如山梨醇酯、甘油或丙二醇、脂肪酸等)或稳定剂(如阿拉伯胶等)。

④酵母颗粒的结构与形状:活性干酵母的颗粒结构与形状对其水化、恢复其活力也有直接关系。因此,干燥前酵母造粒成形时,将新鲜酵母与空气同时通入成形机,使它们在0.1 ~1 MPa下,穿过成形小孔挤压成细条状,排成直径1 mm、长1 mm 条状颗粒形成多孔颗粒产品。由于酵母颗粒细小,表面积大,有利于干燥过程中水分快速蒸发及物料形成流态化,使干燥均匀、复水性能好并保存其发酵活力。

⑤保存条件:产品的保存条件也需注意,高活性干酵母必须于绝氧条件下保存,采用真空或充氮气的复合铝箔包装,保存期可达1 ~2 年。

**4)酶工程在食品加工过程中的应用**

酶工程技术是将生物体内具有特定催化作用的酶类或细胞、细胞器分离出来,在体外借助工业手段和生物反应器进行催化反应来生产某种产品的工程技术。当前酶制剂的生产主要依靠从微生物发酵液或细胞中提取有用的酶类,如 α-淀粉酶、糖化酶、蛋白酶、脂酶、果胶酶、纤维素酶、葡萄糖氧化酶、葡萄糖异构酶以及用于重组 DNA 技术的各种工具酶等。这些酶类已被广泛应用于食品加工过程当中。

## 8.1.2 生物技术与果蔬贮藏和保鲜

生物保鲜技术是近年发展起来的具有广阔前景的贮藏保鲜方法,主要利用微生物菌体及其代谢产物、生物天然提取物和遗传基因技术,抑制有害微生物生长,减缓乙烯合成和呼吸速度,降低果蔬采后腐烂损失,从而达到贮藏保鲜的目的。

### 1) 生物防治保鲜

生物防治应用于保鲜,没有化学防治带来的环境污染、药物残留和连续使用的抗药性等问题,且具有贮藏环境小、贮藏条件易控制,处理目标明确、避免紫外线和干燥的破坏作用以及处理费用低等特点。

在微生物菌体及其代谢产物的保鲜方面,将病原菌的非致病菌株涂布到果蔬上,可以降低病害发生引起的果蔬腐烂,从而降低因采后贮藏病害造成的损失。如将绳状青霉菌喷到菠萝上,其腐烂率大为降低;草莓采前喷木霉菌,采后灰霉病的发病率大大降低;将抗生素类(如链霉素和软霉素)喷洒在大白菜上,可明显减少细菌病害发生。

近年来的研究表明,一些生物提取物质具有显著的抗菌活性和良好的保鲜效果。国外发现一种特异菌株——枯草杆菌的一个变种,它可产生效力于科学家的抗菌素,用它来防止果生链棱盘菌所引起的桃褐腐病,效果极佳。美国科学家从酵母和细菌中分离出一种能防止水果和蔬菜腐烂的菌株,对已经发生烂斑的苹果和梨进行实验,结果发现,未加菌剂的水果大面积腐烂,而经过处理的保鲜效果十分显著。

### 2) 基因工程保鲜

基因工程保鲜技术是利用果蔬的遗传基因特性的改变,改善贮藏特性,延缓果蔬衰老,从而进行保鲜。分子生物学家发现,乙烯一旦产生,果实就会很快成熟。人们通过不同的途径来控制植物中乙烯的生成。目前,日本、美国、新加坡的研究人员从基因工程角度,利用基因替换技术,抑制乙烯的生物合成及积累,从而达到保鲜的目的。日本科学家已找到产生乙烯的基因,通过对这种基因的控制,就可减慢乙烯的释放速度,从而延缓果蔬的成熟和衰老速度,达到在室温下延长果蔬货架期的目的。

研究认为,果实的软化及货架寿命与细胞壁降解酶的活性,尤其与多聚半乳糖醛酸酶和纤维素酶的活性密切相关,也受果胶降解酶活性的影响。目前,已经阐明编码细胞壁水解酶(如 PG 酶与纤维素酶)的基因表达,这些酶在调节细胞壁的结构方面发挥了重要的作用。美国的科学家将多聚半乳糖醛酸酶(简称 PG 酶)基因的反义基因导入番茄,使其产生连锁反应,生成催熟激素,促使番茄成熟,并不破坏番茄品质的味道,可大幅度降低番茄在收获、运输、销售和贮存时的损耗,使番茄长期保鲜。因此,若通过基因操作,控制后熟,利用 DNA 的重组和操作技术来修饰遗传信息,或用反义 DNA 技术来抑制成熟基因如 PG 基因的表达,可达到推迟水果成熟衰老,延长保鲜期的目的。

## 8.1.3 生物技术在食品分析中的应用

随着社会的发展与进步,人们的生活质量不断得到改善,人们对于食品不仅要求吃得放心,更要求吃得健康。但是,食品安全问题仍然层出不穷,如苏丹红鸭蛋、三聚氰胺奶粉以及牛奶、地沟油、毒豆芽、染色馒头、塑化剂有毒食品、双氧水(过氧化氢)凤爪、下水道小龙虾、毒生姜、面粉增白剂等事件,不断出现在新闻报道中,产生了恶劣的社会影响,对于食品企业的形象造成极大的损害,同时也导致公众对有关部门的信心急剧下降。食品安全问题关系重大,除了因不良商家违法追求经济效益,也在于食品检验技术和惩治措施不到位,给了商家可乘之机。因此,食品安全问题需要监督部门监督、生产单位负责、社会公众监督和反馈,需要社会全体各阶层的不断努力。通过对食品的检测,能够科学地发现食品中蕴藏的危险,从而达到保障食品安全的目的。一般来说,人们对于食品中的细菌种类和数量、食品的新鲜度、农药残留、食品的成分和含量以及是否为转基因食品关心度较高。

**1)常用的生物检测技术**

长期以来有着广泛应用的物理、化学、仪器等方法,由于内在的局限性,已经不能满足现代食品检测的全部要求。生物技术检测方法因其具有精准、高效、灵敏、成本低以及应用范围广泛的特点,在食品检测方面也得到了迅速发展。常用的技术主要有生物传感器技术、PCR技术、免疫学方法、生物芯片、DNA探针等。

**(1)生物传感器**

生物传感器是根据分子识别原件,比如抗原、DNA、酶等,与待测物特异结合之后产生的热、光等信号,通过信号转换转变成易于输出和操控的光信号或者电信号,经过放大输出得到检验结果。生物传感器技术具有很好的特异性和敏感性,效率高且操作简单,但是由于需要较高的计算机和微制造技术,制约了其使用和发展。生物传感器技术在食品检测方面主要用于测试鱼类、肉类等食品的新鲜度,以及检测食品的滋味和熟度,控制食品质量。

**(2)PCR**

PCR又称聚合酶链式反应技术,根据酶的链式反应特征以及酶的变化情况对食品进行检测和评定。PCR技术是将克隆与转基因相结合进行检测,随着技术的发展,这一技术因其精准度高得到人们的注意和发展。PCR技术只需要微量的物质,就可扩增到所需要的片段,然后对样品进行分析。目前来说,PCR技术对实验要求严格,对设备和人员的要求也较高。

**(3)免疫学方法**

抗原与抗体的结合反应是一切免疫测定技术的最基本原理,在食品检测方面酶联免疫吸附试验得到了广泛的应用。其原理是将特异的抗体标记上酶,制作成酶标抗体,制作成的酶标抗体既具有酶底物的特征,又具有抗原抗体反应的特征,当酶标抗体与抗原结合之后,能够根据底物的颜色深浅判断抗原。因为酶具有很高的催化效率,使得这项技术有着较高的灵敏性和稳定性,但是当蛋白质的浓度较低时,可能会出现阴性。

**(4)生物芯片**

生物芯片把生物识别分子排列在载体之上,利用特异性亲和反应进行检测。生物芯片技术可以同时把大量的探针固定在支持物上,具有很高的通量,从而可以高效地完成大量的样品检测,它是生物技术检测手段里面最快速、最适用的高新技术。由于其具有快速、高效的特性,在进出口食品监督管理方面得到了迅速的发展,展现出巨大的发展前景。

**(5)DNA探针**

DNA探针又称基因探针技术,是通过在已知的DNA或RNA链上加上标记(生物素或者同位素),做成探针,可以检测被检测物中是否有与其互补的序列,从而检测微生物的存在。目前使用的主要有异相杂交和同向杂交技术两种。DNA 探针的关键是探针的构建,必须根据具体的检测目标进行构建,一般以待检测微生物的特异性保守基因序列为 DNA,也可以根据微生物的物理、化学、生物性质进行构建。

**2)生物检测技术应用**

在食品检测方面,生物检测技术的主要应用有:对农药残留进行检测和分析,对微生物的种类和数量进行检测分析,对转基因食品进行检测,对食品成分和品质进行检测,对违禁药品进行检测。

(1)转基因食品检测

转基因食品由于产量大等特点,一度受到人们的追捧,但是在现实生活中,也暴露出一系列的问题。因此,对转基因食品进行检测具有重要的意义。目前蛋白质检测、酶检测、酶活性检测均取得了良好的效果。

(2)药物残留检测

近年来,人们食用的瓜果蔬菜等食物中,表面残留的农药越来越多,这些物质往往会对人们的健康造成危害,引发疾病甚至威胁生命安全。药物残留多是小分子级别,以半抗原居多,如果进行抗体制备,需要实现其和大分子的偶联行为,因而酶技术和生物传感器技术是较佳的检测方法。

(3)食品的成分以及品质分析

生物检测技术中,生物感应器最早应用于食品的成分和品质检测,最早是葡萄糖传感器用于检测食物中糖的含量,现如今,生物传感器还可用于食品的气味检测和分析。

(4)有害微生物的检测

通过生物检测技术的生物特征,可以实现对有害生物进行分析,从而避免有害微生物对人们的身体健康造成威胁。比如奶制品中的沙门氏菌,可以通过生物检测技术进行,从而控制有害微生物的扩散。

## 8.1.4　生物技术与食品添加剂

生物技术最早就是应用于食品(发酵食品)的生产,其后才逐步发展到医药、农业及其他各个工业领域。那么,现代生物技术在食品添加剂产业中如何应用呢?

**1)基因工程在食品添加剂中的应用**

(1)基因工程技术开发生产新型的食品用酶

酶是生物细胞产生的有催化活性的蛋白质或多肽,它参与生物体或食品加工过程中的各种化学变化。由于酶的作用专一性强,催化效率高,作用条件温和等特点。酶的应用不仅可增强产量,提高质量,降低原材料和能源消耗,改善劳动条件,降低成本,甚至可以生产出其他方法难以得到的产品,促进新产品、新技术和新工艺的迅速发展。利用基因工程技术不仅可以大幅度提高现有的酶活力,而且还可将生物酶基因克隆到微生物体中,构建新的基因菌,使许多酶基因得以克隆和表达,近年来在这些方面取得很大的进展,成功克隆出许多新型的食品工业等应用的酶。

由于转基因微生物生产酶制剂价值高、品质均匀、稳定性好、价格低廉等许多优点,目前世界上很多企业已成功应用转基因微生物生产食品酶制剂,最知名的转基因酶制剂企业有丹麦的诺维信公司及荷兰的 Gist-Brocades 公司等。

(2)基因工程在香精香料中的应用

U. Krings 等利用野生假单胞菌(*Pseudomonas putida*)作为宿主,向其引入一个编码单萜转化酶的基因,从而使之成为具有特殊催化功能的基因工程菌,来将单萜转化为具有强烈香味活性的功能性氧化产品。

K. Brandt 等对丁子香酚降解菌假单胞菌(*Pseudomonas* sp. OPS1)中的丁子香酚羟化酶基因(ehyA/ehyB)进行了研究。

S. Achterholt 等研究了能将阿魏酸转化为香兰素的基因。

J. Overhage 通过破坏香兰素脱氢酶(vdh)基因构建的假单胞菌(*Pseudomonas* sp. HR199),用于将丁子香酚转化为香兰素。

S. I. Garland 等利用 PCR 标记大米的香精基因,对大米香精进行了基因水平的研究。

### 2)细胞工程在食品添加剂及配料产业中的应用

(1)细胞融合技术开发功能食品配料

龚加顺等利用紫花曼陀罗细胞悬浮培养转化外源对羟基苯甲醛合成天麻素,并应用多种色谱技术进行分离纯化,根据转化产物的理化性质和光谱数据分析鉴定结构。实验表明,紫花曼陀罗细胞成功将对羟基苯甲醛转化为天麻素(Ⅱ),同时也得到了由对羟基苯甲醛生成天麻素的转化中间体——对羟基苯甲醇(Ⅰ)。

利用人参细胞培养生产人参皂苷及其他活性成分已实现工业化。灵芝、冬虫夏草菌发酵培养也取得了成功,如河北省科学院微生物研究所等筛选出繁殖快、生物量高的优良灵芝菌株,应用于深层液体发酵和提取成功,建立了一整套发酵和提取新工艺。人工发酵培养虫草菌已在中国医学科学院药物研究所实现,成果显著,分析产品的化学成分和药力等方面,与天然虫草类同。

(2)细胞工程在开发香精香料中的应用

香荚兰(Vanilla)是世界上用得最广的香料。目前可利用植物细胞培养技术进行生产,在植物细胞培养产生香兰素时,向培养基中添加一些植物激素,如 2,4-二氯苯氧乙酸(2,4-dichlorophenoxyacetic,2,4-D)、苄基腺嘌呤(benzyladenine,BA)和萘乙酸(naphthaleneacetic acid,NAA)等,愈伤组织发生率大大提高,而且所形成的愈伤组织的继代培养生长较好。

张树珍等进行了香荚兰的细胞培养,将香荚兰的幼茎在 MS+BA 1 μg/mL+5 μg/mL 培养基上培养 40 天,其表面形成白色块状的愈伤组织。愈伤组织在 MS+2,4-D 1 μg/mL+BA 1 mg/mL+NAA 4 μg/mL+2.5% 蔗糖的半固体培养基上快速增殖培养,培养 4 周后培养物的质量增加 7 倍左右;在相同培养基的悬浮培养中,培养 4 周后培养物的质量增加 6~8 倍。

曹孟德等报道了氮源、碳源及吸附剂对香荚兰细胞悬浮培养产生香兰素的影响,结果表明,蔗糖比葡萄糖及果糖更适合作香荚兰细胞生长及产生香兰素的碳源,最佳蔗糖浓度为 5%;当培养基中仅含 $KNO_3$ 时,则有利于细胞的生长和香兰素的形成;培养液中去掉 $KNO_3$,仅含 $NH_4NO_3$ 时,细胞生长和香兰素的形成均被抑制;培养基添加吸附剂后,香荚兰细胞产生的香兰素含量明显增加,活性炭的效果优于 XAD-2,而且活性炭用量增加,香兰素的产量亦增加。

曹孟德等还研究了培养基组成对香荚兰细胞悬浮培养产生香兰素的影响,结果发现,香荚兰细胞在全组成的 MS 培养基中香兰素含量均低于由矿物质盐组成培养基中的含量。同时,采用植物细胞培养技术生产香兰素及其系列化合物时,会受到多种因素影响。外植体、使用培养基的类型、培养基中添加的前体物质的种类和数量、培养期的温度和光照的温度都会对代谢物的组成和产量有重要影响。

### 3)酶工程在食品添加剂及配料产业中的应用

(1)酶工程在开发功能性低聚糖中的应用

①低聚果糖:蔗糖加水溶解后通过装有固定化果糖基转移酶的生物反应器(控制温度、pH、通风)制造低聚果糖。

②低聚木糖:玉米芯、甘蔗渣(木聚糖)经木聚糖酶处理制得。

③纤维低聚糖:纤维素经纤维素酶分解生成纤维低聚糖,可用作双歧因子。

④魔芋低聚糖:魔芋淀粉经由细菌产生的甘露聚糖酶处理,水解生成魔芋低聚糖,可用作双歧因子。

⑤偶合糖:淀粉和蔗糖经环化糊精合成酶作用制得。偶合糖具有低腐蚀性,可用于防龋齿。

⑥低聚乳蔗糖:以 1∶1 乳糖和蔗糖为原料,经 R-呋喃果糖苷酶处理制得。该糖为低卡糖,可用于减肥食品,亦可用作双歧因子。

⑦帕拉金糖:蔗糖经 α-葡萄糖基转移酶处理制得。

⑧低聚壳聚糖:壳聚糖经壳聚糖酶处理制得。

⑨黏多糖:鲜猪皮加胰蛋白酶酶解制取黏多糖。

⑩蛋白多糖:海参胭体以木瓜蛋白酶处理提取蛋白多糖。

(2)酶工程开发功能性糖醇中的应用

①麦芽糖醇:淀粉先经 α-淀粉酶液化,再由 β-淀粉酶糖化,制得麦芽糖。然后在镍催化下高压氢化制得。

②异麦芽糖醇:蔗糖经 α-葡萄糖基转移酶处理制得帕拉金糖,然后在镍催化下氢化制得。

③山梨醇:淀粉经 α-淀粉酶、糖化酶处理制得葡萄糖,然后在镍催化下氢化制得。

④赤藓糖醇:淀粉经酶解成葡萄糖后,由嗜高渗酵母发酵制得。

⑤木糖醇:利用酵母发酵法由木糖生产。

⑥壳聚糖:甲壳素经细菌(或真菌)中的甲壳素脱乙酰酶处理制得。

(3)酶工程开发功能性活性肽及氨基酸中的应用

①酪蛋白磷酸肽(CPP):酪蛋白经胰蛋白酶(或产碱杆菌蛋白酶)等蛋白酶作用下水解制得。

②糖巨肽(GNP):酪蛋白经凝乳酶处理制得。GNP 具有抗病毒、活化双歧杆菌等功能。

③大豆多肽:大豆蛋白经木瓜蛋白酶等蛋白酶处理制得。大豆多肽具有促进脂肪代谢、降低胆固醇、活化双歧杆菌等功能。

④降血压肽:鱼、虾蛋白经蛋白酶酶解可制得降血压肽,如 C8 肽(金枪鱼)、C11 肽(沙丁鱼)、C3 肽(南极磷虾)。降血压肽可抑制血管紧张素转移酶活性,从而起到降低血压的作用。

⑤类吗啡肽(opioid peptide):谷蛋白(面筋)经蛋白酶处理制得。类吗啡肽具有镇痛、促

进胰岛素分泌等功能。

⑥高 F 值低聚肽:玉米醇溶蛋白经碱性蛋白酶及木瓜蛋白酶两步酶解法制得。该肽具有预防肝硬化、抗疲劳等功能。

⑦谷胱甘肽:L-谷氨酸、L-半胱氨酸及甘氨酸经固定化谷胱甘肽合成酶催化,合成谷胱甘肽。

⑧γ-氨基丁酸:以 L-谷氨酸为原料,通过固定化 L-谷氨酸脱羧酶转化制得。γ-丁酸具有降血脂及健脑益智功能。

⑨L-异亮氨酸:以糖、氨、Cl-氨基丁酸为原料,用黄色小球菌或枯草杆菌发酵而得。

⑩L-苯丙氨酸:用红酵母菌种二级发酵,培养具有苯丙氨酸解氨酶活性的细菌培养物,以此作为生物催化剂,在肉桂酸、氨水液中保温反应,由酶催化制得。

⑪L-谷氨酸:以葡萄糖、尿素、无机盐等为原料,用产谷氨酸微球菌、产氨短杆菌、产气杆菌等为菌种,发酵制得。

⑫L-谷氨肽胺:以葡萄糖等糖类为原料经黄色短杆菌发酵制得。

此外,赖氨酸、色氨酸、苏氨酸、亮氨酸、精氨酸、半胱氨酸、脯氨酸等氨基酸亦可由微生物发酵法制得。利用 DNA 重组法得到的基因工程菌,已用于赖氨酸、色氨酸、苯丙氨酸的生产,其产酸能力比原株均有较大幅度的提高。

(4)酶工程开发功能性脂肪中的应用

①二十碳五烯酸(EPA)和二十二碳六烯酸(DHA):可利用苔藓、高山被孢霉、硅藻、隐甲藻等发酵后分离、提取制得。鱼油中 EPA、DHA 的富集是利用各种脂肪水解酶的专一性,采用柱晶假酵母脂肪酶、黑曲霉脂肪酶等脂肪酶可选择性水解鱼油中的非多不饱和脂肪酸部分,从而对 EPA、DHA 起到富集作用。

②酶解卵磷脂:由大豆磷脂或蛋黄磷脂经磷脂酶处理制得,可提高卵磷脂的乳化性能。

③共扼亚油酸(CLA):共扼亚油酸具有抗肿瘤、减肥、调节免疫、防动脉硬化等保健功能。

(5)酶工程在开发新型酶制剂中的应用

①乳糖酶:在乳清、氨水中接入脆壁酵母,30 ℃通风培养,收集酵母,洗净后于−18 ℃速冻,然后用乙醇处理制得。将乳糖酶加入牛乳可供乳糖不耐症患者饮用。

②超氧化物歧化酶(SOD):由细菌(Bacillus,Serratia)或绿色木霉培养后的培养液用水提取而得。SOD 具有清除体内过剩自由基、抗衰老、消除疲劳等保健功能。

③L-天冬肽胺酶:L-天冬肽胺酶具有抑制肿瘤细胞生长的作用。铜绿色极毛杆菌、软腐欧氏杆菌、黏氏赛氏杆菌、大肠杆菌(E. coli)均能产生 L-天冬肽胺酶。E. coli AS1.375 发酵法生产 L-天冬肽胺酶的工艺流程是斜面 E. coli 菌种→肉汤菌种→种子菌种→发酵液→湿菌体→干菌体→提取液→粗酶→精制→成品。

④纳豆激酶:纳豆激酶是纳豆发酵过程中由纳豆菌或纳豆枯草杆菌产生的丝氨酸蛋白酶,具有溶血栓作用。纳豆激酶可由基因重组大肠杆菌发酵培养制得。

(6)酶工程开发核苷酸中的应用

①5′-肌苷酸(IMP):先由发酵法生产酵母,自酵母提取核酸后经核酸酶、磷酸二酯酶处理制得。

5′-腺苷酸(AMP):先由发酵法生产蛋白假丝酵母,用热水提取核酸后,经核酸酶、磷酸二酯酶水解制得。

②酶改性芸香苷(水溶性芸香苷):将自芦笋等植物中提取的芸香苷用酶加水分解以提高其溶解度后,加入葡萄糖同时用葡萄糖转位酶处理使之结合成新的黄酮配糖物。改性芸香苷具有抗氧化及血管扩张作用,因此具有抗衰老及预防动脉硬化、抗血栓的保健功能。

③酶改性甜菊苷(葡糖基甜菊苷):甜菊苷是一种非营养型功能性甜味剂。甜菊苷具有轻微的苦涩味,通过酶法改质后可除去苦涩味改善风味。酶处理方法是在甜菊苷溶液中加入葡萄糖基化合物,采用葡萄糖基转移酶处理,生成葡糖基甜菊苷。

(7)酶工程在香精香料中的应用

到目前为止,约3 000种酶在文献中被报道,但只有几百种可商业化生产,且其中仅20种适合于工业生产过程,脂肪酶、酯酶、蛋白酶、核酸酶和糖苷酯酶可用于香料化合物的提取,而且还可将大分子前体化合物水解为小分子香料物质,一个很好的例子是酯水解反应的逆反应即利用脂肪酶在非水相中的脂化反应,这些酶还可用于脂肪族酯、芳香酯和内酯的立体选择性水解和转酯反应。

脂肪酶催化反应因具有突出的对底物活性基因位置的专一性和对手性化合物的立体选择性,且反应条件温和的优点而受到人们的重视,在香精香料新产品研究开发中起着越来越重要的作用。

脂肪酶不仅能催化脂的水解反应,而且在有机相中能催化酯化反应和酯交换反应,包括催化羟基脂肪酸形成内酯。10-羟基癸酸经酶催化可形成分子间大环内酯。脂肪酶催化羟基脂肪酸的反应,既可以是分子内的反应形成内酯,也可以是分子间反应形成聚酯。两者比例取决于底物的化学结构和浓度等。

在香荚兰传统加工过程中,香兰素及其他香气成分的形成主要依赖于豆荚本身所含有的葡萄糖苷酶对糖苷化合物的分解作用,但这一分解作用一般都进行得缓慢而又不够完全。金丽等通过外加β-葡萄糖苷酶后,更快更完全地分解香兰素葡萄糖苷。酶促生香样品香兰素含量明显高于传统产品。同时其表面附有白色透亮的香兰素针状结晶,外观品质很好。

利用酶工程还可以生成许多香精香料的前体物质,应用这一方法,一方面可拓宽香精香料的原料来源,另一方面通过寻找廉价的原料,大大降低生产成本。1983年,Tien和Kirk从 *Phanerochaete chrysosporium* 中分离出木质素过氧化物酶,并对其进行定性,发现它与木质素的解聚有关。1998年,Williamson等以农业废料为原料,采用物理和酶工程相结合的方法,产生香兰素生物合成的重要前体物质——阿魏酸。许多研究人员曾尝试利用阿魏酸酯酶和肉桂酸水解酶使木质素释放出阿魏酸。

**4)发酵工程在食品添加剂及配料产业中的应用**

(1)以发酵工程代替常规发酵或化学合成

从植物中萃取食品添加剂的成本高,且来源有限;化学合成法食品添加剂虽成本低,但化学合成率低,周期长,且可能危害人体健康。因此,生物技术,尤其是发酵工程技术已成为食品添加剂生产的首选方法。目前,利用微生物技术发酵生产的食品添加剂主要有维生素(维生素C、维生素$B_{12}$、维生素$B_2$),甜味剂、增香剂和色素等产品。发酵工程生产的天然色素、天然新型香味剂,正在逐步取代人工合成的色素和香精,这也是现今食品添加剂研究的方向。氨基酸生产过去都是采用动植物蛋白质提取和化学合成法生产,而采用基因工程和细胞融合技术生成的"工程酶"进行发酵,其生产成本下降、污染减少,产量可成倍增加。

①食品色素:a. 红曲色素:以大米为原料,利用红曲霉发酵生产红曲色素,这是目前最廉价的纯天然食用色素。武汉佳成生物公司将液态发酵和固态发酵相结合,生产出的红曲色素色价可达到 6 000 U/g。b. 虾青素:虾青素可由红发夫酵母发酵后分离、提取制得。它有极强的抗氧化性能,具有抑制肿瘤、增强免疫力等保健功能。c. 类胡萝卜素:可利用三孢布拉霉和红酵母发酵后,分离、提取生产类胡萝卜素。

②味精:使用双酶法糖化发酵工艺取代传统的酸法水解工艺,可提高原料利用率 10% 左右,已广泛应用于味精生产。

③己酸菌:以现代发酵工程改造传统发酵工艺,武汉佳成生物有限公司生产的己酸菌含量已达 5 亿/mol,比传统发酵工艺高近十倍。

④细菌发酵生产酒精:多年来人们一直用酵母发酵生产酒精,近年来广泛研究了细菌发酵生产酒精以期得到耐高温、耐酒精的新菌种。

⑤调味品的纯种和复合菌种发酵:日本利用纯种曲霉进行酱油酿造,原料的蛋白质利用率高达 85%。武汉佳成生物有限公司研发的复合曲种,应用于酱油、醋、黄酒、豆腐乳等发酵生产,提高了原料利用率,缩短了发酵周期,改良风味和品质得到了显著成效。

⑥细胞蛋白(SCP)的生产:由于微生物菌体的蛋白质含量高,一般细菌含蛋白质 60% ~ 70%,酵母 45% ~ 65%,霉菌 35% ~ 40%。因此,微生物蛋白是一种理想的蛋白质资源。为了和来源于植物、动物的蛋白质相区别,人们把微生物蛋白称作单细胞蛋白(sole cell protein,SCP)。苏联利用发酵法大量生产酵母,最高产量曾达到 60 万 t/年,成为世界上最大的单细胞蛋白生产国。由于生产 SCP 的微生物以酵母和藻类为主,也有采用细菌、放线菌和丝状真菌等,但现在许多国家都在积极进行球藻和螺旋藻 SCP 开发,如美国、日本、墨西哥等国所生产的螺旋藻食品既是高级营养品,又是减肥品,在国际上很受欢迎。科学家们设计了分泌蛋白质的微生物,由"工程酶"(大肠杆菌和酵母菌)发酵生产高营养强化蛋氨酸的大豆球朊和鸡卵清蛋白。

(2)发酵工程开发功能性食品辅料

大型真菌:通过发酵途径实行大型真菌的工业化生产。灵芝、冬虫夏草菌发酵培养都取得了成功。人工发酵培养虫草菌已在中国医学科学院药物研究所实现,成果显著。

①γ-亚麻酸的制备:利用经筛选高含油的鲁氏毛菌、少根根菌等蓄积油脂较高的菌株作为发酵剂,以豆粕、玉米粉、麸皮等作为培养基,经液体深层发酵法制备 γ-亚麻酸,与植物源相比具有产量稳定、周期短、成本低、工艺简单等优越性。

②微生态制剂:许多微生物菌体本身可作为保健食品的功能性配料或添加剂,如乳酸菌(乳杆菌属、链球菌属、明串珠菌属、双歧杆菌属和片球菌属等)和醋酸菌等,其中双歧杆菌作为微生态调节剂在保健食品中的应用最为广泛。

③有机微量元素:a. 富硒酵母:经研究发现酵母细胞对硒具有富集作用(吸收率约 75%),利用酵母的这一特点,在特定培养环境下及不同阶段在培养基中加入硒,使它被酵母吸收利用而转化为酵母细胞内的有机硒,然后由酵母自溶制得产品。富硒酵母 95% 以上的硒是以有机硒的形式存在的。因此酵母是将无机硒转化为有机硒的安全有效载体。富硒酵母在国外已实现工业化并进入实用阶段。b. 富铬、锗酵母:与富硒酵母一样,也可以利用啤酒酵

母将无机锗和铬转化成非常活性的有机锗和有机铬。c. 富硒红曲:中国食品发酵研究院和航天生物技术公司利用特殊的育种方式,在富硒培养基中培养出了具有降血脂、抗衰老的富硒功能性红曲。

④超氧化物歧化酶(SOD):SOD广泛存在于动植物和微生物中,目前国内SOD的生化制品主要是从动物血液的红细胞中提取的。鉴于动植物特别是动物血液来源相对困难,而微生物具有可较大规模培养的优势,故利用微生物发酵法制备SOD将具有更大实际意义,能制备SOD的菌株有酵母、细菌及霉菌。

⑤L-肉碱:L-肉碱广泛存在于有机体组织内,是我国新批准的营养强化剂。传统的生产方法是化学合成法,如今开发了发酵法和酶法。利用根霉、毛霉、青霉进行固态发酵,在可溶性淀粉、硝酸钠、磷酸二氢钾和小麦麸皮组成的固体培养基中,25 ℃培养4～7天,L-肉碱的产量为12%～48%。

⑥微生物多不饱和脂肪酸:在许多微生物中都含有油脂,低的含油率为2%～3%,高的达60%～70%,且大多数微生物油脂富含多不饱和脂肪酸(polyunsaturated fatty acid,PUFA),有益于人体健康。

当前,利用低等丝状真菌发酵生产多不饱和脂肪酸已成为国际发展趋势。在我国,武汉烯王生物有限公司目前已实现大规模生产富含花生四烯酸(arachidonic acid,AA)的微生物油脂。微生物油脂的应用已势不可挡,富含AA和DHA的微生物油脂已在美国、日本、英国、法国等国上市。

⑦新糖源:微生物发酵生产的新型强力甜味剂甜度高、热量低。如天冬精(门冬酰苯丙氨酸甲酯)的甜味是砂糖的2 400倍,是糖精的12倍。真菌中所含多糖种类多,如金针菇多糖、银耳多糖、香菇多糖、灵芝多糖、猴头菇多糖、茯苓多糖、虫草多糖等。上述真菌的菌丝体可采取深层发酵培养制取,然后提取真菌多糖。淀粉经酶解成葡萄糖后,由嗜高渗酵母发酵后浓缩、结晶、分离、干燥可制得赤藓糖醇;利用酵母发酵法由木糖生产木糖醇等。

⑧膳食纤维:利用巴氏醋酸菌、木醋杆菌等微生物发酵法生产的细菌纤维素具有很好的持水性、黏稠性、稳定性及生物可降解性,是良好的功能食品辅料。

⑨活性多糖:a. 真菌多糖。真菌中所含多糖如金针菇多糖、银耳多糖、香菇多糖、灵芝多糖、猴头菇多糖、虫草多糖等,具有免疫激活、抗肿瘤、抗衰老、降血糖、降血脂、保肝、防血栓等多种生理功能。上述真菌的菌丝体可采取深层发酵培养制取,然后提取真菌糖。b. 葡聚糖。葡聚糖又称右旋糖酐(dextran),具有抗血栓、改善微循环等生理作用。葡聚糖可由蔗糖经肠膜明串珠菌发酵制得。

⑩维生素:a. 维生素$B_2$:由阿氏假囊酵母等微生物发酵后,从发酵液中分离、提取制得。b. 维生素$B_{12}$:由黄杆菌、丙酸杆菌(短棒菌苗)等细菌及灰色链霉菌等经培养发酵后分离精制而得。c. 维生素$D_2$:先由发酵法生产啤酒酵母,从啤酒酵母中分离提取出麦角固醇后经紫外线照射而得。d. 维生素C:以D-葡萄糖为原料,经弱氧化醋酸杆菌、氧化葡萄糖酸杆菌、条纹假单胞杆菌发酵制得。

⑪功能性油脂:a. γ-亚麻酸:可利用毛霉、根霉、深黄被孢霉等霉菌发酵后分离、提取制得。b. 花生四烯酸:可利用青霉、被孢霉发酵后分离、提取制得。

⑫功能红曲:其制造工艺为将稻米清洗后用0.2%柠檬酸水溶液浸泡,蒸熟,冷却至45 ℃

接种红曲霉,经发酵、干燥制成。功能红曲具有降血脂、降血糖的保健功能。红曲所含莫那克林 K(monacolin K)具有降低血清胆固醇的作用。武汉佳成生物公司开发的功能红曲的莫那克林 K 含量达到 20 mg/g。

⑬乳酸菌:L-乳酸菌是一类以发酵利用碳水化合物产生大量乳酸的细菌。乳酸菌具有维持肠道正常菌群平衡,抑制腐败菌繁殖,防止有害物质产生,延缓衰老,抗肿瘤,降血脂,降胆固醇,增强免疫力等保健功能。乳酸菌大多属于厌氧或兼性厌氧菌(如双歧杆菌),只能在无氧或少氧条件下生长,这给生产、包装、运输、存放带来不便。利用基因工程将 SOD 基因和过氧化氢酶(CAT)基因转入双歧杆菌中,获得耐氧的双歧杆菌菌株。

⑭小球藻:小球藻是一种单细胞绿藻,所含食物纤维、复合脂质(磷脂、糖脂)、糖蛋白、核酸等生物活性物质具有调节血脂、增强免疫力、抗肿瘤等保健功能。其所含小球藻生长因子(CGF)具有促进乳酸菌等生长的作用。小球藻可采用池塘培养、封闭式光照反应器培养,亦可采用发酵罐异养发酵生产。

⑮L-苹果酸:以黄曲霉 HA5800 为出发菌株,用液化淀粉、脱脂玉米粉、葡萄糖、淀粉水解糖等不同碳源,以玉米浆与硫酸铵配合氮源、无机盐类等原料直接发酵生产 L-苹果酸。

(3)发酵工程开发天然食品防腐剂

Rogers 等首次报道了这种由某些乳链球菌产生的,能够抑制其他链球菌生长和阻止保加利亚乳杆菌产酸的物质。1947 年,Hirsch 等首先将乳链菌肽用作食品防腐剂,成功抑制了肉毒梭状芽孢杆菌引起的埃门塔尔干酪的膨胀腐败。乳链菌肽又称为乳酸链球菌素(nisin),是由血清型 N 群的乳酸乳球菌(*Lactococcus lactis*)分泌的一种高度修饰的多肽类细菌素。1928年,Petter 报道了产乳链菌肽的乳酸链球菌培养物抑制了干酪中的丁酸发酵。1953 年,乳酸菌肽的第一批商业化产品——Nisaplin 在英国面市。1968 年 FAO-WHO 联合委员会确认乳链菌肽是安全有效的生物食品防腐剂;1988 年 FDA 批准它作为食品添加剂使用;我国于 1990 年由卫生部食品监督局签发了在国内使用乳链球菌作为食品保藏剂的使用合格证书。

乳链球菌的相对分子质量为 7 000 ~ 10 000,由 34 个氨基酸残基组成。由于第 27 位氨基酸不同,自然界中存在两种天然变异体,一种称为乳链菌肽 A,另一种称为乳链菌肽 Z。乳链菌肽 A 已由英国 Aplin & Barrett 公司于 1953 年实现工业化生产。乳链菌肽 Z 是 1991 年发现的新品种,由于乳链菌肽 Z 具有更好的扩散性和对一些菌株更有效,所以乳链菌肽 Z 的研究开发与工业化生产成为人们关注的热点。

中国科学院微生物研究所于 1989 年率先在国内进行乳链菌肽的研究与开发,20 世纪 90年代后期,采用我国自行选育的乳链菌肽 Z 高产突变株乳酸乳球菌 AL2 为生产菌株,以蛋白胨、酵母粉等廉价原料替代牛奶作培养基,采用自主独创的后提取工艺路线,与浙江银象生物工程公司合作完成了乳链菌肽 Z 中试和工业化生产实验,并建立了我国第一座乳链菌肽工业化生产厂。2002 年实现了工业化向产业化发展的重大跨越,成为世界上唯一一家利用植物蛋白生产乳链菌肽的厂家。

纳他霉素(natamycin)又名游霉素、海松素,它是一种多烯大环内酯类抗真菌抗生素,1955年由 Struyk 等从纳塔尔链霉(*Streptomyces natalensis*)中首次分离得到。1957 年,Struyk 等称这种新的抗真菌物质为匹马菌(pimaricin)。1959 年,Burns 等在美国田纳西州 Chattanooga 的土壤中也分离到一株恰塔努加链霉菌(*Streptomyces chattanoogensis*),并从其培养物中分离到了田纳西霉菌(*Tennecetin*);此后的研究证明匹马菌素和田纳西霉菌为同一物质,并被世界卫生组织统一命名为纳他霉素。

作为一种高效的新型生物防腐剂,纳他霉素对霉菌、酵母均具有极强的抑制作用,能有效抑制酵母菌和霉菌的生长,阻止丝状真菌中黄曲霉毒素的形成,极少量的纳他霉素即可抑制霉菌及酵母菌。其杀菌机制是与酵母或霉菌细胞上的麦角甾醇以及其他甾醇基结合,阻遏麦角甾醇的生物合成,从而使细胞膜畸变,最终导致渗漏引起细胞死亡。与其他抗菌成分相比,纳他霉素对哺乳动物细胞的毒性极低。

美国 FDA 建议纳他霉素作为食品添加剂使用的抗生素,还将其归类为一般公认为安全的(GARS)产品之列。我国食品添加剂委员会于 1996 年对纳他霉素进行了评估并建议批准使用,现已列入食品添加剂使用标准,其商品名为霉克(Natamaxin)。美国联邦法规编码(CFR)值是 0.3 mg/kg,根据我国《食品添加剂卫生使用标准》(GB 2760)规定,食物中最大残留是 10 mg/kg,而纳他霉素在实际应用中的使用量为 $10^{-6}$ 数量级。因此,纳他霉素是一种高效、安全的新型生物防腐剂。

$\varepsilon$-聚乳酸($\varepsilon$-PLA)为一种新型的广谱型防腐剂和优良的营养性食品保鲜剂,解聚后成为赖氨酸,有营养作用。它还可以作为高吸水性聚合物用于妇女卫生巾、婴儿尿片和其他许多产品。目前中国尚无生产。

(4)发酵工程开发新型香精香料

目前,在香精香料的生物合成中应用最广泛的生物技术是发酵工程,以工农业废料为原料,利用微生物可以生产各种天然香料。细菌、霉菌和酵母菌都可用来生产香兰素、内酯等香精香料,采用细胞固定化等技术手段还可以大大提高香精香料物质的产量。

①发酵工程在香兰素生产中的应用:许多细菌、霉菌和酵母菌都可用来生产香兰素,一些微生物以阿魏酸、丁子香酚、异丁子香酚、香草醇、香草胺、松柏醇、黎芦醇等化合物为前体,经发酵可获得香兰素。丁子香酚是丁子香(*Syzygium aromaticum*)精油的主要成分,价格便宜,用它作为香兰素的合成前体在经济上具有可行性。镰刀霉(*Fusarium solani*)也可将丁子香酚转化为香兰素。微生物发酵制取香兰素的最早专利是 1990 年 Rabenhorst 和 Hopp 以丁子香酚为前体,发酵 2 周得到微量的香兰素,其转化率为 9% ~ 19%。1996 年 Rabenhorst 又发现了一个新的假单胞菌(*Pseudomonas sp.*)可以将丁子香酚转化为各种香兰素的前体物质,且含量较高。

阿魏酸由于与香兰素具有化学相似性,被认为是很有前途的前体物质,该物质大量存在于谷糠、甜菜糖浆等农业废料中,从这些原料中提取纯化阿魏酸,用来发酵生产香兰素,可大大提高谷物与甜菜的综合利用率。当前,已经有用谷糠和甜菜糖浆生产天然香兰素的相当成熟的工艺:从谷糠和甜菜糖浆中提取纯化阿魏酸;通过微生物发酵把阿魏酸转化为香兰素;采用超滤分离和去除微生物;从发酵液中萃取除去副产物,多次重结晶后得到高纯度的香兰素。1999 年,Oddou 等进行 *Pycnoporus cinnabarinus* 的高密度培养,优化阿魏酸到香兰素的转化率,以葡萄糖和磷脂的混合物为碳源,代替过去以麦芽糖为碳源的方式,经过 15 天的培养,香兰素含量达 760 mg/L。

以木质素为前体,白腐真菌(white-rot fungi)能将其转化为香兰素。1997 年,Lesage-Meessen 等以香草酸为前体,在培养 3 天的 *Pycnoporus cinnabarinus* MUCL39532 麦芽糖培养基

中添加3.5 g/L纤维二糖,经过7天的培养,得到510 mg/L 的香兰素;在培养3天的 *Pycnoporus cinnabarinus MUCL*38467 纤维二糖培养基中添加 2.5 g/L 纤维二糖,经过 7 天的培养,得到 560 mg/L 的香兰素。

②发酵工程在内酯合成中的应用:为了生产一些重要的内酯,工业上采用一些生物转化法,如用微生物合成 γ-癸内酯就是一个很好的例子。用 *Yarrowia lipolytica* 酵母或其他微生物生物降解蓖麻油酸,所得的 γ-癸内酯与开始存在的天然(R)-蓖麻油酸的手性中心相同,天然(R)-蓖麻油酸是蓖麻油中的主要脂肪酸,这样,生产的 γ-癸内酯有很高的光学纯度,通常包含98%以上的(R)-(+)-对映体。

Tressl 等报道了 *Sporobolomyces odorus* 在静止生长期产生内酯,同时细胞中长链脂肪酸减少。一些微生物能直接利用非羟基脂肪酸作为前体形成内酯。

*Sporobolomyces odorus* 能将癸酸转化成 γ-癸内酯,*Mortierella* 的某些种能从辛酸合成 γ-辛内酯,*Mucor* 的某些菌株能从 4-到 20-碳的羧酸形成 γ-或 δ-内酯。*Pityrosporum* 的一些种能将卵磷脂、油酸或人脂肪转化成 γ-内酯(6～11 碳),最近,Haffner 和 Tressl 报道,*Sporobolomyces odorus* 能从亚油酸合成 γ-癸内酯。Kalyani 等采用表面发酵和深层发酵 2 种方法生产 6-戊基-α-吡喃酮。

# 8.2　生物技术与制药

生物技术和新医药产业作为 21 世纪高新技术核心产业,是当今世界经济中的先导性、战略性产业。随着生物技术主要领域不断取得重大突破,干细胞、人类基因组图谱、基因芯片、基因疗法和生物制药、生物材料、农业生物技术等领域产业化速度加快,生物经济时代正在到来。在医药方面,重组胰岛素、人促红细胞生长因子、人干扰素等,极大地提高了人类对疾病的防治能力;在农业方面,利用转基因动植物生产医药产品的技术蓬勃开展,日益趋向商品化。

## 8.2.1　生物技术疫苗

生物技术疫苗,是利用生物技术制备的分子水平的疫苗,包括基因工程亚单位疫苗、合成肽疫苗、抗独特型抗体疫苗、基因工程活疫苗、DNA 疫苗以及转基因植物疫苗。

### 1)基因工程亚单位疫苗

基因工程亚单位疫苗是用 DNA 重组技术,将编码病原微生物保护性抗原的基因导入受体菌(如大肠杆菌)或细胞,使其在受体细胞中高效表达,分泌保护性抗原肽链。提取保护性抗原肽链,加入佐剂即制成基因工程亚单位疫苗。首次报道成功的是口蹄疫基因工程疫苗,此外还有预防仔猪和犊牛下痢的大肠杆菌菌毛基因工程疫苗。

### 2)合成肽疫苗

合成肽疫苗(synthetic peptide vaccine),是用化学合成法人工合成病原微生物的保护性多肽并将其连接到大分子载体上,再加入佐剂制成的疫苗。最早报道(1982)成功的是口蹄疫疫苗。合成肽疫苗的优点是可在同一载体上连接多种保护性肽链或多个血清型的保护性抗原肽链,这样只要一次免疫就可预防几种传染病或几个血清型。目前研制成功的合成肽疫苗还不多,但越来越受到人们的重视,相信该类疫苗在未来的生产实践中能发挥重要的作用(图8.1)。

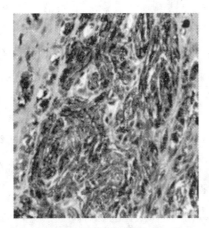

图 8.1　合成肽疫苗

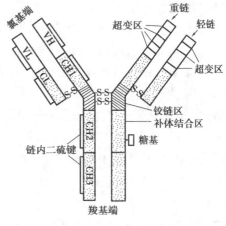

图 8.2　抗体

### 3)抗独特型抗体疫苗

抗独特型抗体疫苗(anti-idiotype antibody vaccine)是免疫调节网络学说发展到新阶段的产物。网络学说认为,生物体对抗原的免疫应答是通过独特型(Id)与抗独特型(Anti-Id,AId)抗体之间的反应而调节的。独特型是指与某一抗原免疫应答有关的,能与抗原发生特异性反应的一组细胞(T、B 细胞克隆)及其因子(T 细胞因子和抗体)所具有的抗原特异性。在正常情况下,机体的 Id 处于极低水平,当机体受到抗原刺激时,T、B 淋巴细胞增殖,抗体水平升高,相应的 Id 水平也升高,继而刺激 Anti-Id(Ab2)的产生,Anti-Id 的产生又可刺激 Anti-anti-Id(Ab1)的产生。如此循环下去,构成对原始应答的复杂免疫调节网络。当抗原与 Ab1 结合后,可以阻碍 Ab2 与 Ab1 上的 Id 结合,因而说明 Ab2 能识别 Ab1 的抗原结合部位。Ab2β 模拟抗原,可刺激机体产生与 Ab1 具有同等免疫效应的 Ab3,由此制成的疫苗称为抗独特型疫苗或内影像疫苗。抗独特型疫苗不仅能诱导体液免疫,亦能诱导细胞免疫,并不受 MHC 的限制,而且具有广谱性,即对易发生抗原性漂变的病原能提供良好的保护力(图8.2)。单抗技术以及"独特型网络"的发现意味着 Ig 可被用作"替代"抗原。对糖类和脂类抗原来说,这一方法可以制造一个"蛋白质拷贝",而蛋白质作为疫苗具有某些优点。

### 4)基因工程活疫苗

基因工程活疫苗(genetic engineering live vaccine),包括基因缺失疫苗和活载体疫苗二类。

#### (1)基因缺失疫苗

基因缺失疫苗(gene defect vaccine)是用基因工程技术将强毒株毒力相关基因切除构建的活疫苗。该苗安全性好、不易返祖;其免疫接种与强毒感染相似,机体可对病毒的多种抗原产生免疫应答;免疫力坚强,免疫期长,尤其适用于局部接种,诱导产生黏膜免疫力,因而是较理想的疫苗。目前已有多种基因缺失疫苗问世,例如霍乱弧菌 A 亚基基因中切除94% 的 A1 基因,保留 A2 和全部 B 基因,再与野生菌株同源重组筛选出基因缺失变异株,获得无毒的活菌苗;将大肠杆菌 LT 基因的 A 亚基基因切除,将 B 亚基基因克隆到带有黏着菌毛(K88,K99,987P 等)的大肠杆菌中,制成不产生肠毒素的活菌苗。另外,将某些疱疹病毒的 TK 基因切除,其毒力下降,而且不影响病毒复制并有良好的免疫原性,成为良好的基因缺失苗。

(2)活载体疫苗

活载体疫苗(live vector vaccine)是用基因工程技术将保护性抗原基因(目的基因)转移到载体中使之表达的活疫苗。目前有多种理想的病毒载体,如痘病毒、腺病毒和疱疹病毒等都可以用于活载体疫苗的制备。痘病毒的 TK 基因可插入大量的外源基因,大约能容纳 25 kb,而多数的基因都在 2 kb 左右,因此可在 TK 基因中插入多种病原的保护性抗原基因制成多价苗或联苗,一次注射可产生针对多种病原的免疫力。国外已研制出以腺病毒为载体的乙肝疫苗、以疱疹病毒为载体的新城疫疫苗等。活载体疫苗具有传统疫苗的许多优点,而且又为多价苗和联苗的生产开辟了新路,是当今与未来疫苗研制与开发的主要方向之一(图 8.3)。

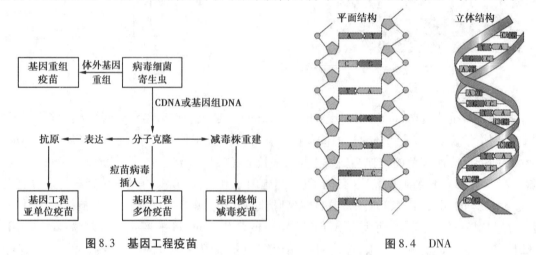

图 8.3　基因工程疫苗　　　　　　　　　图 8.4　DNA

**5)DNA 疫苗**

DNA 疫苗(DNA vaccine)是一种最新的分子水平的生物技术疫苗,应用基因工程技术把编码保护性抗原的基因与能在真核细胞中表达的载体 DNA 重组,这种目的基因与表达载体的重组 DNA 可直接注射(接种)到动物(如小鼠)体内,目的基因可在动物体内表达,刺激机体产生体液免疫和细胞免疫(图 8.4)。

**6)转基因植物疫苗**

转基因植物疫苗(transgenic plant vaccine)是用转基因方法将编码有效免疫原的基因导入可食用植物细胞的基因中,免疫原即可在植物的可食用部分稳定地表达和积累,人类和动物通过摄食达到免疫接种的目的。常用的植物有番茄、马铃薯、香蕉等。如用马铃薯表达乙型肝炎病毒表面抗原已在动物试验中获得成功(图 8.5)。这类疫苗尚在初期研制阶段,具有口服、易被儿童接受等优点。

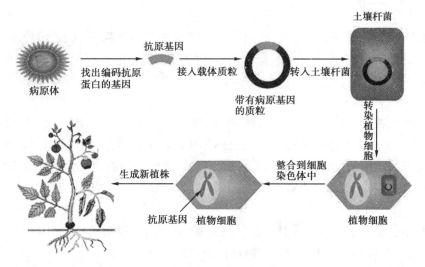

图 8.5　转基因植物

## 8.2.2　生物技术药物

生物技术药物,是指采用 DNA 重组技术或其他创新生物技术生产的治疗药物。近年来,生物制药已成为制药业中发展最快、活力最强和技术含量最高的领域,并成为衡量一个国家现代生物技术发展水平最重要的标志之一。生物技术药物是人类健康永恒的需求,生物技术药物产业是永不衰落的朝阳产业。我国自 1986 年实施"863"计划以来,生物技术药物的研究、开发和产业化获得了飞速发展。

生物技术药物包括细胞因子重组、蛋白质药物、抗体、疫苗和寡核苷酸药物等,主要用于防治肿瘤、心血管疾病、传染病、哮喘、糖尿病、遗传病、心脑血管病和风湿性关节炎等,在临床上已经开始广泛应用,为制药工业带来了革命性的变化。这些生物技术药物包括重组激素类药物(胰岛素、生长激素)、细胞因子药物(干扰素、生长因子、白细胞介素)、重组溶血栓药物(纤溶酶原、链激酶)、人血液代用品、治疗性抗体(多克隆抗体、单克隆抗体、基因工程抗体)、重组可溶性受体和黏附分子药物、反义寡核苷酸药物、基因药物、基因工程病毒疫苗、基因工程菌苗、基因工程寄生虫疫苗及治疗性疫苗。

### 1)分类

重组蛋白质药物或重组多肽药物包括细胞因子、人干扰素、人白细胞介素-2 等;重组 DNA 药物包括反义寡核苷酸或核酸等、基因药物、细胞治疗制剂、DNA 疫苗等;干细胞治疗是指使用干细胞给患者治疗的方法,这是生物技术药物富有发展前景的重要领域。

### 2)特点

用传统的化学技术制药,具有条件要求高(如高温、高压、加化学催化剂)、效率低、环境污染大、危险性大等特点。与之相对,用生物学方法则要温和得多。生物技术包括发酵技术、细胞培养技术、酶技术及基因技术。从实验研究扩展到规模化生产,就形成发酵工程、细胞工程、酶工程和基因工程,由此而制得的药物称为生物技术药物。用生物技术方法研制药物是 21 世纪最新的领域之一。

（1）分子质量大，且结构复杂

生物技术来源药物的生产方式，是应用基因修饰活的生物体产生的蛋白质或多肽类的产物，或是依据靶基因化学合成互补的寡核苷酸，所获产品往往分子质量较大，并具有复杂的分子结构。

（2）种属特异性

生物技术药物存在种属特异性。许多生物技术药物的药理学活性与动物种属及组织特异性有关，主要是药物自身以及药物作用受体和代谢酶的基因序列存在着动物种属的差异。来源于人类基因编码的蛋白质和多肽类药物，其中有的与动物的相应蛋白质或多肽的同源性有很大差别，因此对一些动物不敏感，甚至无药理学活性。

（3）安全性较高

生物技术药物由于是人类天然存在的蛋白质或多肽，量微而活性强，用量极少就会产生显著的效应，相对来说副作用较小、毒性较低、安全性较高。

（4）活性蛋白或多肽药物较不稳定

生物技术活性蛋白质或多肽药物较不稳定，易变性，易失活，也易为微生物污染、酶解破坏。

（5）来源药物的基因稳定性非常重要

生物技术来源药物的基因稳定性，生产菌种及细胞系的稳定性和生产条件的稳定性非常重要，它们的变异将导致生物活性的变化或产生意外的或不希望的一些生物学活性。

（6）具有免疫性

许多来源于人的生物技术药物，在动物中有免疫原性，所以在动物中重复给予这类药品将产生抗体，有些人源性蛋白在人中也能产生血清抗体，主要可能是重组药物蛋白质在结构及构型上与人体天然蛋白质有所不同所致。

（7）很多来源药物在体内的半衰期短

生物技术来源药物，很多在体内的半衰期短，迅速降解，并在体内降解的部位广泛。

（8）受体效应

许多生物技术药物是通过与特异性受体结合，诱发信号传导机制而发挥药理作用，且受体分布具有动物种属特异性和组织特异性，因此药物在体内分布具有组织特异性和药效反应快的特点。

（9）多效性和网络效应

许多生物技术药物可以作用于多种组织或细胞，且在人体内相互诱生、相互调节，彼此协同或拮抗，形成网络性效应，因而可具有多种功能，发挥多种药理作用。

（10）生物技术来源药物的生产系统复杂性

批次间一致性及安全性的变化要大于化学产品。所以生产过程的检测、GMP 步骤的要求和质控的要求就更为重要和严格。

**3）治疗不同疾病的新生物技术药**

（1）哮喘

在 2008 年处在临床开发阶段的用于治疗和预防呼吸系统疾病的 27 种新生物技术药中，有 18 种是对各类哮喘患者进行 Ⅰ～Ⅲ 期临床试验的，占治疗和预防该类疾病新生物技术药的

66.7%。在这 18 种新生物技术药中，除了反义制剂、疫苗、寡核苷酸、反义寡核苷酸和重组蛋白各有 1 种外，其余 13 种均为单抗制剂。在这 13 种单抗中，有两种正在进行Ⅲ期临床试验：一种是丹麦 ALK 生物制药公司（ALK-Abello A/S）与美国先令葆雅制药公司合作开发的屋尘螨过敏疫苗片剂，目前正在对过敏性哮喘患者进行Ⅱ/Ⅲ期临床试验；另一种是美国遗传技术公司和诺华制药公司于 2003 年 6 月 20 日获得 FDA 批准的重组 DNA 衍生人源化 IgG1κ 单抗制剂——奥马佐单抗（Xolair，Omalizumab），该制剂适用于对四季气源性致敏原皮试反应或者体外反应为阳性、用皮质激素类药吸入剂不能有效控制症状的中度至重度持续性哮喘的成人和 12 岁及以上青少年患者，目前正在对患过敏性哮喘的儿童进行Ⅲ期临床试验，以扩大该制剂的适应证范围。另外，美国安进制药公司开发的一种全人单抗制剂 AMG317 可潜在地阻止在哮喘发病过程中起关键作用的白介素-4（IL-4）和白介素-13（IL-13）两种细胞激酶，目前该公司用 AMG317 对 18~64 岁的男、女性哮喘患者进行的多中心、随机和安慰剂对照和多剂量的Ⅱ期临床试验已完成。

（2）艾滋病

根据联合国艾滋病规划署（UNAIDS）发布的《2008 年全球艾滋病疫情报告》显示，全球防治艾滋病的努力取得了显著进展，预防措施得到加强，2007 年全球新增 HIV 感染 270 万，比 2001 年下降 30 万；死于艾滋病的人数为 200 万，比 2001 年下降 20 万，艾滋病的流行状况首次得到缓解。尽管全球艾滋病患者在人口中的比例出现下降趋势，但总患病人数仍有所上升，全球目前有艾滋病病毒感染者 3 300 万。尽管抗逆转录病毒药能够控制艾滋病的发展，但不能治愈和阻止该病的传播。据预测，有效的艾滋病疫苗可使 1.5 亿新艾滋病感染者中的近 3 000 万人免受 HIV 感染，甚至一种高效的疫苗在 15 年间可预防 7 000 多万人感染该病。美国国立过敏与感染性疾病研究所（the National Institute of Allergy and Infectious Diseases，NIAID）所长 Faucis 博士认为，要在全球范围控制艾滋病，开发出一种安全有效的艾滋病疫苗至关重要。在 2008 年处在临床开发阶段的治疗和预防艾滋病的 34 种新生物技术药也证明了国际药物研究和生物制药公司对预防和治疗艾滋病疫苗开发研究的重视。尽管该类制剂的数量在临床开发研究阶段的新生物技术药中所占比例仅为 5.37%，但涉及的种类较多，在本研究统计的 10 类新生物技术药中占 8 类，包括 18 种疫苗和 16 种治疗制剂。疫苗主要有 HIV 疫苗 7 种，DNA 疫苗 6 种，基因疫苗 3 种，树状细胞疫苗和重组疫苗各 1 种。在这 18 种疫苗中，除了美国阿格斯治疗制剂公司的树状细胞疫苗 AGS-004、默克制药公司的基因疫苗 V526 与美国和匈牙利合资公司遗传免疫公司的 DNA 疫苗——HIV DNA 局部贴剂疫苗（DermaVir™ Patch）等为治疗性疫苗外，Pharmexa-Epimmune 生物技术公司的 DNA 疫苗 EP-1090，惠氏制药公司的 gagDNA 疫苗白介素-12 辅剂和 gagDNA 疫苗白介素-15 辅剂，GenVec 生物制药公司的基因疫苗 VRC-HIVADV（014-00-VP）和丹麦 Bavarian Nordic 生物技术公司的艾滋病多抗原疫苗等除了用作预防疫苗外，还用作治疗性疫苗，对 HIV 感染者进行临床试验。在这 18 种疫苗中，仅有美国赛诺菲·巴斯德制药公司开发的预防 HIV 的疫苗目前正在泰国进行Ⅲ期临床试验，未见治疗性疫苗进入Ⅲ期临床试验的报道。

1987—2008 年，国际上获得批准的抗艾滋病药品共 31 种，2008 年处在临床开发阶段的抗艾滋病的新生物技术药除上述疫苗外还有 7 类 16 种，包括单抗 6 种，白介素 3 种，干扰素 2 种，反义制剂、重组蛋白、重组生长激素、粒细胞巨噬细胞集落刺激因子和基因制剂各 1 种。

其中美国 EMD Serono 制药公司（EMD Serono, Inc.）的人生长激素（重组 DNA 源性）注射液（Serostim）继 2003 年获得批准用于治疗艾滋病患者消瘦之后，近期又向 FDA 递交了用于治疗艾滋病相关脂肪再分配综合征的补充生物制剂许可申请。进入Ⅲ期临床试验的 3 种均为已获得批准的生物制剂用于新适应证，即美国拜尔保健制药公司于 1991 年获得批准用于治疗急性骨髓性白血病（AML）的重组人粒细胞巨噬细胞集落刺激因子（rhGM-CSF）——沙格司亭（Leukine®），罗氏制药公司于 2002 年获得批准用于治疗慢性丙型肝炎的聚乙二醇干扰素 α-2a（Pegasys®）和诺华制药公司于 1992 年 5 月获得 FDA 批准用于治疗转移性肾细胞瘤（RCC）并于 1998 年 1 月获得批准用于治疗转移性黑素瘤的阿地白介素（Proleukin, Aldesleukin），未见有治疗和预防 HIV 的新生物技术药进入Ⅲ期临床试验。

（3）肿瘤

在全世界，肿瘤死亡率居首位，美国每年诊断为肿瘤的患者为 100 万，死于肿瘤者达 54.7 万。用于肿瘤的治疗费用达 1 020 亿美元。肿瘤是多机制的复杂疾病，目前仍用早期诊断、放疗、化疗等综合手段治疗。今后 10 年抗肿瘤生物药物会急剧增加。如应用基因工程抗体抑制肿瘤，应用导向 IL-2 受体的融合毒素治疗 CTCL 肿瘤，应用基因治疗法治疗肿瘤（如应用 γ-干扰素基因治疗骨髓瘤）。有一种肿瘤疫苗已进入Ⅰ期临床，其工艺是从患者中取出肿瘤细胞，导入 GM-CSF 基因，在患者化疗后，用此疫苗进行连续治疗。

基质金属蛋白酶抑制剂可抑制肿瘤血管生长，阻止肿瘤生长与转移。这类抑制剂有可能成为广谱抗肿瘤治疗剂，已有 3 种化合物进入临床试验。其中之一是 Bryostatins，它是一种天然产物，为大环内酯化合物，由海洋生物苔藓虫分离获得。人工合成的化合物为仿胶原蛋白含羟胺结构的小分子化合物，已进入临床试验的有 BB-94 和 BB-2516，前者水溶性较差，后者水溶性良好，可供口服使用。

（4）神经退化性疾病

阿尔茨海默病、中风及脊椎外伤的生物技术药物治疗，胰岛素样生长因子 rhIGF-1 已进入Ⅲ期临床。它是一种神经促进因子，有助于帕金森患者保持脑功能和延长寿命，还在加紧研究促进神经生长因子分泌的小分子作为这类疾病的有效治疗剂。胶质细胞源神经营养因子（GDNF）是由胶质源细胞株（glial-cell-line）产生的促神经生长的因子，已在进行临床试验，结果表明 GDNF 能保持帕金森患者的脑细胞活性。

神经生长因子（NGF）和脑源神经营养因子（BDNF）用于治疗末梢神经炎，肌萎缩硬化症，均已进入Ⅲ期临床。

美国每年有中风患者 60 万，死于中风的人数达 15 万。中风症的有效防治药物不多，尤其是可治疗不可逆脑损伤的药物更少，Cerestal 已证明对中风患者的脑力能有明显改善和稳定作用，现已进入Ⅲ期临床。Genentech 的溶栓活性酶（Activase 重组 tPA）用于中风患者治疗，可以消除症状 30%。

（5）自身免疫性疾病

许多炎症由自身免疫缺陷引起，如哮喘、风湿性关节炎、多发性硬化症、红斑狼疮等。风湿性关节炎患者多于 4 000 万，每年医疗费达上千亿美元，一些制药公司正在积极攻克这类疾病。如 Genentech 公司研究一种人源化单克隆抗体免疫球蛋白 E 用于治疗哮喘，已进入Ⅱ期临床。Cetor's 公司研制一种 TNF-α 抗体用于治疗风湿性关节炎，有效率达 80%。Chiron 公

司的 β-干扰素用于治疗多发性硬化病。LaJolla 公司研制的 LJP394 用于治疗红斑狼疮已进入 Ⅱ/Ⅲ 期临床。LJP349 是一种具有抗原决定簇基因的 DNA 片段,能与 β 细胞表面抗体结合。还有的公司在应用基因疗法治疗糖尿病,如将胰岛素基因导入患者的皮肤细胞,再将细胞注入人体,使工程细胞产生全程胰岛素供应。

应用蛋白质工程技术构建融合蛋白,产生多种新型免疫活性分子,如 CH925 是 IL-6/IL-2 的融合蛋白,除具有 IL-6 与 IL-2 的活性外,还具有促红系细胞形成活性。又如 PLXY321 是 GM-CSF/IL-3 的融合蛋白,对 IL-3 受体具有更强亲和力,且具有 EPO 功能。

(6)冠心病

美国有 100 万人死于冠心病,每年治疗费用高于 1 170 亿美元。今后 10 年,防治冠心病的药物将是制药工业的重要增长点。Centocor's Reopro 公司应用单克隆抗体治疗冠心病的心绞痛和恢复心脏功能取得成功,这标志着一种新型冠心病治疗药物的诞生。Michigan 医学中心应用基因疗法去阻止冠脉栓塞也很有特色。

基因组科学的建立与基因操作技术的日益成熟,使基因治疗与基因测序技术的商业化成为可能,正在达到未来治疗学的新高度。1995 年美国在研的 100 个临床研究项目中,有 597 个课题与基因转移有关。基因治疗用于治疗肿痛、肝炎、艾滋病、老年痴呆、帕金森病和遗传性疾病,如囊性纤维变性、镰刀型贫血、血友病、风湿性关节炎、哮喘和高胆固醇血症等。

转基因技术用于构造转基因植物和转基因动物,已逐渐进入产业阶段,用转基因绵羊生产蛋白酶抑制剂 ATT,用于治疗肺气肿和囊性纤维变性,已进入 Ⅱ/Ⅲ 期临床。将霍乱菌 B 蛋白基因转入马铃薯所得霍乱疫菌,每天食用 100 g,7 天即可获得免疫力。大量的研究成果表明转基因动植物将成为未来制药工业的另一个重要发展领域。

(7)感染性疾病

在历史上,感染性疾病曾使全球无数人致死致残。当今,疫苗和抗生素已证明是感染性疾病的有效疗法,但是该类病对患者仍是严重的威胁。最近,像链球菌等一些感染性病原菌对药物产生了抗药性;像结核等一些认为可治愈的疾病又重新成为人类健康的威胁;其他感染性病原菌被一些生物恐怖分子生产用于制造恐怖活动。此外,像 2003 年爆发的重症急性呼吸综合征(SARS)、2003—2005 年全球爆发的高致病性禽流感和 2009 年墨西哥爆发的甲型 H1N1 流感,都给人类的生命和安全带来了威胁。尽管目前感染性疾病不能根除,但是有关诊治感染性疾病的新知识和新技术与各国政府和制药公司投入大量的人力、物力和财力将有助于战胜感染性疾病所带来的持续的和不断变化的威胁。2008 年处在临床开发阶段的新生物技术药中有 162 种为治疗感染性疾病的,比 2006 年的 50 种增加了 112 种,增长率为 224%。在这 162 种新生物技术药中,有疫苗 121 种,占 74.69%,占 2008 年进行临床试验疫苗的 54.26%。在这 121 种疫苗中,普通疫苗最多,为 95 种,其次是重组疫苗,为 16 种,居第 3 位的为 DNA 疫苗,为 7 种,其余是融合疫苗、细胞疫苗和基因疫苗,各 1 种。在 2006 年处在临床试验阶段的治疗感染性疾病的 50 种新生物技术药中,对肝炎患者进行临床试验的新药和疫苗最多,有 13 种,其次为炭疽热,有 5 种,居第 3 位的为流感病毒感染,有 4 种。而 2008 年处在临床试验阶段的 162 种新生物技术药中,对流感病毒感染患者进行临床试验的新药和疫苗最多,有 40 种,其次为肝炎,有 31 种,包括丙型肝炎 20 种、乙型肝炎 9 种、甲型肝炎和丁型肝炎各 1 种;居第 3 位的为 C 群流行性脑脊髓膜炎,有 12 种,居第 4 位的分别是炭疽热和白百破,各 10 种。这表明国际生物制药公司仍将开发研究重点放在常见流行病和慢性感染性疾病的疫苗和新药上。

在 2006 年进入Ⅲ期临床试验的新生物技术药为 9 种,到 2008 年已达 35 种,并且其中 6 种已向 FDA 递交了 BLA(生物技术产品许可申请)。这 6 种新生物技术药中有 1 种单抗制剂和 5 种疫苗。1 种单抗制剂是由美国医学免疫制剂公司开发的预防呼吸道合胞病毒(RSV)感染的人源化单抗 Numax。临床试验表明,该单抗不但在减少 RSV 复制、控制炎性反应及肺组织病变等方面的作用均优于该公司于 1998 年 6 月获得 FDA 批准的帕利珠单抗(Synagis),并且还能有效抑制上呼吸道中 RSV 的复制。该公司于 2008 年 1 月 30 日就该单抗制剂向美国 FDA 递交了 sBLA(生物技术产品补充许可申请),目前 FDA 正在审批之中。在这 5 种疫苗中有 3 种已获得 FDA 的批准。第 1 种是美国赛诺菲·巴斯德制药公司预防白百破、小儿麻痹和 b 型流感嗜血杆菌的 DTP,polio,Hib 疫苗(Pentacel),于 2008 年 6 月 20 日获得批准。第 2 种是葛兰素·史克制药公司开发的白百破疫苗(Boostrix)。该疫苗于 2005 年 3 月 15 日获得 FDA 批准,用于预防 10~18 岁青少年患白百破(Tdap),2008 年 12 月 8 日又获得 FDA 批准,用于 19~64 岁的成年人,是 Tdap 疫苗中应用年龄范围最广泛的一种。第 3 种是奥地利 Intercell AG 公司和美国诺华制药公司合作开发的用于预防日本脑炎(JE)的疫苗——日本脑炎疫苗(Ixiaro),于 2009 年 3 月 30 日获得 FDA 批准,用于到多发日本脑炎的日本、印度等亚洲地区的 17 岁及以上的成年旅游者等。其余 2 种分别是蛋白质科学公司开发的用于预防成人和儿童感染流感病毒的重组疫苗—— FluBIOK 和医学免疫制剂公司与葛兰素·史克制药公司合作开发的预防人乳头状病毒感染的人乳头状病毒疫苗(Cervarix™)。FluBIOK 是蛋白质科学公司用由世界卫生组织推荐的 H1N1,H3N2 和 B 等 3 种流感病毒株在昆虫细胞培养基中培养的纯化重组三价血红蛋白(rHA)疫苗。临床试验表明,与迄今已获批准的鸡胚三价灭活流感疫苗(TIV)相比,该疫苗可明显提高老年受试者的抗体效价百分比,其耐受性良好,免疫力强,免疫反应时间长,对漂移的流感病毒能够产生交叉预防作用。Cervarix™是葛兰素·史克制药公司开发的用于预防 10~25 岁女性患宫颈癌的疫苗,该公司于 2006 年先后向 EMEA 和美国 FDA 递交了新药申请,EMEA 于 2007 年 9 月 24 日批准,而当年 FDA 则未批准其申请,要求该公司提供当时正在对 1.8 万名女性进行临床试验的数据。葛兰素·史克制药公司于 2009 年 3 月 30 日向 FDA 递交了最终数据,目前 FDA 正在对该疫苗进行审批之中。一旦 Cervarix™获得 FDA 的批准,将与默克制药公司 2006 年获得批准的人乳头瘤病毒疫苗 Gardasil 形成激烈的市场竞争。这 2 种疫苗均靶向导致 70% 宫颈癌的 HPV,但 Gardasil 还能预防生殖器疣,医师将根据其患者的具体情况对这 2 种疫苗做出选择。

(8)皮肤病

在 2008 年处在开发阶段的新生物技术药中有 19 种为治疗皮肤病的新药,约占 3%。但与 2006 年的 7 种相比,增加了 12 种,增长率为 171.41%。这 19 种新生物技术药的类型比较分散,分布在 11 种类型的 7 种,其中最多的是单抗,共有 7 种,共进行 9 项临床试验,其次是细胞治疗制剂、重组激素/蛋白和其他类各 3 种,其中重组激素/蛋白类的 3 种正在进行 4 项试验;其余反义制剂、生长因子和免疫制剂各 1 种。正在进行临床试验的治疗皮肤病的 7 种单抗中,Centocor Ortho 生物技术公司开发的阿替单抗(Stelara™)于 2008 年 12 月 12 日和 2009 年 1 月 16 日已先后获得加拿大和欧洲 EMEA 的批准,用于治疗中度至重度牛皮癣,目前美国

FDA 正在对该制剂进行审批之中。雅培制药公司开发的全人单克隆抗——IL-12/IL-23 抗体（ABT-874），目前除了正在对牛皮癣患者进行Ⅲ期临床试验外，还正在克罗恩病患者进行Ⅱ期临床试验。正在进行Ⅲ期临床试验或已递交 BLA 的治疗皮肤病的新生物技术药中，安进制药公司和惠氏制药公司于 2007 年 9 月 11 日将其合作开发的于 1998 年 11 月 5 日获得批准用于治疗 RA 的依那西普（Enbrel®）向 FDA 递交了用于治疗青少年和儿童牛皮癣的 sBLA，FDA 于 2008 年 6 月 18 日批准。其他进入Ⅲ期临床试验的治疗皮肤病的新生物技术药有 AGI Dermatics 生物制药公司开发的用于治疗着色性干皮病的 T4N5 脂质体洗液（Dimericine）和英国 Intercytex 有限公司开发的用于治疗创伤长期不愈的成纤维细胞外用贴 ICXPRO（Cyzact）。该贴剂含有负责创伤愈合过程的活跃的异基因人皮肤成纤维细胞，可有效治疗下肢静脉溃疡（VLUs）和糖尿病足溃疡（DFUs）等。

（9）血液病

血液病亦称造血系统疾病，多为难治性疾病。在 2008 年处在开发阶段的新生物技术药中有 20 种为治疗血液病的，约占 3.16%。与 2006 年的 7 种相比增加了 13 种，增长率为171.43%。这 20 种新生物技术药共进行 25 项临床试验，其中有重组激素/蛋白类新药 9 种，单抗 5 种，其他类 3 种，细胞治疗制剂、生长因子和干扰素各 1 种。9 种重组激素/蛋白类新药占 2008 年进行临床试验的治疗血液病的新生物技术药的 45%，共进行 10 项临床试验。这 10 项临床试验中有 6 种为Ⅱ期，4 种为Ⅰ期，其中美国 Syntonix 制药公司（Syntonix Pharmaceuticals, Inc.）开发的用于治疗血友病 B 的重组因子 XI-Fc 正在进行Ⅰ期和Ⅱ期临床试验。进行临床试验的 5 种单抗占治疗血液病新生物技术药品的 25%，占 2008 年进行临床试验的单抗制剂的 2.6%。其中有 3 种已进入Ⅲ期临床试验，也是临床试验中治疗血液病的生物技术药品中进入Ⅲ期试验最多的，占 75%。在进入Ⅲ期临床试验的 3 种单抗中，葛兰素·史克制药公司的美泊利单抗（Bosatria™）于 2008 年 9 月 1 日向欧洲 EMEA 递交了新药申请，但此后 EMEA 认为该公司提供的数据还不足以使该委员会得出美泊利单抗对于其适应证的正效益-风险平衡的结论，所以该公司已于 2009 年 7 月 29 日正式向 EMEA 提出撤销该新生物技术药许可的申请。目前该公司正在准备 EMEA 所要求的相关资料。其余 2 种是 Ception治疗制剂公司开发的用于治疗嗜酸性粒细胞增多的 reslizumab 和雅培制药公司开发的用于治疗脓毒症和脓毒性休克的阿非莫单抗（Segard™），目前均仍正在进行临床试验。由此可见，近几年在治疗血液病方面单抗有可能成为获得批准的新生物技术药。

## 8.2.3　疾病的基因治疗

近年来，随着在分子水平对疾病认识的深入，基因治疗已成为目前医学生物学领域中最重要的研究课题之一。所谓的基因治疗是应用基因工程和细胞生物学技术，将正常的基因转移到体内，以期通过导入基因的表达，补充缺失的或失去正常功能的蛋白质，或抑制体内某些基因过盛表达而达到治疗目的的一类方法。

基因治疗疾病，早期期望值过高，目前理论研究和技术的发展水平均还不能满足成功临床试验的需要，安全性问题还一直没有彻底解决。然而，目前对许多疾病分子机制和对基因载体的研究取得了长足的进步，为基因治疗较大范围临床试验开展打下了坚实的基础。

基因治疗的主要病种包括遗传病（如血友病、囊性纤维病、家庭性高胆固醇血症等）、恶性肿瘤、心血管疾病、感染性疾病(如 AIDS、类风湿等)、中枢神经系统疾病。目前,进入临床实验的基因疗法有 70% 是针对癌症的,虽然大多数尚未被肯定疗效,但代表了癌症治疗的方向。

# 8.3　生物技术与能源

## 8.3.1　生物能源概述

当今人类社会的发展是建立在消耗巨大能源基础上的。目前,人类生活中能源消耗份额中相当高的比例来自难以再生的能源,如石油、煤炭等。人类的长期稳定发展必须寄托于可再生能源。因此,通过生物技术来开发可再生的生物能源,将成为 21 世纪的重要课题之一。

地球上上亿年积累的化石能源——石油、天然气、煤等,仅能支撑 300 年的大规模开采就将面临枯竭。如果按现有的开采技术和连续不断地日夜消耗这些化石燃料的速度推算,煤、天然气和石油的有效年限分别是 100～120 年、30～50 年和 18～30 年。显然 21 世纪所面临的严重危机之一是能源问题。

能源分为不可再生能源和可再生能源。煤、天然气和石油(包括核能)是不可再生能源,对它的使用不是无限的。可再生能源是指太阳能、风能、地热能、生物能、海洋能和水能。目前,整个人类发展和工农业生产都离不开化石能源,人类应未雨绸缪,利用现代科技发展生物能源,是解决未来能源问题的一条重要出路。

"万物生长靠太阳",生物能源是从太阳能转化而来的,只要太阳不熄灭,生物能源就取之不尽。绿色植物可通过光合作用将吸收的二氧化碳和水合成为碳水化合物,进而将光能转化为化学能储存下来。可以说,绿色植物就是光能转换器和能源之源,碳水化合物是光能储藏库,形成一个物质的循环。油葵、油菜、大豆、海藻、地沟油可以提炼生物柴油,秸秆、玉米等可以生产燃料乙醇……

生物能源是指从生物质得到的能源,是一种可再生的清洁能源,开发和使用生物能源,符合可持续的科学发展观和循环经济的理念。随着生物科学的迅速发展,只要对作物秸秆、残枝枯叶、禽畜粪便等这些日常生活中的废弃物加以处理,就能从中挖掘出一个规模惊人的"绿色油田"。

所以,解决未来的能源问题将离不开现代生物技术。下面就生物技术与能源开发作一简单介绍。

### 1)生物技术在能源开发上的特点

生物技术在能源开发上的主要特点:一是以可再生的生物资源为主要原料,可充分利用工农业废料,不受资源贫乏的困扰;二是生物技术产业常在常温常压下进行生产,从而节省了大量的能源。

### 2)我国拥有丰富的生物质能源

我国是一个生物物种繁多的大国,拥有相当可观的生物质能源。我国每年有 7 亿多 t 作物秸秆、2 亿多万 t 林地废弃物、25 亿多 t 畜禽粪便及大量有机废物,以及 1 亿多公顷不适宜开垦为农田但可种植高抗逆性能源植物的边际性土地。这些农林废弃物和边际性土地,对生物质产业而言,是一笔相当宝贵的资源。就总资源量而言,农林废弃物可年产 8 亿 t 标煤能量,这些生物质只要能开发一半,就相当于为我国挖掘了一个"大庆油田"。

生物能源作为新型绿色能源,早已受到国际社会的广泛关注,许多国家政府都制定了相关的国家开发战略,纷纷采取了积极对策,大力支持和鼓励生物质能源领域的技术创新。美国、日本、欧盟都将本国生物柴油、燃料乙醇的研究和普及推广作为一个战略计划。各大跨国企业也加入研究队伍中,壳牌、LG 等石油化工企业都投入重金开发研究。生物质能源开发研究,已成为世界科技领域的前沿。

我国生物质能源开发研究水平不算高,产业也刚刚起步,但发展势头强劲,在国家和政府的大力支持以及科学家们的刻苦攻关下,近几年也有很大程度的飞跃,在生物柴油、燃料乙醇、生物塑料等相关产品的技术开发上成就显著。

#### 3) 生物能源的主要形式

由于生物能源的可再生特点,它有可能成为传统能源的最佳替代品。当前生物能源的主要形式有沼气、生物制氢、生物柴油和燃料乙醇。

#### 4) 生物能源的发展趋势

数百年来,在燃料王国里唱"主角"的都是远古时代的动植物生成的煤和石油,多少年来,人类一向都是依赖于无节制地开发利用煤、石油、天然气等不可再生的化石燃料来发展文明,但它也给人类带来了沉痛的教训:奢侈的资源浪费,过低的能源利用率和不可容忍的环境污染。今天,化石能源使用过程中排放的温室气体破坏着人类的生存环境,二氧化碳积聚破坏了大气的臭氧层,全球气候变暖、气候异常带来地球更多的自然灾害。同时,地球上的化石燃料不是无限的,在人类的不断开采利用下,即将面临枯竭,这是何等严重的一个问题!

在如此严峻的形势下,发展生物能源就成了必然之路。发展生物能源是农业大国和"缺油多煤"资源现状化短为长的最佳契机,也是保护地球环境的有效途径之一,用生物质能,与使用化石能源相比,可大幅度减少二氧化碳排放。在科技水平、工业水平高度发展的今天,发展生物能源更是今天解决能源短缺问题的必然道路,而且有广阔的发展空间,生物能源最有可能成为 21 世纪主要的新能源之一。

目前,生物质能的利用占世界总能耗的 14%,相当于 12.57 亿 t 石油。在发展中国家,生物质能占总能耗的 35%,相当于 11.88 亿 t 石油。目前全世界仍有 25 亿人口用生物质能做饭、取暖和照明。但是生物质利用总量还不到其生产总量的 1%。总体来说,生物质开发力度还很小,未来发展潜力十分巨大。

尽管从我国或全世界看,生物能源的开发利用都处于刚起步阶段,生物能源在整个能源结构中所占的比重还很小。但是,生物能源的发展潜力不可估量。据我国专家估计,未来 30 年,我国至少可发展 20 亿 t 生物能源,加上核能、水能、风能、太阳能、地热能开发以及传统的化石能源和发展各种节能技术,我国的能源供应将足以支持我国社会经济高速而持续的发展。

## 8.3.2　生物质转化燃料乙醇技术

燃料乙醇是目前世界上生产规模最大的生物能源,通过微生物发酵而成。乙醇俗称酒精,以一定的比例掺入汽油可作为汽车的燃料,不但能代替部分汽油,而且排放的尾气更清洁。我国的燃料乙醇生产已经形成规模,主要是以玉米为原料,同时正在积极开发甜高粱、薯类、秸秆等其他原料生产乙醇。燃料乙醇是国内外公认的生物能源产品,能够以一定的比例与汽油和柴油等成品油混配后供车辆直接使用。

为了将木料变为一种新能源,科学家们正在使用一种目前仍富有争议的基因技术来改变木材成分。木材中含有的一种被称为木质素的化合物,这种化学成分会妨碍木材中的纤维素转化为乙醇类生物燃料。科学家们的目标就是通过基因工程减少其中的木质素含量。木材生产乙醇的生成过程是,由酶与纤维素结合,发生反应,将纤维素分解,产生糖,糖再转化为乙醇。这样,通过基因工程让木材生产乙醇将成为可能。

广泛应用于乙醇发酵研究的有三种微生物。

①嗜热纤维梭菌混合培养物:它能利用纤维素、半纤维素、己糖、戊糖来发酵生产乙醇。尽管目前其乙醇转化效率极低,但由于其能利用纤维素,仍被认为是未来最有发展潜力的燃料乙醇生产菌株。生物学家们正尝试运用生物技术开发出能够将植物中的纤维素降解进而转化为可以燃烧的酒精等新能源。自然界有取之不尽的植物纤维素资源,这项技术的突破有可能成为能源技术的新方向。

②运动发酵单胞菌:它能快速高效生产乙醇,是目前公认可以降低发酵生产成本的最佳替代微生物。

③传统酵母菌:能利用己糖发酵生产乙醇,是目前应用范围最为广泛、工艺研究最为成熟的燃料乙醇生产菌株。

此外,"从红薯等薯类物质中提炼烃醇燃料"的专利技术项目引起了众人的关注。据技术发明人曾永学等介绍,这项专利以红薯等为原料,采用全自控微生物发酵工艺,通过预处理、蒸煮、发酵、精馏、配料、改性等工序,提炼出烃醇液体燃料新产品,开创了能源结构的新转型,开辟了可再生能源的新领域。

### 8.3.3　生物柴油

生物柴油是利用生物酶将植物油或其他油脂分解后得到的液体燃料,是一种清洁可再生能源,作为柴油的替代品更加环保。欧洲已专门种植油料作物用来生产生物柴油,形成了一定规模,美国、印度、韩国、泰国、日本、巴西、阿根廷等国也有生物柴油的不同规模生产。

我国政府也制定了一些政策和措施来促进我国代用燃料的研究与应用发展进程。2004年,科技部高新技术和产业化司启动了"十五"国家科技攻关计划"生物燃料油技术开发"项目,包括生物柴油的研究,预计生物柴油在2020年产量为1 200万t/年。2005年2月28日通过了《中华人民共和国可再生能源法》,并于2006年1月1日起实施,自此生物柴油的法律地位得到确认,取得了和乙醇燃料相当的法律地位。2007年9月4日国家发改委发布了《可再生能源中长期发展规划》。为规范生物柴油市场,我国第一个有关生物柴油的质量标准《柴油机燃料调和用生物柴油(B100)国家标准》已于2007年5月1日起实施。

在我国,以廉价油料为原料制备生物柴油具有较大的发展潜力。据中国食用油信息网介绍,我国每年消耗植物油1 200万t,直接产生了皂脚酸化油250万t;另外,大中城市餐饮业产生的泔水油也达 500 万 t。这些废弃油脂如不进行处理，将会对环境产生很大的危害。如能利用这些废弃油脂作为生物柴油的生产原料，不仅能变废弃为宝，创造大量的物质财富，还能有效减少对环境的污染。另外，我国是一个农业大国，土地辽阔、资源丰富，具有丰富的植物油脂资源。各地都具有种植油类植物的能力和条件。结合我国当前国情，通过结构调整将退耕还林和发展适合各地种植的木本油料植物结合起来，开发种植特色高产工业油料作物，使农产品向工业品转化，这无疑是一条强农富农的可行途径，如广泛生长在四川、广东、广西、云南和海南等地的乌桕树、麻风树、黄连木树、光皮树等都可以产生丰富的油脂资源。因此，发展生物柴油产业在我国具有巨大的潜力，将对保障能源供应、保护生态环境、促进农业和制造业发展、促进经济的可持续发展作出巨大的贡献。

采用廉价原料，提高生物柴油生产过程的转化率，是降低生物柴油成本的主要方面，也是决定生物柴油能否实用化的关键。首先，选择较廉价的生物柴油生产原料，如以食品和餐饮企业的生产废油以及地沟油、泔水油为原料；以动植物油厂的油脚和皂脚为原料；更多采用非食用油脂作为原料，如小桐子、油桐子、文冠果、乌桕子等林木油料。其次，在生产技术方面，对不同原料采用不同的工艺技术，减少生产费用。最后，国家政策支持。国家给予适度财政补贴和税收优惠，使生物柴油生产更具竞争力；同时制定生物柴油发展规划，大力培育生物柴油的消费市场。

中国海南正和生物能源公司、四川古杉油脂化工公司和福建卓越新能源发展公司都已经开发出拥有自主知识产权的技术，以餐饮废油、榨油废渣和林木油果为原料。相继建成了规模超过年产万吨的生产厂，年总产量可达 4 万 ~ 5 万 t。

## 8.3.4 沼气

沼气是由作物秸秆、树木落叶、人畜粪便、工业有机废物和废水等有机物质在厌氧环境中，经微生物发酵作用生成的一种可燃混合气体。其主要成分是甲烷和二氧化碳，这两种成分约占沼气体积的95%，其中甲烷占45% ~70%，二氧化碳占25% ~75%。沼气是具有很高热值的清洁燃料，在1标准大气压下，甲烷燃烧的热值达到了 9 100 kcal/$m^3$。经过净化的沼气完全燃烧后只生成 $H_2O$ 和 $CO_2$，不会对环境造成污染。沼液、沼渣是沼气发酵的副产物，含有丰富的有机质、腐殖酸、氮、磷、钾等营养成分以及氨基酸、维生素、酶、微量元素等生命活动物质，是一种优质高效的有机肥料和养料。沼气、沼液和沼渣在农村生活和农业生产中具有很高的综合利用价值，既节约了资源，又保护了环境，对促进农民增收、实现农业无公害生产、建设社会主义新农村有着积极重要的意义。

**1）炊事照明**

一个3~5口人的农户。修建一个 10 $m^3$ 左右的沼气池，每口沼气池年生产沼气 350 ~450 多平方米，可解决农户 10 ~12 个月的生活燃料，节柴3吨，节电 600 kW/h。全年可增收节支 1 200 元。使用沼气作为燃料进行炊事照明，不仅农家妇女不再受烟熏火燎之苦，而且用沼气处理人畜粪便，可杀虫灭菌，消除家庭"脏、乱、差"的现象，改善环境卫生，减少常见病和多发病，提高农户生活质量，促进庭院经济发展。

**2）在种植业上的应用**

**（1）粮食及果蔬贮藏**

沼气中氧气含量仅为 0.23% 左右，因此可作为一种环境气体调节剂用于粮食、种子的灭虫贮藏。此外，由于沼气可使被贮藏物的呼吸强度降低，而达到保鲜的目的，也可将沼气用于果蔬的保鲜贮藏。有报道指出利用沼气经一年贮藏后的苹果果肉组织致密，含糖量高，色泽和风味正常，好果率达 90% 以上。

**（2）用作农作物肥**

沼液和沼渣是沼气发酵的副产物，总称沼肥。沼液含有丰富的氮、磷、钾、钠、钙等营养元素。沼渣除含上述成分外，还有有机质、腐殖酸等。沼肥中的全氮含量比堆沤肥高 40% ~ 60%，全磷比堆沤肥高 80% ~ 90%。此外，沼肥中还含有微量元素和大量氨基酸以及多种微生物和酶类，对促进作物新陈代谢，加速作物生长有显著作用。

沼液和沼渣作为农作物肥料主要有 3 种形式：沼液浸种、沼液追肥和利用沼渣作为基肥。沼液浸种不仅可以提高种子的发芽率，促进其生理代谢，提高幼苗素质，而且也可增强植株抗寒、抗病和抗逆能力。用沼液对农作物进行追肥有根部淋浇和叶面喷施两种方式。沼液既可单施，也可与化肥、农药、生长剂等混合使用，施用后可增强光合利用率，提高产量，并对农作物病虫害有控制作用。沼液用作追肥时应在沼气池外停置半天才用，如沼液呈深褐色较稠，应加水稀释。沼渣养分含量较全面，施用沼渣作为基肥，既是优质肥料，又是良好的土壤改良剂，施于水田，最好是耕田时施用，使泥、肥结合，每亩土地施用 2 000 kg；施于旱地，最好集中施用，如穴施、沟施，然后覆盖 10 cm 厚的土，以减少速效养分挥发。根据种植户反映，每季作物施用 1 ~ 2 次沼液和沼渣后，土壤与原来相比明显疏松，作物的产量和品质都有提高和改善，如青花菜花球变紧实、大葱辣辛味变浓等。

**（3）在蔬菜大棚中的应用**

日光温室内的蔬菜、花卉等作物生长发育，每天都需要一定的 $CO_2$，才能满足其光合作用的需要，作物生长发育最适宜的 $CO_2$ 浓度是 0.1%，适宜充足的 $CO_2$ 浓度能显著地提高作物的光合作用，提高总产量 30% 左右。在冬春低温、通风较少的日光温室中，早晨阳光出来 1 h 左右。室内的 $CO_2$ 大部分被作物光合作用利用，$CO_2$ 浓度大大下降，甚至出现 $CO_2$ 饥饿现象，严重影响作物的产量和品质，所以在国内外的日光温室生产中，增施 $CO_2$ 气肥是一项优质高产的关键技术措施。利用沼气燃烧为蔬菜大棚提供 $CO_2$ 气肥可使空气中 $CO_2$ 浓度最少增加 0.03% 左右，能很好地满足作物光合作用的需要。此外，北方的冬春季节，大棚内温度较低，燃烧沼气能起到大棚保温和增温的作用。

人畜粪便经过沼气池发酵，在产生沼气的同时，又可生产出高效灭虫菌的沼液沼渣。沼液沼渣中含有如氨基酸、微量元素、植物生长激素、维生素、抗生素等多种活性物质，能促使农作物生长，从而导致作物抗病虫害的能力增强。此外，沼液沼渣中的有机酸，特别是丁酸对病原菌有一定的抑制作用；其中的胶质类物质能在农作物的茎干和枝叶上形成一层角质膜，从而防御病虫害对作物的入侵；沼液沼渣中浓度较高的 $NH_3\text{-}N$ 或 $NH_4$ 及某些抗生素对病原菌和虫害有抑制和杀灭作用。沼气池厌氧消化过程对病菌及虫卵的杀灭效果也相当显著，用它们作为肥料，农作物能有效地减少病原菌和害虫的危害，而且对病虫害的传播起到阻碍作用。

报道指出,使用过滤后的沼液清液喷雾,用量为 0.75 t/公顷,连喷 2 天,对菜蚜、青菜虫的防治效果可达 96% 以上,对红蜘蛛的防治效果可达 91% 左右。对真菌引起的病害,如根腐病、立枯病、枯萎病等病害,叶面喷施沼液或沼液灌根都有很好的防治效果。

### 3) 在养殖业上的应用

沼液和沼渣不但含有丰富的氮、磷、钾、钠、钙等营养元素,而且含微量元素和大量氨基酸以及多种微生物和酶类,对促进新陈代谢有显著作用。因此沼液和沼渣不但可以应用到种植业上,还可以作为动物饲料应用到养殖业中,据报道,用沼液拌料喂养的猪,喜吃贪睡,毛质好,抗病力强,有增膘增肥效果,每头猪平均每天多增重 80 g,育肥期可缩短 1 个月,节省饲料 100 kg;用沼液拌料养鸡能加快鸡的生长,提高鸡的产蛋能力,使母鸡提前 20 天产蛋,产蛋期比对照鸡长 50 天,平均产蛋期为 250 天。除此之外,沼液和沼渣在淡水鱼、黄鳝、蚯蚓等的养殖上也有较广泛的应用。

### 4) 保护生态环境

长期以来,由于森林植被的破坏、过度放牧、林地和草地的开垦,以及耕作制度的不科学等原因,导致土壤沙化、水土流失、自然灾害频度增加、农村生态环境恶化。现代农业在依靠大量使用农药、化肥、农膜增加产量的同时,也对原有的农业生态系统造成严重危害,农用水体与土壤污染加剧,农作物病虫害严重,农业生态环境质量下降。随着经济的发展,农村的农业废弃物和废水的产量越来越大,已无法依靠自然界的能力进行降解。改善生态环境是农村小康建设的重要任务之一,而农村沼气建设对于维护和改善农业生产条件,增强农业发展后劲,实现农业生态良性循环,具有重要作用。生物质能的开发利用就要求人们恢复植被,最终形成二氧化碳的收支平衡。沼气发酵技术不但有利于回收利用有机废弃物、处理废水和治理污染,而且和农业生产紧密结合,可大幅度减少农药的施用量,减少农业污染,改善作物品质;同时可有效解决农村因烧柴而毁树伐木的问题,从而保护森林资源,改善农业生态环境。

## 8.3.5 生物制氢

氢气能量密度高,热转化效率高,燃烧产生的唯一产物是水,不造成环境污染。因此,氢能是一种可再生的清洁能源。氢气可以利用生物质通过微生物发酵得到,这一过程被称为生物制氢。生物制氢被认为是 21 世纪氢能规模制备最有前景的途径之一。发展生物制氢技术,也是为发展新能源提供技术储备。目前,我国科学家已获得了能高效产氢的微生物,可以小规模地进行生物制氢。

氢的生物学来源包括氢酶放氢和固氮酶放氢两类。据估计,全球豆科植物伴随共生固氮的年放氢量达 2.1 亿 ~ 4.4 亿 kg。

近年来,人们在深红螺菌放氢的遗传控制机制方面开展了较为深入的研究,发现该菌具有多种放氢途径:在光照和有一氧化碳条件下的氢酶放氢,放氢量大但需要一氧化碳诱导;无氧和限氨条件下合成固氮酶,在固氮的同时放氢;黑暗时氢酶催化甲酸裂解生成氢和二氧化碳的途径,放氢量少。

目前正试图通过剔除该菌的吸氢酶基因提高产氢效率,或通过剔除固氮霉共价修饰酶基因 draT 以解除黑暗对固氮酶活性的抑制,使其在黑暗条件下也能通过固氮酶放氢。

·本章小结·

　　生物技术要服务于人类,与工业生产是密不可分的。工业生物技术是利用生化反应进行工业品的生产加工技术,是人类模拟生物体系实现自身发展需求的高级自然过程。发展工业生物技术的任务,是把生命科学的发现转化为实际的产品、过程或系统,以满足社会的需要。它包括发酵、农业化学、有机物、药物和高分子材料等很多领域,研究和发展工业生物技术意义深远。

　　本章依次从生物技术与食品、生物技术与医药、生物技术与能源三个大的方面阐述了现代生物技术在工业生产方面的应用,分析了人类是如何运用生物技术发展现代工业进而服务于人类本身。旨在让学生初步认识到庞大的生物工程体系与人类生活息息相关,熟悉生物技术在工业生产中的重要性,初步了解生物技术是怎样被运用于工业生产并服务于人类的。

复习思考题

　　1. 工业生物技术的含义是什么？发展工业生物技术有什么重要意义？

　　2. 什么叫食品生物技术?

　　3. 什么叫生物保鲜技术?

　　4. 什么叫生物技术疫苗?

　　5. 什么叫疾病的基因治疗?

　　6. 什么叫生物能源？它有哪些特点?

　　7. 目前生物能源的主要形式有哪些?

　　8. 开发生物能源对人类生存和发展的重要意义是什么?

# 第 9 章

# 生物技术与环境保护

【学习目标】

- 了解目前存在的环境问题；
- 了解生物技术基本含义；
- 掌握生物技术在环境保护方面的应用。

【技能目标】

- 了解环境保护的生物手段；
- 了解环境保护的作用；
- 掌握生物监测基本技术。

现代生物技术是以 DNA 分子技术为基础,包括微生物工程、细胞工程、酶工程、基因工程等一系列生物高新技术的总称。现代生物技术不仅在农作物改良、医药研究、食品工程方面发挥着重要作用,而且也随着日益突出的环境问题在治理污染、环境生物监测等方面发挥着重要的作用。自 20 世纪 80 年代以来生物技术作为一种高新技术,已普遍受到世界各国和民间研究机构的高度重视,发展十分迅猛。与传统方法比较,生物治理方法具有许多优点。

生物技术处理垃圾废弃物是降解破坏污染物的分子结构,降解的产物以及副产物,大都是可以被生物重新利用的,有助于把人类活动产生的环境污染减轻到最低程度,这样既做到一劳永逸,不留下长期污染问题,同时也对垃圾废弃物进行了资源化利用。利用发酵工程技术处理污染物质,最终转化产物大都是无毒无害的稳定物质,如二氧化碳、水、氮气和甲烷气体等,经常是一步到位,避免污染物的多次转移而造成重复污染,因此生物技术是一种既安全又彻底消除污染的手段。生物技术是以酶促反应为基础的生物化学过程,而作为生物催化剂的酶是一种活性蛋白质,其反应过程是在常温常压和接近中性的条件下进行的,所以大多数生物治理技术可以就地实施,而且不影响其他作业的正常进行,与经常需要高温高压的化工过程比较,反应条件大大简化,具有设备简单、成本低廉、效果好、过程稳定、操作简便等优点。

所以,当今生物技术已广泛应用于环境监测、工业清洁生产、工业废弃物和城市生活垃圾的处理,有毒有害物质的无害化处理等各个方面。

# 9.1 环境问题——人类生存与发展面临的严峻挑战

人类社会的发展创造了前所未有的文明,但同时也带来许多生态环境问题。由于人口的快速增长,自然资源的大量消耗,全球环境状况目前正在急剧恶化:水资源短缺、土壤荒漠化、有毒化学品污染、臭氧层破坏、酸雨肆虐、物种灭绝、森林减少等。人类的生存和发展面临着严峻的挑战,迫使人类进行一场"环境革命"来拯救人类自身。这场环境革命的意义与 18 世纪的工业革命一样重大,并且需要更加深入和彻底。在这场环境革命中,环境生物技术的兴起和蓬勃发展担负着重大使命,并且作为一种行之有效、安全可靠的手段和方法,起着核心的作用。

环境生物技术是高新技术应用于环境污染防治的一门新兴边缘学科。它诞生于 20 世纪 80 年代末期欧美经济发达的国家和地区,以高新技术为主体,包括对传统生物技术的强化与创新。环境生物技术涉及众多的学科领域,主要由生物技术、工程学、环境学和生态学等组成。它是生物技术与环境污染防治工程及其他工程技术的结合,既有较强的基础理论要求,又具有鲜明的技术应用的特点。严格地说,环境生物技术指的是直接或间接利用生物体或生物体的某些组成部分或某些功能,建立降低或消除污染物产生的生产工艺,或者能够高效净化环境污染,同时又生产有用物质的工程技术。

环境生物技术包括的内容很广,根据技术的难度和理论基础的深度,可以将其分成高中低三个层次。高层次生物技术是指以基因工程为主导的近代污染防治技术,如应用基因工程构建高效降解杀虫剂和除草剂等污染物的基因工程菌、创建抗污染型转基因植物等。中层次生物技术主要包括一些传统的污染治理方法,如污水处理的活性污泥法和生物膜法,及其在新的理论和技术背景下强化的技术与工艺等。低层次生物技术是指氧化塘、人工湿地、生态工程以及厌氧发酵等处理技术。从发展过程来看,先有低层次,后有中层次,近期才出现高层次的生物技术。三个层次的生物技术均是治理污染不可缺少的生物工程技术。高层次生物技术知识密集,寻求的是快速有效防治污染的新途径,为治理环境污染开辟了广阔的前景;中层次的环境生物技术是目前广泛使用的治理污染的生物技术,已有近百年的发展历史,应用性强,性能稳定,是当今生物处理环境污染工程的主力。如果没有中层次的环境生物技术,现时的环境污染就会达到不可救药的地步。中层次技术本身也在不断地强化改进,同时高技术也渗入其中。低层次生物技术主要是利用自然界生物净化环境污染的生物工程。其最大的特点是投资运行费用低,操作管理方便。同中层次生物技术一样,低层次生物技术也处于不断发展和改进之中,应用极为广泛。

实际上,上述三个层次的环境生物技术在当今社会中都起着非常重要的作用,没有重要与不重要之分,只有难易之别。在处理具体环境问题时,应科学地规划,合理配合使用,方能将各种环境生物技术之功能发挥至善。另外,各项单一工程或技术之间存在相互渗透交叉应用的现象,某项环境生物技术完全可能由高中低三个层次组成,例如废物能源化工程,其所需的高效菌种可用基因工程构建;所采用的厌氧发酵器可以在原有反应器基础上加以改造,以获取理想的产品质量;所用原料可以通过低层次技术进行预处理。这种三个层次的技术集中在同一环境生物技术项目中的现象并不少见,有时难以确定明显的界限。本书将其分类,仅仅是为了便于掌握该学科的思路,了解环境生物技术的学科范围。污染的产生是生产活动和消费过程带来的负效应,并随经济发展水平提高而加剧。废物源于工业活动和家庭,如生活污水、工业废水、农业和食品垃圾、木材废料和迅速增加的有毒工业产品及副产品等。环境生物技术就是研究生物系统和生物过程在污染治理和监测方面的应用原理。现已发展了许多成功的生物技术流程,以用于污水、废气、土壤和固体废物处理,以及环境监测。下面对此进行简要的介绍。

## 9.2　环境污染检测与评价的生物技术

当今世界面临着从数量到种类都日益增多的污染物的直接威胁和长期的潜在影响。一个地方环境状况如何直接关系到人们的身心健康,污染存在与否,污染物的危害如何,怎样才能消除或减少污染物的有害影响……这一切都是人们日益关注的焦点。本章前面的内容已经介绍了污染的生物防治技术,在这里主要就于环境污染的监测与评价有关的生物技术作一简单介绍。传统的环境监测和评价技术侧重于理化分析和试验动物的观察。随着现代生物技术的发展,一类新的快速准确监测与评价环境的有效方法相继建立和发展起来,这种新的技术能对环境状况作出快捷、有效和全面的回答,逐渐成为环境监测评价的重要手段。主要包括:利用新的指示生物监测评价环境;利用核酸探针和 PCR 技术监测评价环境;利用生物传感器及其他方法等监测评价环境。

## 9.2.1  指示生物

传统的指示生物常采用试验动物。但是试验动物存在周期长、费用高、结果有较大偶然性等不足之处。为了获得大量准确有效的毒理数据，人们建立了多种多样的短期生物试验法，分别用细菌、原生动物、藻类、高等植物和鱼类等作为指示生物。细菌的生长和繁殖极为迅速，作为指示生物具有周期短、运转费用低、数据资料可靠等特点。根据污染物对细菌的作用不同，可分别选用细菌生长抑制试验、细菌生化毒理学方法、细菌呼吸抑制试验和发光细菌监测技术等监测污染状况。细菌生长抑制试验是依据污染物对细菌生长的数量、活力等形态指标来判断环境；细菌生化毒理学方法测定的是污染物作用下，微生物的某些特征酶的活性变化或代谢产物含量的变化，常用的酶包括脱氢酶、ATP 酶、磷酸化酶等；细菌呼吸抑制试验采用氧电极、气敏电极和细菌复合电极来测定细菌在环境中的呼吸抑制情况，从而反映环境状况；发光细菌监测技术的主要原理是污染物的存在能改变发光菌的发光强度。1966 年，发光菌首次被用于检测空气样品中的毒物。20 世纪 70 年代末期，第一台毒性生物检测器问世，并投放市场，相应地发展起来的发光菌毒性测试技术，引人注目。为了大量获得慢性毒性的数据，从 70 年代起，国外开始对慢性毒性的短期试验方法进行了研究。其中一种方法是采用鱼类和两栖类胚胎幼体进行存活试验。鱼类的胚胎期是发育阶段中对外界环境最敏感的时期，许多重要的生命活动过程，如细胞分化增殖、器官发育和定形等都发生在这一生活阶段。因此由胚胎幼体试验得到的毒理数据，能够有效预测污染物对鱼类整个生命周期的慢性毒性作用。与传统的慢性毒性试验相比，鱼类或两栖类胚胎幼体试验具有操作简捷有效的优点，不需要复杂的流水式试验设备，反应终点易于观测和检测等。藻类和高等植物也能作为污染的指示生物。例如，一些藻类不能存活在某种污染物环境中，因此如果在环境中检测到这些藻类大量存在，相应地可以说明环境中没有该种污染物。

## 9.2.2  核酸探针和 PCR 技术

核酸探针杂交和 PCR 技术等是基于人们对遗传物质 DNA 分子的深入了解和认识的基础上建立起来的现代分子生物学技术。这些新技术的出现也为环境监测和评价提供了一条有效途径。核酸杂交指 DNA 片段在适合的条件下能和与之互补的另一个片段结合。如果对最初的 DNA 片段进行标记，即做成探针，就可监测外界环境中有无对应互补的片段存在。利用核酸探针杂交技术可以检测水环境中的致病菌，如大肠杆菌、志贺式菌、沙门菌和耶尔森菌等；也可用于检测微生物病毒，如乙肝病毒、艾滋病病毒等。目前利用 DNA 探针检测微生物成本较高，因此无法用此技术对饮用水进行常规性的细菌学检验；此外，检测的微生物数量微小时，用此技术分析有困难，必须先对微生物进行分离培养扩增后方能进行检测。PCR 术是特异性 DNA 片段体外扩增的一种非常快速而简便的新方法，有极高的灵敏度和特异性。对于微量甚至常规方法无法检测出来的 DNA 分子通过 PCR 扩增后，由于其含量成百万倍地增加，从而可以采用适当的方法予以检测。它可以弥补 DNA 分子直接杂交技术的不足。采用 PCR 技术可直接用于土壤、废物和污水等环境标本中的细胞进行检测，包括那些不能进行人工培养的微生物的检测。例如，利用 PCR 技术可以检测污水中大肠杆菌类细菌，其基本过程为:首先抽提水样中的 DNA;然后用 PCR 扩增大肠杆菌的 LacZ 和 LamB 基因片段;最后分别用已知标记过的 LacZ 和 LamB 基因探针进行检测。该法灵敏度极高,100 mm³ 水样中只要有一个指示菌时即能测出,且检测时间短,几小时内即可完成。PCR 技术还可用于环境中工程菌株的检测。这为了解工程菌操作的安全性及有效性提供了依据。有人曾将一工程菌株接种到经过过滤灭菌的湖水及污水中,定期取样并对提取的样品 DNA 进行特异性 PCR 扩增,然后用 DNA 探针进行检测,结果表明接种 10～14 天后仍能用 PCR 方法检测出该工程菌菌株。

### 9.2.3　生物传感器及其他

近年来,生物传感器技术发展很快,有的传感器已应用在环境监测上。生物传感器是以微生物、细胞、酶、抗原或抗体等具有生物活性的生物材料作为分子识别元件。日本曾研制开发出可测定工业废水 BOD 的微生物传感器,此种传感器测定法可以取代传统的五日生化需氧量测定法。还有人研制出用酚氧化酶作生物元件的生物传感器,来测定环境中的对甲酚和连苯三酚等。另外,根据活性菌接触电极时产生生物电流的工作原理,国外研制出可测定水中细菌总数的生物传感器。生物传感器具有成本低、易制作、使用方便、测定快速等优点,作为一种新的环境监测手段具有广阔的发展前景。酶学和免疫学测定法在环境监测上也常被采用。例如,美国利用酶联免疫分析法原理,采用双抗体夹心法,研制出微生物快速检验盒,用此检验盒检测沙门氏菌、李斯特菌等,2 h 即可完成(不包括增菌时间)。近年来,日本、英国和美国等都在研究 3-葡聚糖苷酸酶活性法检测饮用水和食品中的大肠杆菌,做法是:以 4-甲香豆基-β-D-葡聚糖苷酸为荧光底物掺入选择性培养基中,样品液中如有大肠杆菌,此培养基中的 4-甲香豆基-β-D-葡聚糖苷酸将分解产生甲基香豆素,后者在紫外光中发出荧光,故可用来测定大肠杆菌。

## 9.3　不同类型污染的生物处理技术

### 9.3.1　污水的生物处理

人类的生产活动和生活离不开水,但同时又带来大量的工业废水和生活污水。如果不能将这些废弃物进行及时处理,一方面会导致严重的环境污染,危害人类健康;另一方面会引起可利用水资源的枯竭。水资源短缺是 21 世纪人类面临的最为严峻的资源问题之一。全球陆地上的降水每年只有 119 万亿立方米,是人类可利用水量的理论极限。但是全世界对水的需求量每 21 年就翻一番,达到目前每年的 4.13 万亿立方米。现在全世界只有 1/4 的人群能饮用到合乎标准的净水,1/3 的人口没有安全用水,而且缺水的形势日趋严重。争夺水资源如同争夺土地资源一样,可能成为下一轮国家间爆发战争的缘由。我国人口占世界的 22%,淡水资源只有世界的 7%,人均供水量只有世界人均占有量的 1/4,居世界第 109 位,被联合国列为 13 个贫水国之一。我国 600 多座城市中,有 300 多座城市缺水,其中 110 座严重缺水,年缺水量达 50 多亿立方米。我国每年仅因缺水造成的粮食减产高达 50 多亿千克,经济损失达

120 亿元。全国有 8 000 万人饮水困难,城乡居民 70% 生活用水的水质不符合饮用水的最低要求。曾经哺育过中华民族的黄河从 20 世纪 80 年代起年年出现断流,1996 年已断流 1 000 km 以上,断流时间超过 150 天,损失超过 100 亿元。水资源短缺是中国发展的限制性因素,制约了经济的增长。节约用水、改进技术、提高水价和远地引水都能在一定程度上缓解水资源的短缺,但目前世界各国将城市污水净化回用,作为解决缺水问题的首选方案,因为城市污水中只含有 0.1% 的污染物,而海水含盐量达 3.5%;城市污水就近可得,水量稳定,易收集,基建投资比远距离引水经济得多。在美国的 155 个城市中,给水水源中每 30 $m^3$ 水中就有 1 $m^3$ 是污水处理系统排出的。经济效益分析表明,污水净化回用在环境保护和资源利用的总体上是十分有利的。以色列在比较了海水淡化和城市污水净化回用的成本后,认为把城市污水作为非传统的水资源加以利用是唯一的出路。目前我国污水的排放量与城市缺水量大致相当,所以科学治理并合理利用城市污水,对缓解城市紧张的水资源、解决城市环境污染和发展生产都具有重要的社会、环境和经济意义。进行污水处理的方法有很多,主要可以分为三大类:物理法、化学法和生物法。与前两种方法相比,生物法效果较好,特别是近几十年来,由于生物技术的发展,更显示了它的优越性。常见的生物方法包括稳定塘法、人工湿地处理系统法、土地处理系统法、活性淤泥法和生物膜法等。

**1) 稳定塘法**

稳定塘(stabilization pond)源于早期的氧化塘,故又称氧化塘。指污水中的污染物在池塘处理过程中反应速率和去除效果达到稳定的水平。稳定塘工程是在科学理论基础上建立的技术系统,是人工强化措施和自然净化功能相结合的新型净化技术,与原始的氧化塘技术相比,已发生根本性的变化。第一座人工设计的厌氧稳定塘是于 1940 年在澳大利亚的一处废水处理厂中建成的,目前全世界采用生物稳定塘处理污水废水的共有 40 多个国家。到 1988 年止,我国已建成 85 座稳定塘,每天处理污水总量 170 万 t,占全国污水排放量的 2%,其中城市污水处理塘 49 座,其他为处理工业有机废水塘。稳定塘可以划分为兼性塘、厌氧塘、好氧高效塘、精制塘、曝气塘等。其去污原理是污水或废水进入塘内后,在细菌、藻类等多种生物的作用下发生物质转化反应,如分解反应、硝化反应和光合反应等,达到降低有机污染成分的目的。稳定塘的深度从十几厘米至数米,水体停留时间一般不超过两个月,能较好地去除有机污染成分。通常是将数个稳定塘结合起来使用,作为污水的一、二级处理。稳定塘法处理污水废水的最大特点是所需技术难度低,操作简便、维持运行费用少,但占地面积大是推广稳定塘技术的一大困难。

近些年来,越来越多的证据表明,如果在塘内播种水生高等植物,同样也能达到净化污水或废水的能力。这种塘称为水生植物塘(aquatic plant pond)。常用的水生植物有凤眼莲、灯心草、水烛、香蒲等。美国在水生大型植物处理系统方面研究的规模最大,在加州建成的水生植物示范工程占地 1.2 公顷,其工艺流程为:污水→格栅→二级水生生物曝气塘→砂滤→反渗滤→粒状炭柱→臭氧消毒→出水。经过该系统的处理,出水可作为生活用水,水质达饮用水标准。在很多情况下,水生生物塘是与上述稳定塘相结合使用的,构成一种新型的稳定塘技术,即综合生物塘(multi-plicate biological pond)系统。综合生物塘具有污水净化和污水资源化双重功能,占地面积相对较小,净化效率较高,能做到"以塘养塘",适合于中小城镇经济、技术和管理水平。

#### 2)人工湿地处理系统法

人工湿地处理系统法(artificial wetland treatment systems)是一种新型的废水处理工艺。自 1974 年前西德首先建造人工湿地以来,该工艺在欧美等国得到推广应用,发展极为迅速。目前欧洲已有数以百计的人工湿地投入废水处理工程,这种人工湿地的规模可大可小,最小的仅为一家一户排放的废水处理服务,面积约 40 $m^2$;大的可达 5 000 $m^2$,可以处理 1 000 人以上村镇排放的生活污水。该工艺不仅用于生活污水和矿山酸性废水的处理,而且可用于纺织工业和石油工业废水处理。其最大的特点是:出水水质好,具有较强的氮、磷处理能力,运行维护管理方便,投资及运行费用低,比较适合于管理水平不高,水处理量及水质变化不大的城郊或乡村。人工湿地由土壤和砾石等混合结构的填料床组成,深 60～100 cm,床体表面种上植物。水流可以在床体的填料缝隙间流动,或在床体的地表流动,最后经集水管收集后排出。人工湿地对废水的处理综合了物理、化学和生物三种作用。其成熟稳定后,填料表面和植物根系中生长了大量的微生物形成生物膜,废水流经时,固态悬浮物(SS)被填料及根系阻挡截留,有机质通过生物膜的吸附及异化、同化作用而得以去除。湿地床层中因植物根系对氧的传递释放,使其周围的微生物环境依次呈现出好氧、缺氧和厌氧状态,保证了废水中的氮、磷不仅能被植物和微生物作为营养成分直接吸收,还可以通过硝化、反硝化作用及微生物对磷的过量积累作用而从废水中去除,最后通过湿地基质的定期更换或收割,使污染物从系统中去除。特别需要指出的是,生长的水生植物,如芦苇、大米草等还能吸收空气中的 $CO_2$,起到净化空气的作用;其本身又具有较高的经济价值。人工湿地一般作为二级生物处理,一级处理采用何种方法视废水的性质而定。对于生活污水,可采用化粪池,其他工业废水可采用沉淀池作为去除 SS 的预处理。人工湿地视其规模大小可单一使用,或多种组合使用,还可与稳定塘结合使用。例如,白泥坑人工湿地的简单流程如下:

污水→格栅→潜流湿地三个并联(种植芦苇和大米草)→潜流湿地两个并联(种植茳芏和芦苇)→稳定塘三个并联→潜流湿地一个(种植席草)→出水

#### 3)污水处理土地系统

污水处理土地系统(land systems for wastewater treatment)是 20 世纪 60 年代后期在各国相继发展起来的。它主要是利用土地以及其中的微生物和植物的根系对污染物的净化能力来处理污水或废水,同时利用其中的水分和肥分来促进农作物、牧草或树木生长的工程设施。污水处理土地系统具有投资少、能耗低、易管理和净化效果好的特点。主要分为三种类型,即慢速渗滤系统(SR)、快速渗滤系统(RI)和地表漫流系统(OF)。此外,也常采用将上述两种系统结合起来使用的复合系统。污水处理土地系统一般由污水的预处理设施,污水的调节与储存设施,污水的输送、分流及控制系统,处理用地和排出水收集系统等组成。该处理工艺是利用土地生态系统的自净能力来净化污水。土地生态系统的净化能力包括土壤的过滤截留、物理和化学的吸附、化学分解、生物氧化以及植物和微生物的吸收和摄取等作用。主要过程是:污水通过土壤时,土壤将污水中处于悬浮和溶解状态的有机物质截留下来,在土壤颗粒的表面形成一层薄膜,这层薄膜里充满着细菌,能吸附污水中的有机物,并利用空气中的氧气,在好氧菌的作用下,将污水中的有机物转化为无机物,如二氧化碳、氨气、硝酸盐和磷酸盐等;土地上生长的植物,经过根系吸收污水中的水分和被细菌矿化了的无机养分,再通过光合作用转化为植物体的组成成分,从而实现有害的污染物转化为有用物质的目的,并使污水得到利用和净化处理。

**4) 生物膜处理法**

生物膜处理法(bio-film treatment process),又称为生物过滤法、固着生长法或简称为生物膜法。通过渗滤或过滤生物反应器进行废水好氧处理的方法。在这个系统中,液体流经不同的滤床表面。滤床填料可以是石头、沙砾或塑料网等,其表面附着的大量微生物群落可以形成一层黏液状膜,即生物膜。生物膜中的微生物与废水不断接触,能吸附去除有机物以供自身生长。生物膜的生物相由细菌、酵母菌、放线菌、霉菌、藻类、原生动物、后生动物以及肉眼可见的其他生物等群落组成,是一个稳定平衡的生态系统。大量微生物的生长会使生物膜增厚,同时使其生物活性降低或丧失。生物滤池是生物膜法处理废水的反应器。普通的生物滤池是一种固定型的生物滤床,构造比较简单,由滤床、进水设备、排水设备和通风装置等组成。其他的生物滤池还有塔式生物滤池、转盘式生物滤池和浸没曝气式生物滤池等。近年来还发展了一种特殊的生物滤池,即活性生物滤池(activated bio-filter)。它是一种将活性生物污泥随同废水一起回流到滤池进行生物处理的结构。活性生物滤池具有生物膜法和活性污泥法两者的运行特点,可作为好氧生物处理废水的发展方向之一。

## 9.3.2 大气污染的生物处理

**1) 大气净化生物技术**

工业化大生产带给环境的另一个负面影响是导致大气污染,破坏了人类的生存空间,严重危害人类的身心健康。工业活动排放出 $CO_2$、CO 和 $SO_2$ 等大量有害废气是地球温室效应和酸雨形成的重要原因;汽车尾气中的铅能导致动物神经系统和泌尿系统疾病,挥发性的恶臭物质会损伤人类的嗅觉器官,让人不适……因此,有效控制这些污染源是当今社会普遍关心的问题。应用生物技术来处理废气和净化空气是控制大气污染的一项新技术,代表了大气净化处理技术的现代发展水平。目前常用的方法有:生物过滤法、生物洗涤法和生物吸收法等,所采用的生物反应器包括生物净气塔、渗滤器和生物滤池等。

**2) 生物净气塔**

生物净气塔(bio-scrubbers)通常由一个涤气室和一个再生池组成。废气进入涤气室后向上移动,与涤气室上方喷淋柱喷洒的细小水珠充分接触混合,使废气中的污染物和氧气转入液相,实现质量传递。然后利用再生池中的活性污泥除去液相中的气态废物,从而完成净化空气的过程。实际上,空气净化最为关键的步骤就是将大气中的污染物从气态转入液态,此后的处理过程也就是污水或废水的去污流程。生物净气塔可用于处理含有乙醇、甲酮、芳香族化合物、树脂等成分的废气;也可用来净化由煅烧装置、铸造工厂和炼油厂排放的含有胺、酚、甲醛和氨气等成分的废气,达到除臭的目的。

**3) 渗滤器**

与生物净气池相比,渗滤器(trickling filter)可使废气的吸收和液相的除污再生过程同时在一个反应装置内完成。

渗滤器的主体是填充柱,柱内填充物的表面生长着大量的微生物种群并由它们形成数毫米厚的生物膜。废气通过填充物时,其污染成分会与湿润的生物膜接触混合,完成物理吸收和微生物的作用过程。使用渗滤器时,需要不断地往填充柱上补充可溶性的无机盐溶液,并均匀地洒在填充柱的横截面上。这样水溶液就会向下渗漏到包被着生物膜的填充物颗粒之间,为生物膜中的微生物生长提供营养成分;同时还可湿润生物膜,起到吸收废气的作用。渗滤器在早期主要是用于污水处理,将其用于废气处理,运行的基本原理与前者相同。

**4) 生物滤池**

生物滤池(bio-filter)主要用于消除污水处理厂、化肥厂以及其他类似场所产生的废气。很明显,用于净化空气的生物滤池,与前面提及的进行污水处理的生物滤池非常相似,深度约1 m,底层为砂层或砾石层,上面是 50～100 cm 厚的生物活性填充物层,填充物通常由堆肥、泥炭等与木屑、植物枝叶混合而成,结构疏松,利于气体通过。在生物滤池中,填充物是微生物的载体,其颗粒表面为微生物大量繁殖后形成的生物膜。另外,填充物也为微生物提供了生活必需的营养,每隔几年需要更换一次,以保证充足的养分条件。

在生物滤池系统中,起降解作用的主要是腐生性细菌和真菌,它们依靠填充物提供的理化条件生存,这些条件包括水分、氧气、矿质营养、有机物、pH 和温度等。活性微生物区系的多样性则取决于被处理废气的成分。常用于生物滤池技术的菌株有:降解芳香族化合物(如二甲苯和苯乙烯等)的诺卡氏菌;降解三氯甲烷的丝状真菌和黄细菌;降解氯乙烯的分枝杆菌等。对于含有多种成分的废气,可采用多级处理系统来进行净化,每一级处理使用一个生物滤池,针对某种或某类成分进行处理。

## 9.3.3 固体废弃物的生物处理

### 1) 固体垃圾的处理

随着城市数量增多、规模扩大和人口的增加,全球城市废弃物的产生量迅速增长,其中固体垃圾在现代城市产生的废弃物中占据的比例越来越大。以我国为例,目前我国人均每年垃圾产量大约为 440 kg,2000 年和 2001 年我国城市生活垃圾产生量分别为 1.18 亿吨和 1.35 亿吨,并以每年 10% 的速度递增,加之历年垃圾存量已达到 66 亿吨,侵占了 35 亿多平方米土地。按照目前城市垃圾产生的速度来看,2030 年、2040 年和 2050 年我国城市年产生活垃圾将分别为 4.09 亿吨、4.57 亿吨和 5.28 亿吨。城市垃圾的组成较为复杂,一部分由玻璃、塑料和金属等组成,另一部分是可分解的固体有机物,如纸张、食物垃圾、污水垃圾、枯枝落叶、大规模畜牧场和养殖场产生的废物等。大量的垃圾在收集、运输和处理处置过程中,含有或产生的有害成分,会对大气、土壤、水体造成污染,不仅严重影响城市环境卫生质量,而且危害人们身体健康,成为社会公害之一。世界各国处理城市垃圾的方法主要有 3 种,即填埋、堆肥和焚烧。其中填埋和堆肥主要是通过微生物的作用来完成垃圾处理的。

### 2) 填埋技术

填埋技术就是将固体废物存积在大坑或低洼地,并通过科学的管理来恢复地貌和维护生态平衡的工艺。填埋法处理垃圾量大、简便易行、投入少,是自古以来人类处理生活垃圾的一种主要方法。目前,美英两国 70% 以上的垃圾是通过填埋技术处理的。填埋过程中,每天填入的垃圾应被压实,并铺盖上一层土壤。这些地点的完全填埋需数月或数年,因此如果处理不当,填埋地不仅不雅观,而且易导致二次污染,如产生异味、污染空气;蚊蝇滋生,卫生状况恶化;有害废物还能对填埋地的微生物过程产生严重的影响,并伴随着有害径流的发生,或渗漏到地下水中,不断污染城市水源。此外,被填埋的垃圾发酵后产生的甲烷气体易引发爆炸等事故。针对上述问题,现代填埋技术已有很大改进。在选择填埋场地时,其底层应高出地下水位 4 m 以上,而且填埋地的下层应有不透水的岩石或黏土层,如果无自然隔水层基质,则需铺垫沥青或塑料膜等不透水的材料以避免渗漏物污染周围的土地和水源。填埋场应设置排气口,使填埋过程中产生的甲烷气体及时排出,以防止爆炸起火,同时也便于气体的收集。此外,填埋场还要有能监测地下水、表面水和环境中空气污染情况的正常监测系统。有时,填埋前需要对填埋物进行一定的预处理。这种经过合理地构建的封闭填埋地可以较好地处置填埋物,并能产生甲烷气体用作商业用途。甲烷气体通常在合理填埋数个月后开始产生,并渐渐达到高峰产出期;几年后,产量逐渐下降。另外,通常不能在填埋地上建房,以防下陷,但此填埋地可作为农田、牧场或绿地公园等加以利用。过去,填埋地常被视为垃圾的转移地或存积容器,通过它将垃圾废物等与周围环境隔离开来。现在人们已开始把填埋地当作生物反应器来管理,使其发挥更大的经济效益和环境效益。我国于 1995 年在深圳建成了第一个符合国际标准的危险废物填埋场。此后,一些城市相继建成一些大、中型垃圾卫生填埋场,处理量在 1 000 ~ 2 500 t/天。目前在大多数西方国家中通过减少填埋物的数量来降低对土地的要求,并相应增加了操作的安全性。在可预见的将来,在固体废物的管理方面,填埋措施会继续起到重要的作用。

### 3) 堆肥法

堆肥是实现城市垃圾资源化、减量化的一条重要途径。与填埋技术相同,堆肥技术也是基于微生物的生命代谢活动,正是微生物的降解作用,使得垃圾中的有机废料转换成稳定的腐殖质。这些产物大大减少了原材料的体积,并能用作土壤改良剂或肥料安全地返回环境中。实际上,这是在有效的低温条件下固体基质的发酵过程。家庭固体垃圾中可稳定降解的有机物含量较高,比较适合堆肥处理。如果使用特定的有机原料,如草秆、动物废料等,再经过特殊的堆肥操作,终产物可作为有广泛商业价值的真菌(*Agaricus bisporus*)的培养基。堆肥是在铺有固体有机颗粒的底床上进行的,固有的微生物在其中生长和繁殖。堆肥的方式有静止堆积、通气堆积、通道堆积或在旋转生物反应器(容器)中堆积等。也可以对废料进行某种形式的预处理,如通过切碎或磨碎的方法减少颗粒的大小。堆肥处理的基本生物学反应是有机基质与氧混合后发生氧化反应,生成 $CO_2$、水或其他有机副产品。堆肥过程完成后终产品常需放置一段时间加以稳定化。堆肥工厂处理流程如下:

堆肥成功需要有微生物生长的最适条件。因为许多操作需要隔离,并且由于微生物的反应产生了生物热能,使堆肥内部热量迅速积累。过高的热量会严重削弱微生物的生物活性,因此堆肥处理应控制温度不超过 55 ℃,有机基质的湿度水平常为 45% ~ 60%。湿度高于 60% 时,多余的水分将积累并填充在颗粒间隙,制约了堆肥的通气状况;湿度小于 40% 时,由于干燥而不利于微生物的成功繁殖。固体有机物只有在发酵微生物分泌的外源酶作用下才能缓慢溶解,这一反应通常是限速步骤。在大多数固体废料中,纤维素和木质素最为丰富。

高木质素含量,例如秸秆和木材,会阻碍降解作用的进行;木质素特别耐降解,所以降解速度缓慢。在大多数情况下,它会保护其他一些易于降解的物质,使其免于降解。对一个有效的、平衡的生物反应器而言,空气持续稳定地进入是一个必要条件。对于大规模商业化的堆肥,通气堆肥系统是在一个封闭的建筑物内进行的,这样可以控制异味的散布。在这类系统中,通过翻转进行强制性的通气,可以创造良好的堆肥条件。现在欧洲已有数家这样的工厂,年处理能力超过 60 000 t。通道堆肥是在一个封闭的、长 30 ~ 60 m、宽和高各 4 ~ 6 m 的塑料管道内进行的。这种通道系统在污水淤泥和家庭废料的堆肥处理方面已应用多年,并可用于培养蘑菇所需的特殊基质的生产。一些工厂的年处理能力已达 10 000 t。旋转柱筒系统有多种规格,在世界范围内广泛用于家庭废料的堆肥处理。大规模的处理特别适用于湿有机废料;小规模的柱筒系统则广泛用于少量园艺废料的处理,产物可以再循环使用。

在某些堆肥过程中,由于存在含 S 和含 N 化合物,会产生异味。要利用气体净化器或过滤器来降低或去除这些气味。广泛利用的生物过滤器有一个固定的床基或有大量的有机物,如成熟堆肥或微生物着床的木屑。气体通过混合物时,产生的生物活性能大大减少令人不适的气味。毋庸置疑,堆肥是进行固体有机物处理及产物循环利用的一个基本策略。未来的堆肥技术应有如下四个标准:a. 要有合理的永久性的底层结构,以避免有害渗漏物污染地下水源;b. 堆肥基质的质与量要适合,这是影响终产品质量的主要因素;c. 形成终产品的市场,这是堆肥技术得以推广的保证;d. 处理过程不污染环境,并且在经济上可行。家庭垃圾的分类是导致堆肥处理日益广泛的主要原因。在欧洲,垃圾常分为三类来分别处理:可再循环利用垃圾,如玻璃、金属和塑料;能完全降解的垃圾,如蔬菜垃圾、纸张和生物垃圾;其余物质和有害垃圾。仅在德国,每年估计需要 200 万 t 堆肥,其中 108 万 t 用于农业;12 万 t 用于葡萄栽培;10 万 t 用于林业;36 万 t 用作基质或土壤;34 万 t 用于土地改良,预示着堆肥技术有广阔的市场前景。几个世纪以来,堆肥处理已形成多种方式,如蔬菜垃圾再循环利用。这是一种简单、自然、开支少于填埋和焚烧等方法的措施。最重要的是堆肥是一种安全的、可杜绝有毒泄漏并且只需最低财政保障的方法。在未来的废料管理规划中堆肥技术将继续起着重要的作用。

# 9.4　污染环境的生物修复

## 9.4.1　生物修复的定义

生物修复是指利用土壤中的各种生物——植物、土壤动物和微生物,吸收、降解和转化土壤中的污染物,使污染物的浓度降低到可接受的水平,或将有毒有害的污染物转化为无害的物质。

## 9.4.2　重金属污染土壤的生物修复

重金属污染环境会对人类造成严重的毒害作用。汞污染物进入人体,随着血液透过脑屏障损害脑组织。镉污染物在人体血液中可形成镉硫蛋白,蓄积在肾、肝等内脏器官。日本有名的公害病——痛痛病,就是镉污染的最典型例子。重金属进入人体,一般都有致癌病变等毒性作用,损害人体的生殖器官,影响后代的正常发育生长。清除环境中的重金属污染物,也是基因工程的重要任务。生长于污染环境中的某些细菌细胞内存在抗重金属的基因。这些基因能促使细胞分泌出相关的化学物质,增强细胞膜的通透性,将摄取的重金属元素沉积在细胞内或细胞间。目前已发现抗汞、抗镉和抗铅等多种菌株,不过这些菌株生长繁殖缓慢,直接用于净化重金属污染物效果欠佳。人们现正试图将抗重金属基因转移到生长繁殖迅速的受体菌中,使后者成为繁殖率高、金属富集能力强的工程菌,并用于净化重金属污染的废水等。

### 9.4.3 海洋污染的生物修复技术

#### 1)柴油污染的生物修复

柴油是烃类一大污染源,尤其是沿海城乡经济迅速发展地区。柴油作为海上大小船只的主要能源,溢油所造成的环境污染,已成为滨海、河口开发利用亟待解决的重大问题之一。对此,我们率先在国内开展此研究。研究在实验室条件进行,降解微生物,取自九龙江河口红树林土壤。结果表明,红树林下土壤微生物比无红树林的土壤微生物有更高效和更快速降解柴油的特殊能力。柴油入土后,7天后大部分被降解(微生物降解50%),14天后80%被降解(65%),一个月后90%被降(解微生物70%以上)。红树林土壤中存在着对柴油烃类有效的降解菌,有待进一步研究、开发利用。

#### 2)石油污染的生物修复

海上石油的开发,各式各样石油加工产品的生产、使用及排放,海上溢油事故等,使得石油污染已成为海洋环境的主要污染物。据估计,每年约有1 000万t石油进入海洋环境中。治理石油污染已成为当今各国环境专家的研究热点。微生物降解是石油污染去除的主要途径,在生物降解基础上研究发展起来的生物修复技术,在于提高石油降解速率,最终把石油污染物转化为无毒性的终产物。治理方法主要有两种:加入具有高效降解能力的菌株;改变环境因子,促进微生物代谢能力。在许多情况下,生物修复可在现场处理,而对于污染的沉积物,则一般使用生物反应器治理。

大量研究表明,石油降解微生物广泛分布于海洋环境中。细菌是主要的降解者,如假单胞菌属(*Pseudomonas*)、黄杆菌属(*Flavobacterium*)、棒杆菌属(*Corynebacterium*)、弧菌属(*Vibro*)、无色标菌属(*Achromobacter*)、微球菌属(*Micrococcus*)、放线菌属(*Actinomyces*)等。研究表明,细菌对碳氢化合物的降解速率很大程度受海洋环境中低含量的营养盐——磷酸盐及含氧化合物所限制。氧化也是石油污染物快速降解的一个重要因素。碳氢化合物在微生物降解作用下转化成生物体自身的生物量,产生 $CO_2$、水及大量中间产物。石油污染物在海洋环境中存在时间的长短与其数量、结构及环境因素都紧密相关。一种污染物在一个环境中,其存在时间可达数年;而在另一环境中,则有可能在几个小时或几天内完全降解。

对环境中碳氧化合物的自然适应过程的研究是更好应用生物修复技术的前提与基础。目前,海洋石油污染的生物修复主要是通过改变环境因素,如加入营养盐、肥料或改善污染环境通气状况,以提高微生物的代谢能力,氧化降解污染物,则引入培养的降解菌株,对于成功修复污染环境是非常必要的和有利的,但同时也会引起相应的生态和社会问题,有待于进一步深入地研究。

1969 年利比亚油轮泄漏事故,严重污染了海滩环境,破坏了当地的生态系统,碳氢化合物在环境中的归宿问题引起环境学家极大的关注,并对比展开了大量的研究,其中污染物生物降解起着重要的作用。1989 年,美国环境保护局在阿拉斯加石油泄漏事故中,利用生物修复技术成功治理污染环境。从污染海滩分离的细菌菌株与不受污染的分离菌株相比,具有特殊的降解能力;同时,对现场的环境因子进行分析,发现由于营养盐缺乏,微生物降解能力受到限制。外加入亲油性肥料(InipolEAP222)一段时间后,与没有加入营养盐的对照相比,污染物的降解速率加快了。毒性试验也表明治理后的环境并没有产生负效应,沿岸的海域没有产生富营养化现象。于是,生物修复技术被推广到整个污染海滩,并取得相当成功。生物修复技术成为治理石油污染的一项重要清洁技术。

### 3) 农药污染的生物修复

目前,全世界化学农药的年产量已达 200 万 t(原药),品种已超过 1 000 种,常用的有 300 多种。我国沿海各县每年使用的农药达 18 万 t。海洋环境虽然不是农药的直接使用区,但由于水体及大气的传送作用,海洋环境在不同程度上也受到农药的污染,滩涂和沿岸水体尤其严重。经常被检出的有机氯农药主要有 DDT、六六六、艾氏剂等。据估计,全世界生产的 DDT 大约有 25% 被转入海洋,虽然有的国家已禁止使用或停止生产,但因其在环境中十分稳定,不易被分解,易被海洋生物吸收、累积,毒性又较大,污染也较严重。DDT 的主要代谢机制是还原去氯,转化成 DDD(TDE),进一步的降解机制尚不清楚。DDD 的毒性强于 DDT,因此寻找能降解 DDD 的高效菌,对于治理污染环境是非常必要的。

### 4) 赤潮灾害的生物防除

赤潮是在一定的环境条件下,海水中某些浮游植物、原生动物或细菌在短时间内突出性增殖或高度聚集引起的一种生态异常,并造成危害的现象。随着人类活动的增加,海洋污染的加剧,沿海海域的赤潮现象日益频繁,对海洋水产和整个海洋环境产生严重的负面影响,直接或间接地影响了人类自身的生活景观、经济生产,威胁到人类的身体健康和生命安全。日本濑户内海于 20 世纪 70 年代初平均每年发生赤潮 326 次,80 年代以来,经治理,平均每年仍发生赤潮 170 ~ 200 次。福建省 1989—1991 年的三年间共发生赤潮 12 起,其中 4 起造成鱼、贝类大量死亡,损失达数千万元。1998 年粤港、珠海万山群岛等海域发生赤潮,导致养殖业遭受数亿元的损失。寻求赤潮防治途径是目前世界上热门的研究课题。目前对赤潮的防治,主要是采取化学方法。化学方法防治虽可迅速有效地控制赤潮,但所施用的化学药剂给海洋带来了新的污染。因此,越来越多的人将目光投向了生物防治技术。

关于生物防治,有人建议投放食植性海洋动物如贝类以预防或消除赤潮,这看起来是一条有效的途径,但不能不考虑有毒赤潮的毒素会因此而富集在食物链中,可能产生令人担忧的后果。因而,更多研究者把目光投向微生物的修复作用。近期,国外发现了一种寄生在藻类上的细菌,它们专性寄生在这些藻类的活细菌中,可逐渐使藻类丝状体裂解致死;某些假单胞菌、杆菌、蛭弧菌可分泌有毒物质释放到环境中,抑制某藻类如甲藻和硅藻的生殖;细菌亦可直接进入藻细胞内而使藻细胞溶解,有研究者从水体中的铜绿微囊藻中分离出一种类似蛭弧菌的细菌,这种细菌能够进入铜绿微囊藻的细菌并使宿主细胞溶解。有研究也表明,病毒在赤潮的生消中起着重要的作用。因此,利用微生物如细菌的抑藻作用及赤潮毒素的有效降解作用,使海洋环境保持长期可靠的生态平衡,从而达到防治赤潮的目的,就可避免上述缺点,这也是微生物防治的优越性。

赤潮灾害及其污染的生物修复的可能途径:一方面,在赤潮衰亡的海水中,分离出对赤潮藻类有特殊抑制效果的菌株;另一方面,采用基因工程手段,将细菌中产生抑藻因子的基因或质粒引入工程菌如大肠杆菌,并进行大规模生产可能是生物防治的有效出路。

### 5)海洋环境中病原菌污染的生物修复

病原微生物的污染是一类重要的海水污染类型。一类是海域原来存在的有毒微生物类群,另一类是人类生活和生产中排出的废水、污水中含有大量的病原微生物。它们在一定条件下,可造成海水环境严重污染,甚至引起疾病流行,严重危害人类健康。

生物修复是治理海洋环境污染、海洋生态系统功能紊乱的一副防治结合的良药,费用低、副作用少;污染前预防,污染后治理。但正像许多疾病一样,应对症下药,对于不同的污染物应采取不同的生物修复方案。成功应用生物修复技术是建立在一系列数据分析的基础上,主要有三方面的因素:污染物、可降解的微生物和相关的环境因子。同时,目前生物修复技术推广应用也还存在许多问题,这些前面已有讨论,但仍是很有发展潜力的环境清洁技术。

为进一步提高生物修复的治理效果,获得海洋环境污染治理新突破,其发展前景在于采用新工艺手段,生产易于生物降解的化合物,合成具有特殊降解能力的工程菌,从而减少污染物在环境中的累积、转移,保持生态系统的平衡,实现海洋环境的可持续发展。

## 9.5 环境污染预防的生物技术

### 9.5.1 清洁生产技术

#### 1)分解尼龙寡聚物的基因工程菌

尼龙寡聚物在化工厂污水中难以被微生物分解。目前已经发现在黄杆菌属、棒状杆菌属和产碱杆菌属细菌中,存在分解尼龙寡聚物的质粒基因。但上述三属的细菌不易在污水中繁殖。利用基因重组技术,可以将分解尼龙寡聚物的质粒基因,转移到污水中广为存在的大肠杆菌中,使构建的工程菌也具有分解尼龙寡聚物的特性。

#### 2)清除石油污染物的基因工程菌

在前面提及的石油污染的生物恢复技术中,有效微生物的选育是最为关键的过程。实际上,也可利用基因工程技术来构建工程菌以清除石油污染物,这是生物恢复技术的发展方向之一。据报道,美国人率先利用基因工程技术,把4种假单胞杆菌的基因组入同一个菌株细胞中,构建了一种有超常降解能力的超级菌。这种超级细菌降解石油的速度奇快,几小时内就能吃掉浮油中2/3的烃类;而用天然细菌则需一年多才能消除这些污油烃。综前所述,将基因工程技术应用到环境保护和污染治理方面已取得一定的成就,但基因工程菌的应用仍有许多问题需要加以解决。其一是工程菌的遗传稳定性问题。工程菌如果能稳定遗传下去,其作用是不可估量的,但事实上许多工程菌仅能维持几代就会丧失其特异性状。其二是工程菌的安全性问题。这不仅涉及技术上的问题,而且关系到社会的安定和人们的认识观。工程菌释放到环境中会带来什么样的后果尚不得而知,需要加以考察和监测。

## 9.5.2　环境友好型材料开发中的生物技术

合成高分子材料具有质轻、强度高、化学稳定性好以及价格低廉等优点,与钢铁、木材、水泥并列成为国民经济的四大支柱。然而,在合成高分子材料给人们生活带来便利、改善生活品质的同时,其使用后的大量废弃物也与日俱增,成为白色污染源,严重危害环境,造成地下水及土壤污染,危害人类生存与健康,给人类赖以生存的环境造成了不可忽视的负面影响。另外,生产合成高分子材料的原料——石油也总有用尽的一天,因而,寻找新的环境友好型材料,发展非石油基聚合物迫在眉睫,而可生物降解材料正是解决这两方面问题的有效途径。

### 1)可生物降解材料的定义及降解机制

生物降解材料,也称为"绿色生态材料",指的是在土壤微生物和酶的作用下能降解的材料。具体地讲,就是指在一定条件下,能在细菌、霉菌、藻类等自然界的微生物作用下,导致生物降解的高分子材料。理想的生物降解材料在微生物作用下,能完全分解为 $CO_2$ 和 $H_2O$。

生物降解材料的分解主要是通过微生物的作用,因而,生物降解材料的降解机制即材料被细菌、霉菌等作用消化吸收的过程。

首先,微生物向体外分泌水解酶与材料表面结合,通过水解切断表面的高分子链,生成小分子量的化合物,然后降解的生成物被微生物摄入体内,经过种种代谢路线,合成微生物体物或转化为微生物活动的能量,最终转化成 $CO_2$ 和 $H_2O$。在生物可降解材料中,对降解起主要作用的是细菌、霉菌、真菌和放线菌等微生物,其降解作用的形式有 3 种:生物的物理作用,由于生物细胞的增长而使材料发生机械性毁坏;生物的生化作用,微生物对材料作用而产生新的物质;酶的直接作用,微生物侵蚀材料制品部分成分进而导致材料分解或氧化崩溃。

### 2)可生物降解材料的分类及应用

根据降解机制,生物降解材料可分为生物破坏性材料和完全生物降解材料。生物破坏性材料属于不完全降解材料,是指天然高分子与通用型合成高分子材料共混或共聚制得的具有良好物理机械性能和加工性能的生物可降解材料,主要指掺混型降解材料;完全生物降解材料主要指本身可以被细菌、真菌、放线菌等微生物全部分解的生物降解材料,主要有化学合成型生物降解材料、天然高分子型和微生物合成型降解材料等。

近年来,随着原料生产和制品加工技术的进步,可生物降解材料备受关注,成为可持续、循环经济发展的焦点。目前我国生物降解材料开发和应用领域,在自主知识产权、创新型产品等方面的研发能力、投入量等方面均有待提高,生物降解材料的回收处理系统还有待完善。为了更好地实现可生物降解材料的产业化,今后还应该在以下几个方面做出努力:一是建立快速、简便的生物降解性的评价方法,反映降解材料在自然界中生物降解的实际情况;二是进一步研究可生物降解材料的分解速率、分解彻底性以及降解过程和机制,开发可控制降解速率的技术;三是通过结构和组成优化、加工技术及形态结构控制等,开发调控材料性能新手段;四是为了提高与其他材料的竞争力,必须研究和开发具有自主知识产权的新方法、新工艺和新技术,简化合成路线,降低生产成本,参与国际竞争。

## ·本章小结·

　　应用生物技术,特别是基因工程和细胞工程等现代生物技术,进行环境污染治理和监测,是解决当今社会环境问题的重要途径。环境生物技术包括的内容极为丰富,主要是利用生物有机体的吸收、吸附、积累、降解、结合等机能,达到降低或净化环境中污染成分的目的。在污水处理方面,既可利用稳定塘、水生生物塘、人工湿地和土地处理系统等净化处理技术,也可采用活性淤泥法和生物膜法等处理技术。前者操作简便,维持费用少,技术难度低,但占地面积大;后者需要的时间短,去污效率高,广泛用于城市污水处理。净化废气常用的方法有生物过滤法、生物洗涤法和生物吸收法等,所采样的生物反应器包括生物净气塔、渗滤器和生物滤池等。固态垃圾或废弃物可以利用填埋和堆肥等生物技术进行处理。填埋地和堆肥地的合理管理、微生物作用条件的正确控制是填埋和堆肥技术成功的保障。利用基因工程和细胞工程等生物技术构建的工程菌或其他转基因生物进行环境污染的治理是环境生物技术发展的方向,有着广阔的应用前景。

复习思考题

1. 环境监测的生物方法有哪些?
2. 试述不同污染的生物处理技术。

# 第10章

# 生物技术安全性及社会伦理问题

【知识目标】

- 了解生物技术发展引发的伦理及安全性问题；
- 了解生物技术的发展及影响。

# 10.1 生物技术的安全性

现代生物技术是一把"双刃剑",在给人类带来许多喜悦的同时也带来了许多的担忧。一方面,现代生物技术给人类带来了巨大的经济利益和社会效益,为解决人类面临的许多困境提供了方法和手段,比如粮食问题、环境问题、健康问题,等等,开辟了人类未来的希望之路;另一方面,现代生物技术从开始到应用就一直是大家讨论的话题,许多技术在没有完全确证的情况下已经大面积推广,比如转基因技术,它的负面效应虽然还没有逐渐显露出来,却受到人们的质疑,现代生物技术如果要发展,应当如何发展,这已经超越了技术的范围,是伦理问题了。

现代生物技术在广泛应用的同时,它的发展也遭受到人们的普遍质疑,这首先体现在寻常百姓的生活里。

## 10.1.1 对转基因食品安全性的质疑

转基因食品在超市里随处可见,价格比同质的非转基因食品相对低廉。转基因食品都在不同的地方有所标识,但是令人费解的是,非转基因食品却在相当明显的地方也做了非转基因的标识,有类似广告的意味。相对来说,转基因食品的标识倒显得底气不足,是商家心虚还是转基因食品存在问题?有转基因知识的消费者对转基因食品心存怀疑,购买食品时,尽可能选择非转基因的产品。这从另一个侧面也表明了,寻常百姓更信赖天然的、更相信大自然的恩赐。寻常百姓对转基因食品的质疑主要来自转基因食品对人体是否安全的质疑。曾发生在英国的有名的"普斯陶伊(Pusztai)事件"就是对转基因食品质疑的首例事件,当时在英国引起轩然大波。转基因生物体和转基因食品对人体是否有毒、是否会引起过敏反应、是否会破坏食物中的营养成分,转基因技术是否会引起人体对抗生素的耐药性增加,等等。到目前为止,在科学上既没有确证也没有明确的否证,但是转基因技术已经在普遍推广。

## 10.1.2 对基因信息检测非医学应用的质疑

基因检测技术随着人类基因图谱的完成,也开始进入百姓的生活。2009年8月6日的《环球时报》第6版转引了一篇文章说,在中国的重庆少年宫,专家们希望在科学的帮助下对孩子的培养进行彻底革命。约30名年龄在3~12岁的孩子和父母参加了一个新计划:利用DNA检测来确定遗传天赋,预测未来。科学家说,通过仔细观察基因密码,他们能获得关于孩子智商、情绪控制、注意力、运动能力及更多的信息。科学家从基因层面操纵孩子的各种先天因素,甚至可以在受精卵时期影响一个社会成员未来的个性和能力,这确实令人担忧,再加上科学家的推波助澜,对接受DNA检测的两三岁孩子来说,这真的有好处吗?如果这样,人会不会从"道德人"沦落为"生物人",基因决定生物人的一切。然而,人的本质是其社会性,人的行为与品格是由文化、社会环境及人的自由意志选择所决定的,人的更多的能力是在社会成长过程中形成的,狼孩的故事就说明了这一点。我们经常用一些名人的成功故事来鼓励孩

子,经常说的一句话是:成功是百分之一的灵感,百分之九十九的汗水。然而,现代生物技术正在以基因检测的方式揭开人的秘密,这样一种技术正在悄悄地影响寻常百姓生活,这种影响会越来越大,也越来越令人担忧。

### 10.1.3　对克隆人的质疑

克隆一词已经是百姓生活中的常用词,只要是一模一样的东西就可以用克隆来表达。当世界上第一只克隆绵羊"多莉"产生以来,动物克隆已经取得了巨大的进步,出现了克隆兔、克隆猪,等等,当有人提出克隆人的设想时,人类为之震惊。人类对克隆人的震惊主要来自对它产生的质疑,主要集中在人类尊严问题、人伦关系问题、人类的进化问题、克隆人是否有必要等。克隆人真的有必要吗? 人类具有生生不息繁衍自己后代的能力,这种能力是人类的本能,也是人类一种美好而神秘的情感寄托,而且这种神秘性使得人类的个体各不相同,人类个体的多样性有利于人类的进化,如果克隆人,岂不是减少了人类的多样性,不利于人类的进化。克隆人是人吗? 如果是人,那么他的亲子关系又是如何? 没有了人伦关系,人类的情感纽带在克隆人这儿将割断,他的自然属性将受到伤害,他的社会属性必将无所依存,人的尊严又将去哪里寻找? 克隆只是肉体的形式而已,克隆人距离成为真正的社会人还很遥远。

### 10.1.4　生物武器的威胁

目前在所有对生物技术潜在危险的担心中,唯一变成现实的就是生物武器。化学战已经足以令人惊恐万分,而生物武器则更是令人毛骨悚然的恶魔。化学毒剂是没有生命的死东西,而细菌、病毒和其他生物毒剂则有可能传染并具有繁殖力。若是生物毒剂在环境中安营扎寨,它们便有可能成倍繁殖。不同于任何其他武器的是,生物武器会随着时间的推移而具有更大的危险性。某些生物毒剂能使人残废,而另一些生物毒剂则能致死。例如,埃博拉病可在一个星期左右的时间内使多达90%的受害者死于非命。在最后阶段,埃博拉病毒感染者会在不断抽搐、发抖和猛烈摆动直至死亡的过程中全身痉挛,在身躯周围洒下已受污染的血液。埃博拉病毒无医可求,无药可治,就连其传播方式也不清楚:是通过与感染者的血液或体液或遗体的密切接触,或只是通过吸入其周围的空气,均不得而知。最近在扎伊尔爆发的埃博拉病毒大流行促使人们对该国的各个地区实行隔离,直到其自然泯灭为止。

幸而迄今为止,以生物武器为手段的恐怖主义行动仅限于极少的案例。1984 年 9 月,在美国俄勒冈州一个叫"达尔斯"的小镇上,人们在几家餐馆就餐之后约有 750 人生了病。1986年在联邦的一次审讯中,玛·阿南德·希拉供认,她和附近的一伙狂热信徒的其他成员在和俄勒冈州本地人发生冲突之后,在四家餐馆的色拉上投下了沙门菌,这些细菌是在这伙信徒的一个大牧场的实验室里培养出来的。根据美国技术评估局(OTA)1992 年的一份报告,将生物毒剂用于作战武器的例子同样也很罕见。或许第一起有案可查的生物毒剂的使用实例发生在 14 世纪。当时,一支围困卡法(黑海边上俄国克里米亚半岛的一个海港)的军队将感染了鼠疫的尸体抛射到城墙以内。在美国独立以前13 州时代的北美,据说一位英国官员将来自天花病医院的染有病原菌的毯子送给印第安人,目的是想在印第安人部落中引起一场流行病。20 世纪唯一得到证实的生物毒剂使用实例是日本在 20 世纪 30 年代和 40 年代利用鼠疫菌及其他病菌对付中国。

人类历史上很少使用生物武器,这一点可以从多方面得到解释。生物武器的一些潜在使用者或许不熟悉这方面的知识,不知道如何将病原体用作武器;此外,他们可能害怕自己因此而受到感染。而一些国家以及恐怖分子之所以不愿使用生物毒剂,也是因为这类毒剂从性质上说是不可预测的。随着时间的推移,细菌或病毒通过突变可以产生新的毒力或失去原有毒力,其结果可能和投放者的战略意图背道而驰。而一旦释放到环境中,一种病原体有可能对进入该环境的任何人构成威胁,使得使用者难以占据该区域。目前潜在的生物毒剂有炭疽杆菌(能引起炭疽病,有可能致命,除非大量接触,否则疫苗和抗生素可以防止炭疽发生)、肉毒杆菌毒素(能导致肉毒中毒,时常导致死亡,抗毒素有时能阻止病情发展)、鼠疫耶尔森菌(能引起流行性淋巴腺鼠疫,即中世纪的黑死病,死亡率达90%,疫苗能产生对该病的免疫力,如果及时给药,则抗生素通常对该病有效)、埃博拉病毒(极易通过接触传染,致死率很高,至今尚不知道哪种治疗有效)。而目前比较有效的生物武器防御手段有防尘口罩或防毒面具、保护性屏障(如一个封闭的房间)、净化剂(诸如甲醛一类传统的消毒剂能够有效地对表面进行消毒)、疫苗(只能用于特定的毒剂,有些毒剂至今还没有有效的疫苗)、抗生素(对一些细菌性毒剂有效,必须在症状尚未显露前开始)和侦查系统。

总体说来,目前在生物武器和生物武器防御系统的较量中,后者处于下风。但是,只要利用人们对生物武器所抱有的根深蒂固的反感心理(这一心理使得恐怖分子也不愿使用如此可怕的武器,因为这种武器将使公众永远唾弃恐怖分子的事业),加强反生物武器的生物技术研究,这种威胁也必将减少到最低程度。

# 10.2  现代生物技术引发的伦理难题

现代生物技术的问题更多地体现在它所引发的伦理难题。现代生物技术利用基因重组技术,跨越天然物种屏障,可以把来自任何生物的基因置于毫无亲缘关系的新的宿主生物细胞之中,实现新物种的创造,这本是生物学上的重大突破,然而,这种新创造的生物体不是自然界从来就有的,是人类所发明的技术的创新。这种技术创新对象不仅包括动植物和微生物,还包括人类自身。然而人类利用现代生物技术所创造的生物体是否会伤害到人类本身,是否会影响到自然演化,是否会破坏生态平衡,是否会对社会伦理造成冲击,已经超出了现代生物技术的范畴,是伦理问题了。

## 10.2.1  人是技术的目的还是技术的手段

现代生物技术引发的第一个伦理问题就是在现代生物技术的世界中,人究竟是目的还是手段。人是生物实体和精神载体的综合体,既具有自然属性又具有社会属性,人之所以为人,主要是由于其具有的社会属性,因为"人的本质是一切社会关系的总和。人类的本质是作为目的自身而存在的,人是一个需要尊重的对象。人类认识生命的终极目的是为了使人类生活得更加幸福,这也是人类发明技术的目的。

现代生物技术是人类认识生命、改造生命的手段,同时这种人类发明的技术又把人变成了技术的手段。随着人类基因图谱的破译,基因认识、基因操纵、基因增强等技术应运而生,随着对人类基因功能的研究,利用基因重组技术把人类基因引入植物或动物以此来加强植物或动物具有人类方面的性状,人类基因变成了实现技术功能的材料,人变成了技术的手段。因为生命世界的多样性和生命本质的一致性这个辩证的统一,使得人类区别于其他动物的基因很少,如果一切归根到底由基因来把握,则基因变成了零部件,人则变成了技术化的"人体"机器。"人"还是原来的那个"人"吗? 如果把人作为技术的手段,这显然违背了技术发明的初衷。

## 10.2.2　生物进化应该自然选择还是人工干预

现代生物技术引发的第二个伦理问题是生物进化究竟是自然选择还是人工干预。自然界的生物进化主要是自然选择的结果,适者生存,是按生物自身许可的规律进行的。自然选择的过程是缓慢的、渐进的过程,有利于个体差异和变异保存下来,这个过程是不可逆的。自然演化是慢节奏的,所以风险低,更可靠,纠错的机会多,自然界为自己留下了可错的空间和时间。与自然选择相比,现代生物技术纯粹是人工干预,并且可以利用基因重组技术跨越生物的天然界限,自由地重新组装生物的遗传物质,完全按照人的意愿设计改造,在相对较短的时间内创造出自然界中原本没有的、符合人类需求的新生物,这种创造是快餐式的,把自然界的进化变成了快速的制造品,生物进化不再按照生物的意愿,而是按照人的意愿进行选择。例如,利用基因重组技术,可以在几小时内,向细菌转入某些基因片段,使它们完成一次进化上的飞跃,高效表达对人类有用的物质,比如抗生素。当抗生素的价格越来越便宜,使用的人越来越多,就等于给致病菌施加了额外的选择压力:普通病菌死亡,而产生了耐药突变的病菌存活下来。由于细菌繁殖能力极强、速度极快,耐药菌很快就能占据优势,最终完全取代原有菌种。从这个意义上来说,人类的行为加快了致病菌的进化过程。现代生物技术甚至可以改变人类自己的进化过程。如果任意设计改造人类的基因,那么很有可能斩断了人类自然进化的基础。如果改造人的基因能够延长寿命,那么人类的个体过长,从而延缓了人类的进化脚步。现代生物技术对生命的干预应该做出怎样的选择? 这种快餐式的制造方式对生物进化会有益吗?

## 10.2.3　生态平衡应该自然调节还是人工设计

现代生物技术引发的第三个伦理问题是生态平衡究竟是自然调节还是人工设计。"生态平衡是生态系统在一定时间内结构和功能的相对稳定状态,其物质和能量的输入输出接近相等,在外来干扰下,能通过自我调节或人为控制恢复到原初的稳定状态。自然界的生态平衡具有自我调节的能力,当外来干扰超越生态系统的自我调节能力时,就会破坏生态平衡。相比生态系统的自我调节,人类利用现代生物技术所创造的生物体完全是为了人类的需要而产生的,是局部的改造,但是它所影响的却不可能是局部的。在自然选择的过程中,新种的产生和旧种的灭亡的数目几乎相等,那么,利用现代生物技术所创造的新生物体,是否有能力达到这样的平衡? 人类是不是可以随心所欲设计新的生物体? 随着基因重组技术在农业和医药业的广泛应用所带来的丰厚的经济利益,不禁让人担心,这种应用是否会破坏现有的生态平衡。人类创造的新的生物体往往具有野生物种所没有优势,根据达尔文的"物竞天择,适者生存"的进化论观点,人类所创造的新物种将打败野生物种而成为优势物种,从而威胁生物的多样性,造成物种单一性的危险。生态系统一方面靠自身的调节,一方面脱离不了人工的参与,没有人工参与的生态平衡已经不可能了。然而人类设计的新的生物体是会变化的,是能够遗传的,是处于大自然的相互影响中的。自然界的调节能力是有限度的,那么人类的创造是否也有限度,人类对生态平衡的干预是否也有限度?

### 10.2.4　基因检测是认识自由还是精神枷锁

现代生物技术引发的第四个伦理问题是基因检测究竟是人类的认识自由还是人类的精神枷锁。人类基因组计划完成以后,人类可以通过基因检测自由地认识自己,人的千差万别可以从个体基因组的独特性得到解释,每个人的基因组因某些基因的细微差异而各具特色,人的基因不同造就了不同的人。基因决定人的性格,基因决定人的智力,基因决定人的情感,基因可以预测人的未来,判定人的一切,人在不知不觉中已经进入了宿命论的怪圈。我们无法想象,当我们的健康、性格乃至智力等都被基因决定着,那么生活在社会中的人类,当被认定带有"坏基因"时,这不仅仅是身体上的痛苦,更多的是套上了精神的枷锁,基因无情地决定着人类的所有,这听起来真叫人不寒而栗。人生活在社会中,处于社会的关系交往中,在这个过程中,人是有隐私的,这是社会所允许也是人类所需要的精神层面。人的隐秘是受到社会尊重的一部分,而人的基因是人最隐秘的个人信息,是人最重要的隐私,如果被暴露无遗,那么人就再也没有自由自在可言了,而是套上了一副精神的枷锁。有遗传疾病的人将不会获得任何健康保险;愚笨的人将不会获得任何工作;"基因歧视"将遍及任何社会角落。人类存在的价值合理性及其存在方式受到考量。现代生物技术割裂了人与现实生活的关系,把人物化。人类的自然体是人类精神的居所,且是唯一的自然存在的居所。现在这个居所弄不好变成了人类的精神枷锁。

综上所述,现代生物技术将有可能完全影响了人类、自然和社会,它是一把双刃剑,它所带来的喜悦与它所产生的问题同样都是值得我们思考的。现代生物技术把人工自然发挥到了极致,是人类的主观能动性的又一次革命性的体现,人类掌握了主动改造和重组自然界与人类自身的利剑,是一场天然自然与人工自然的交锋。但是,人类对自然界的能动作用不是绝对地、无限制地自由发挥,是受自然的制约和控制的,既要承认主体的能动性,又要承认自然界对主体的制约性,这才是正确地坚持了唯物主义和辩证法。由此可见,现代生物技术的创造绝不是随心所欲,应该有所限制。

## 10.3　动物克隆和人类克隆与伦理

1997年,英国的罗斯林研究所公布了克隆羊研究成果,很快在全世界引起强烈反响。主要的忧虑在于克隆技术一旦用于人类自身,人类的后代不是来自法律标准的新家庭,不是父母爱情的结晶,而是成为高科技实验室的产品,这样必将扰乱正常社会的伦理道德观念。"人是社会之子,但首先是自然之子",因此,生命科学伦理道德必定要在生命科学家的活动所能达到的地方进行变化,这样生命科学活动就毫无疑问地进入生命价值评价的范围内。随着生命科学的发展及其广泛应用,影响着人们的伦理思想和道德行为。

伦理是人类社会在长期生活中逐渐形成的有关人们相互关系的共识。伦理道德的扰乱使人们感到恐慌,使社会行为无所约束和遵循,其结果是社会秩序的紊乱。所以,国际社会对克隆技术反应很快。在克隆羊的新闻发表不到半个月,世界许多国家和机构纷纷表态禁止或不支持克隆人实验。大约不到一年的时间里,欧盟和美国、加拿大等国正式签署了禁止政府投资进行克隆人的公约。

有些人的真正忧虑是一些私人机构是否可能偷偷地进行克隆人?因为目前尚未有任何国家对此作出明确的法律规定。尽管社会发展存在需求,期待克隆人的成果可以用于解决医学的器官移植等问题。关于这个问题的讨论还会继续下去,弃害取利的办法会找到的。生命科学伦理道德体现了科学精神与人文精神的融通。生命科学伦理道德,反映了现代知识中关于自然的认识和关于人的认识的相互关联,表现了这个时代人类日益意识到自己与周围的环境息息相关的特点,使得生命科学伦理道德的升华,与人文精神实现融通,体现生命科学对人的存在价值、人性的发展、人类的前途和命运的关切。对生命科学家之"科学研究无禁区",从知识层面上理解,生命科学是中性的;从认识层面上理解,生命科学研究是无禁区的,不能把阻碍人类发展的各种问题归咎于作为手段的生命科学技术。但是,生命科学研究不能没有禁区,没有禁区,生命科学研究就可能失控。

## 10.3.1　克隆人的伦理与法律

美国科学家 2001 年 11 月 25 日宣布,他们首次成功克隆了人类胚胎。但是这些科学家同时声称,他们这样做的目的不是为了克隆人,而是为了制造胚胎干细胞供治疗多种疾病之用。据《今日美国》报道,这些科学家是美国马萨诸塞州伍斯特一个名为"高级细胞科技"组织的成员。他们说,这次克隆"很初级",3 个克隆出来的胚胎只分裂出几个细胞之后就停止了分裂,数目不足以产生有用的医用干细胞。尽管如此,这证明了可以通过克隆人类胚胎来得到干细胞。科学家们认为,在这些干细胞发展成组织之前,可以被培育成一些代用细胞,治疗帕金森综合征、糖尿病以及其他疾病。对待治疗性克隆,美国的宗教界、环保组织、妇女权利组织、反堕胎组织等采取了坚决反对的态度,认为克隆人类胚胎的行为是对"人类道德伦理的挑战",是人类道德的沦丧,能克隆出人类胚胎,也就会克隆出人,这种行为必须制止。宗教界认为,人类繁衍是上帝的造化,制造和破坏人类胚胎是对人类的践踏,是绝对不能容忍的。而病人组织和部分生物技术专家则认为,克隆人类胚胎为治疗许多疑难病症带来了希望。在英国,允许治疗性克隆胚胎研究,但在德国是被禁止的,克隆胚胎的研究有违《胚胎保护法》。对克隆人类胚胎提取干细胞是否能在伦理上获得辩护,我们认为作为生命可以分为生物学意义上的人和人格意义上的"人(person)"。胚胎是人类生物学生命,不是人类人格生命。但是,胚胎虽然还不是"社会的人",虽然尚不具有人格生命,但它是"生物的人",具有发展为"社会的人"的潜力。生命的终极是由生物学生命发展到人格生命。通过克隆人类胚胎,提取干细胞或分化出某些器官治疗某些严重的疾病,是有利的;但同时又破坏了人类胚胎,违背了不伤害的原则,在伦理选择上陷入了矛盾境地。从核心价值观看,尊重生命是主要原则,首先是尊重人格生命,尊重生物学生命是次要原则,人格生命是生物学生命的高级形式,在人格生命和生物学生命发生冲突时,应当首先尊重人格生命,生物学生命可以做出必要的牺牲。正像妇女在分娩时,当胎儿的生命和母亲的生命同时受到威胁时,而只能保全其中之一,那么保存母亲的生命是符合伦理原则的。因此,治疗性克隆技术在伦理上是能得到辩护的。过去在哲学的研究和医学的研究中,都把人作为主体,而自然界作为客体,治疗性克隆把胚胎作为客体,作为一种"材料"进行研究,这赋予了胚胎一种工具性意义。如果单纯就研究本身而言,应当说是一种道德的滑坡,但如果联系到救他人性命,这种牺牲是值得的。有人认为,克隆出人类胚胎就意味着克隆出人,由此而判断治疗性克隆是违背伦理道德的,事实上这种判断是不符合逻辑的。人出生有可能犯罪,我们不能得出结论:不让人出生。治疗性克隆与生殖性克隆的目的是根本不同的,生殖性克隆在于利用无性繁殖技术来生产人,而治疗性克隆在于利用胚胎提取干细胞用于治疗疾病。前者不仅存在严重的伦理问题,也会带来严重的社会问题,而后者只存在一个伦理上的冲突。当然,从后者如果迈出关键的一步,那就发生了质变,问题的性质也发生了根本的变化。

关于利用动物卵子(去核)与人体细胞融合而产生胚胎来提取干细胞的伦理问题,也是争论的一个焦点。据报道,采用这种做法的人,其目的是为避开"用有生命的受精卵进行研究等于扼杀生命"这个伦理学争议。但他们恰恰忽视了一个更深层、更严峻的伦理问题:人和动物的细胞会不可避免发生相互作用。遗传学家陈仁彪说:这样的人畜细胞融合有违伦理道德。第一,该研究从风险和收益上讲,存在较大的风险。从价值选择的角度,风险越低,收益越高,技术越能得到伦理上的支持。问题是该项技术有可能把某些目前已知或未知的动物的疾病传染给人类,造成人畜共患疾病的风险,果真如此,也违背了不伤害的基本生命伦理原则。第二,侵犯了生命的尊严。我们认为从尊重生命尊严的核心原则看,人类生命是有其独特性的。人类的生命在长期的进化过程中,成为一种高级的生命形式,与低级生命在遗传学上有着本质的不同,将低等生命与高等生命细胞进行融合,无异于乱伦。虽然上述试验中的生命还处在生物学生命阶段,但人畜细胞融合,显然侵犯了生命的尊严。第三,作为生命的主体的人,是不会同意同畜细胞结合的,这显然有违知情同意和自主的原则。有的学者认为,这完全是对人类尊严的亵渎。第四,上述研究有违和谐的原则。联合国教科文组织 2000 年 10 月 23 日通过的生物伦理公报说,生物伦理问题已经超越国界而成为一个国际性问题,生物伦理的基本原则,即人的尊严、自由、公正、平等和团结,已经为全世界所接受,并成为各个国家制定有关法律法规的依据。我们认为,自由、团结已经蕴含着和谐的语义,但和谐包含的范围更加广泛,中国传统的伦理观强调和谐,在此,和谐体现为生命个体与群体的和谐,生命与社会的和谐,生命与生态环境的和谐;该项技术有违生态的和谐原则,是不人道的。因此,对待这项技术应进行重新评估。

### 10.3.2　利用克隆动物器官进行器官移植的伦理问题

曾经因培育出世界第一头克隆羊"多利"而闻名的英国苏格兰罗斯林研究中心又爆出新闻:该中心的子公司 PPL 医疗公司培育出了 5 只转基因小猪,它们的一个能引发人体排斥的基因被关闭,从而使异种器官移植技术向前迈出重大的一步。这 5 只小猪圣诞节出生在美国弗吉尼亚。该公司的研究人员利用类似克隆"多利"羊的技术,并通过基因工程的手术,将猪的一个基因——阿尔法 1 号(GT 基因)"关闭",使猪的器官成功移植到人体内的可能性大大增加。GT 基因控制产生一种酶,这种酶使猪细胞表面产生一种蛋白质。当猪的器官移植进人体时,人类免疫系统能识别这种蛋白质,从而产生强烈的排异反应,把移植的器官或细胞视作外来异物进行攻击。这是目前动物器官不能应用于人体移植手术的主要障碍。找到抑制GT基因的方法,人们就有可能利用转基因克隆猪大量"生产"适用于移植手术的器官。这一次的突破是PPL公司近年来在克隆动物领域内取得的重要进展之一。除了克隆羊"多利"之外,2000年3月,PPL公司宣布培育出世界首批克隆猪,2001年4月又宣布克隆出第一批体内含有外源基因的转基因猪。这次又成功培育出有一个GT基因被"关闭"的克隆猪,标志着人类朝异种器官移植的目标又近了一步。如果这项"异种器官移植"技术成熟起来,将是全世界众多需要器官移植的患者的福音。PPL公司的研究人员表示,这几只克隆猪的诞生在医学上具有里程碑式的意义。在世界上,目前有大量因器官衰竭而卧病在床的患者,可供移植的人类器官只能满足1/5患者的需要。据《纽约时报》的报道,全世界每年有5 700人因缺乏用于移植的器官而死亡。通过异种器官移植,即将别种生物的器官移植在人身上则是一个长远的解决方案。其中,由于猪的器官,如心脏,与人的心脏大小和活动能力类似,且猪的数量充足,容易繁殖,可以充分满足临床需要,被医学界认为是人类器官移植的最佳提供者。医学专家们表示,目前的首要目标是用克隆猪的器官治疗糖尿病。通过胰腺移植,患者可以自己产生正常的胰岛素来降低血糖,而不必依靠注射胰岛素。

克隆猪解决了器官移植的一个难题,即器官的来源问题,但是却带来了新的社会伦理问题:

第一,猪作为人类器官的供体,虽然解决了排异反应,但猪器官的其他特征却与人自身的器官不同,内在的受体与人不同,在分泌上也会有所不同,器官行为与人的不同,是否会导致人出现动物的行为还有待于证实。一个移植了猪胃的人,欲吃猪的食物,将是被移植人的一个悲哀,这显然有违生命的尊严。

第二,如果一个人是多器官衰竭,那么,给予移植多个器官,这个人还是他本人吗?如果他的行为习惯、性格、个性有了质的变化,那么,这项技术就不容乐观了,这有违不伤害原则。社会伦理并不仅仅是为了限制这些技术,而在于这些技术出现以后可能对人类造成的危害和伦理上的问题进行研究,以完善这些技术,以更好地造福于人类。

第三,接受了猪器官移植的人会不会受到社会的歧视,这是一个值得思考的问题,社会对某些残疾人,有一定的歧视,社会对待接受猪器官移植的人难保不会发生歧视。这有违公平、平等的伦理原则。当然,其中的一些社会心理问题也不能不正视,如果与一个接受了肝脏、胃移植术的人在同一餐桌上用餐会是什么感觉,如果造成共同进餐者出现进餐的异常是谁的责任。

第四,一个接受猪的重要器官移植的人,如心脏、肝脏、肾脏、肺脏移植的人是否还具有原来的法律地位,承担原有的社会责任。传统的观点认为,心跳、呼吸停止等于人的死亡,那么在接受心肺移植后等于患者的新生,原有的个体已经死亡,新生的个体的法律地位的确定是一个问题。在接受猪器官乃至于其他动物器官移植后,一次能接受多少动物器官。一个人接受动物器官的数量有没有极限。有没有对特殊器官进行移植的限制,如脑器官(如果让人脑移植猪脑是荒谬的)。这种限制的范围有多大,如考虑器官移植不至于失去人的整体性,系统与要素是紧密相连的,当要素发生质变时,必然会影响到系统的功能。机械论的观点有可能大行其道,这需要引起我们的警惕。

世界发达国家政府对克隆技术都采取了比较谨慎的态度。现代生命科学技术对人类的

影响之深远是任何时期所不能比拟的,采取慎重的态度对待治疗性克隆技术是十分必要的:

第一,密切追踪克隆技术的发展动向,及时发现研究这些技术中的社会、伦理、法律问题。广开言路,在互联网时代,已经彻底打破了信息的不对称性,不仅听取某一个生命伦理委员会的意见,也要通过网络广泛争取社会各界的意见。

第二,制定克隆技术的伦理、法律规范,对违法或违犯伦理规范者进行舆论监督或法律制裁。

第三,禁止生殖性克隆人的研究,绝不容许克隆人出生。

第四,禁止人畜细胞克隆研究,决不容许人畜嵌合体的出生。

第五,如果不是出于治疗的目的,禁止损害人类胚胎,对于出于医疗目的进行的干细胞研究,也应当尊重胚胎,将胚胎的损害降低到最低限度。

第六,用克隆动物进行器官移植,应本着知情同意和自主的原则,慎重地进行实验,对于已经预料到可能出现的不良反应及早停止。

第七,在克隆技术的研究中应遵循不伤害、有利、自主、平等、公平、和谐的原则。

## ·本章小结·

人们对生物技术安全性的担心主要来自四个方面:实验微生物的扩散将造成疾病传播;转基因作物与食品的销售与食用对人类及环境的安全以及社会伦理将造成危害;动物克隆技术将对动物进化以及人类自身造成不可估量的影响;生物武器的研制威胁着人类的生存。基因食品的安全性以及在道德与伦理上的影响引起很大争论,而从实质上来说,现代遗传工程与传统的育种方式并无不同,只是改变的程度过于激烈,但从目前已经进行销售的转基因食品来看,生物技术产生的食品并不比传统食品的安全性低。动物克隆技术因为将对人类及社会伦理产生不可估量的影响而成为最具争议的现代生物技术。复制人类自身的研究被禁止进行,但处于医学研究目的的动物复制在小范围内被允许进行。而实际上,目前的技术还远未达到像复制人类这样的水平,对人类的研究还仅限于对基因结构及组成的研究。但是,为制止危险的发生,任何克隆技术的研究都应该谨慎进行。

生物武器将造成毁灭性的后果。由于受到知识及技术水平的限制,无法对其进行完全的控制,因此目前在实战中应用甚少。禁止研究生物武器并且加强反生物武器的研究才能完全消除它的威胁。人类基因组的研究为遗传疾病的基因治疗开拓了一个美好的前景,但同时也带来了一系列道德、法律及伦理问题,如何保证使它走向正轨并服务于人类才是公众及政府关注的重点。

复习思考题

1.谈谈你对生物技术安全性的看法。

2.现代生物技术对社会伦理可能带来哪些影响?

# 参考文献

[1] 舒庆,余长林,熊道陵.生物柴油科学与技术[M].北京:冶金工业出版社,2012.

[2] 张柏林,杜为民,郑彩霞.生物技术与食品加工[M].北京:化学工业出版社,2005.

[3] 刘莹.生物技术的发展[M].辽宁:辽宁大学出版社,2005.

[4] 朱圣庚,等.生物技术[M].上海:上海科学技术出版社,2005.

[5] 周济铭.酶工程生产技术[M].北京:中国农业出版社,2005.

[6] 陈宁.酶工程[M].北京:中国轻工业出版社,2005.

[7] 杨玉珍.现代生物技术概论[M].开封:河南大学出版社,2004.

[8] 陈洪章.生物发酵工程及设备[M].北京:化学工业出版社,2004.

[9] 瞿礼嘉,顾红雅,胡苹,等.现代生物技术导论[M].北京:高等教育出版社,2004.

[10] 朱玉坚,李毅.现代分子生物学[M].北京:高等教育出版社,2003.

[11] 党建章.发酵工艺教程[M].北京:中国轻工业出版社,2003.

[12] 俞俊棠.新编生物工艺学[M].北京:化学工业出版社,2003.

[13] 宋思洋.生物技术概论[M].北京:中国科学出版社,2002.

[14] 路德如,陈永清.基因工程[M].北京:化学工业出版社,2002.

[15] 王关林,方宏筠.植物基因工程[M].北京:科学出版社,2002.

[16] 罗贵民.酶工程[M].北京:化学出版社,2002.

[17] 沈同.生物化学[M].北京:高等教育出版社,2002.

[18] 宋思扬,楼士林.生物技术概论[M].北京:科学出版社,2002.

[19] 宋思扬.生物技术概论[M].北京:科学出版社,1999.

[20] 熊振平,等.酶工程[M].北京:化学工业出版社,1999.

[21] 卢圣栋,等.现代分子生物学实验技术[M].北京:中国协和医科大学出版社,1999.

[22] 张世森.环境监测技术[M].北京:高等教育出版社,1997.

[23] 郭杰炎,等.微生物酶[M].北京:科学出版社,1996.

[24] Smith John E. *Biotechnology*[M].3rd ed. Cambridge University Press,1996.

[25] 中国科学技术协会.生物技术[M].上海:上海科学技术出版社,1995.

[26] 焦瑞身,等.细胞工程[M].北京:化学工业出版社,1994.

[27] 袁勤生,等.应用酶学[M].上海:华东理工大学出版社,1994.

[28] 程树培.环境生物技术[M].南京:南京大学出版社,1994.

[29] 李宝健,等.植物生物技术原理与方法[M].长沙:湖南科学技术出版社,1989.

[30] 古斯塔夫·诺赛尔.塑造完美的生命——遗传工程要旨[M].吴安然,陈慰峰,等,译.北京:科学普及出版社,1989.

[31] 彭莹.生物检测技术在食品检测中的应用[J].安徽农学通报,2015,21(5).

[32] 廖妍俨.生物保鲜技术在果蔬贮藏保鲜中的应用[J].贵州化工,2012(4):8.

[33] 杜海洲,刘桂玲,王天津.国际新生物技术药开发研究进展[J].中国新药杂志,2009,18(22):2118-2130.

[34] 姚继承.现代生物技术在食品添加剂及配料产业中的应用[J].中国食品添加剂,2006:184-197,163.

[35] 赵强,张廷婷,崔德才.植物来源抗虫基因的应用[J].生物技术通讯,2005,16(4):456-459.

[36] 孙海燕,罗兵,喻德跃.次生代谢抗虫基因工程研究进展[J].安徽农业科学,2005,33(8):1906-1907.

[37] 郭萌.克隆使生命科学再历考验[J].实验动物科学与管理,2005(1):51-53.

[38] 方鹏.基因工程应用简述[J].辽宁师专学报,2004,6(2):29-30.

[39] 苏俊峰,卢翠华,田兴亚,等.马铃薯抗虫基因工程研究进展[J].中国马铃薯,2003,17(5):298-301.

[40] 刘静宇,余健秀,汤慕瑾,等.苏云金杆菌 Cyt 类杀虫晶体蛋白及其特征[J].生物工程展,2002,22(2):44-47.

[41] 陈来成.人类基因组计划的进展及伦理分析[J].中国医学伦理学,2001(4):35-36.

[42] 吴梧桐.下一个 10 年的生物技术与生物制药[J].中国药学杂志,1999,34(1).

[43] 薛京伦,卢大儒.乳腺生物反应器的研究现状[J].生物技术通报,1998(3):18-21+17.

[44] 卢一凡,邓继先,肖成祖,等.转基因动物理论与技术的研究进展[J].生物技术通报,1997(4):19-25+4.

[45] 谭景和.家畜胚胎工程研究现状与展望[J].生物技术通报,1995(2):3-7.

[46] 刘炳智.生物高技术在环境科学上的应用[J].环境科学动态,1995,11(2):15-17.